新型电力系统电磁测量
关键技术及其标准化

白静芬　主编

中国电力出版社
CHINA ELECTRIC POWER PRESS

内容提要

在新型电力系统建设背景下，本书简单梳理了新型电力系统及其电磁测量关键技术、新型电力系统电磁测量标准化组织及其标准化工作相关研究成果，从新型电力系统电磁测量技术、电磁测量标准化现状、标准体系总体规划、标准体系具体布局、标准国际化战略等方面进行了介绍，内容丰富、体系完整。

本书可供从事新型电力系统电磁测量技术研究、设计、工程应用等专业人员使用，也可作为大专院校师生的参考书。

图书在版编目（CIP）数据

新型电力系统电磁测量关键技术及其标准化 / 白静芬主编 . — 北京：中国电力出版社，2024.12.
ISBN 978-7-5198-9554-9

Ⅰ . TM7-65

中国国家版本馆 CIP 数据核字第 2024HZ3973 号

出版发行：中国电力出版社
地　　址：北京市东城区北京站西街 19 号（邮政编码 100005）
网　　址：http://www.cepp.sgcc.com.cn
责任编辑：娄雪芳（010-63412375） 李耀阳
责任校对：黄　蓓　王海南
装帧设计：赵丽媛
责任印制：吴　迪

印　　刷：三河市万龙印装有限公司
版　　次：2024 年 12 月第一版
印　　次：2024 年 12 月北京第一次印刷
开　　本：787 毫米 ×1092 毫米　16 开本
印　　张：19.75
字　　数：392 千字
印　　数：0001—1000 册
定　　价：150.00 元

随着全球能源结构的转型和电力系统的快速建设和发展，新型电力系统正逐渐成为能源领域的焦点。新型电力系统不仅包括传统的发电、输电和配电，还涵盖新能源、储能技术、智能电网以及电力电子设备等新兴领域。这些技术的融合与发展，对电磁测量技术及其标准化提出了新的挑战和要求。

电磁测量设备及系统标准体系建设是实现能源数字化、智能化转型及新型电力系统建设的前提与保障。新型电力系统以高比例新能源和高比例电力电子为特征，"源、网、荷、储"高效互动，能量流和信息流都将更多双向流动。电磁测量设备及系统为新型电力系统各环节的分析决策和业务开展提供数据支撑。电磁测量设备及系统的数字化、智能化是实现新型电力系统的前提与保障。标准是经济活动和社会发展的技术支撑，标准化在推进技术创新、构建经济社会新格局过程中发挥着重要的基础性、引领性作用。中共中央、国务院印发的《国家标准化发展纲要》中明确指出，应以实施新产业标准化领航工程为契机，推动数字化领域核心技术攻关，用标准化支撑数字化转型。因此，构建科学先进、系统高效的电磁测量设备及系统标准体系，保证电力系统与客户能量流、信息流、业务流的实时互动规范一致，是电磁测量设备及系统更好支撑新型电力系统的重要基础与关键环节。

本书从新型电力系统电磁测量技术、电磁测量标准化现状、标准体系总体规划、标准体系具体布局、标准国际化战略、总结与建议等方面，介绍了新型电力系统电磁测量关键技术、标准化组织、标准规划及其发展方向，帮助读者对新型电力系统电磁测量进行系统性的认识，了解新型电力系统各环节和各业务流中的电磁测量技术及其标准化研究现状、标准规划和布局，期待能为新型电力系统电磁测量设备及系统标准化工作顶层设计与全局框架提供理论和技术支撑，推动新型电力系统电磁测量相关业务发展，促进新型电力系统战略目标落地应用。

本书共分为 12 个章节，聚焦新型电力系统电磁测量背景、关键技术、标准化工作等多个重要研究方向。从新型电力系统电磁测量关键技术及其标准化概述、新型电力系统电磁测量技术、新型电力系统电磁测量技术与标准发展现状、电磁测量相关标准化现状、标准体系总体规划、基础综合类标准体系布局、标准国际化战略等方面展开介绍。

第 1 章介绍新型电力系统电磁测量关键技术及其标准化的研究背景、目的和意义。第 2 章主要介绍新型电力系统的基本概念、主要特征、新型电力系统实施路径，新型电力系统工况下电磁测量的基本概念、业务架构、技术类别，以及电磁测量技术在新型电力系统中的作用。第 3 章分别调研新型电力系统电磁测量的技术现状、应用现状、标准化工作基础，以及电磁测量技术及标准发展趋势。第 4 章分别调研国际电工委员会（IEC）、国际标准化组织（ISO）、国际电信联盟（ITU）、电气与电子工程师协会（IEEE）和国际大电网会议（CIGRE）等国际化标准组织，国家标准化管理委员会（简称国家标委会）、行业标准化技术委员会（简称行业标委会）、团体标准化委员会（简称团体标委会）和企业标准化工作组等国内标准化组织及美国国家标准和技术研究院（NIST）、美国工业互联网联盟（IIC）、欧洲标准化组织、德国电气电子和信息技术协会（VDE）、日本智能电网技术标准化战略工作组和加拿大通用标准委员会（CGSB）等其他标准化组织电磁测量相关标准化工作的开展情况。第 5 章主要介绍标准体系的构建原则、构建思路、逻辑架构、具体分支架构，以及标准体系的总体布局。第 6~10 章主要从基础综合、传感测量、信息采集、业务应用和技术支撑等方面介绍了新型电力系统电磁测量标准体系涵盖的范围、标准化现状、需求分析及标准规划情况。第 11 章介绍电磁测量标准体系国际化战略目的和意义，分析标准国际化现状，提出标准国际化战略。第 12 章概括总结了本书主要研究内容，并对后期标准制定和规划布局提出了相应的建议。

　　本书所介绍的内容是作者所在的研究团队以及中国电力科学研究院有限公司在电磁测量领域多年来科研成果的总结。希望本书能够起到抛砖引玉的作用，为广大新型电力系统电磁测量领域的工作人员和研究者提供一定的参考，为我国新型电力系统建设和发展贡献绵薄之力。由于新型电力系统电磁测量领域的技术研究及其标准化工作正在持续发展和更新，并且涉及的电磁测量技术领域较多，尽管作者试图精心构思和安排文章内容，但由于作者水平有限，难免有疏漏之处，请广大读者批评指正，多多提出宝贵的意见。

编者

2024 年 11 月

前言

第1章　概述 ··· 1

1.1　背景 ··· 1

1.2　目的和意义 ·· 3

1.2.1　目的 ·· 3

1.2.2　意义 ·· 4

第2章　新型电力系统电磁测量技术简介 ··············· 6

2.1　新型电力系统 ······································ 6

2.1.1　新型电力系统基本概念 ······················ 6

2.1.2　新型电力系统特征 ·························· 6

2.1.3　新型电力系统实施路径 ······················ 7

2.2　新型电力系统电磁测量系统 ··················· 8

2.2.1　电磁测量基本概念 ·························· 8

2.2.2　新型电力系统电磁测量业务架构 ············· 10

2.2.3　新型电力系统电磁测量技术类别 ············· 11

2.2.4　电磁测量在新型电力系统中的作用 ··········· 25

第3章　新型电力系统电磁测量技术与标准发展现状 ····· 27

3.1　新型电力系统电磁测量技术现状 ··············· 27

3.1.1　先进测量与量传溯源技术 ··················· 27

3.1.2　电磁测量与传感技术 ······················ 28

3.1.3　信息交互技术 ···························· 28

3.1.4　业务处理技术 ···························· 29

3.2 电磁测量技术应用现状 ·· 29

    3.2.1 传统发输变配用环节 ······································ 30

    3.2.2 新能源发电场景应用 ······································ 31

    3.2.3 电力设备状态在线监测应用 ······························ 31

    3.2.4 电力市场电能计量应用 ···································· 32

3.3 电磁测量技术及标准发展趋势 ································· 33

    3.3.1 电力传感数字化和智能化 ································ 33

    3.3.2 电力传输路径光纤化 ······································ 33

    3.3.3 电力通信接口标准化 ······································ 34

    3.3.4 动态电能计量精确化 ······································ 34

    3.3.5 高速传输下测量准确化 ···································· 34

    3.3.6 强电磁干扰下测量准确化 ································ 35

    3.3.7 测量对象激增下测量准确化 ······························ 35

第 4 章　电磁测量相关标准化现状 ································· 36

4.1 电磁测量国际标准化组织 ······································ 36

    4.1.1 IEC（国际电工委员会） ·································· 36

    4.1.2 ISO（国际标准化组织） ·································· 36

    4.1.3 ITU（国际电信联盟） ···································· 37

    4.1.4 IEEE（电气与电子工程师协会） ·························· 37

    4.1.5 CIGRE（国际大电网会议） ································ 37

4.2 电磁测量国内标准化组织 ······································ 38

    4.2.1 国家标委会 ·· 38

    4.2.2 电磁测量行业标委会 ······································ 39

    4.2.3 电磁测量团体标委会 ······································ 39

    4.2.4 电磁测量企业标委会 ······································ 39

4.3 其他标准化组织现状 ·· 40

    4.3.1 NIST（美国国家标准和技术研究院） ······················ 40

    4.3.2 IIC（美国工业互联网联盟） ······························ 40

    4.3.3 欧洲标准化组织 ·· 41

    4.3.4 VDE（德国电气电子和信息技术协会） ···················· 42

    4.3.5 日本智能电网技术标准化战略工作组 ······················ 42

4.3.6　CGSB（加拿大通用标准委员会） ············· 42

第5章　标准体系总体规划 ······················· 43

5.1　构建原则 ······································· 43
5.2　标准体系构建方法 ······························· 43
　　5.2.1　标准体系结构设计方法 ····················· 43
　　5.2.2　基于系统工程的标准体系构建方法 ············· 45
　　5.2.3　模块化体系构建方法 ······················· 47
　　5.2.4　基于过程方法的标准体系构建方法 ············· 49
5.3　标准体系框架 ·································· 52
　　5.3.1　整体逻辑架构 ····························· 52
　　5.3.2　具体分支结构 ····························· 53

第6章　基础综合类技术标准体系布局 ················· 54

6.1　范围 ·· 54
　　6.1.1　通用标准 ······························· 54
　　6.1.2　安全标准 ······························· 55
　　6.1.3　可靠性标准 ····························· 55
　　6.1.4　检测标准 ······························· 55
　　6.1.5　评价标准 ······························· 55
6.2　标准化现状 ···································· 56
　　6.2.1　国内标准 ······························· 56
　　6.2.2　国际标准 ······························· 58
　　6.2.3　标准差异性分析 ··························· 60
6.3　标准化需求分析 ································ 60
6.4　标准规划布局 ·································· 61

第7章　传感测量类技术标准体系布局 ················· 62

7.1　范围 ·· 62
　　7.1.1　电测量标准 ····························· 62

7.1.2 磁测量标准 ·· 63

7.1.3 电能计量标准 ·· 63

7.1.4 电压电流比例测量标准 ·· 64

7.1.5 新型量值测量标准 ·· 64

7.2 电测量 ·· 65

7.2.1 标准化现状 ··· 65

7.2.2 标准化需求分析 ··· 72

7.2.3 标准规划 ·· 72

7.3 磁测量 ·· 73

7.3.1 标准化现状 ··· 73

7.3.2 标准化需求分析 ··· 79

7.3.3 标准规划 ·· 79

7.4 电能计量 ··· 81

7.4.1 直流电能计量 ·· 81

7.4.2 交流电能计量 ·· 84

7.4.3 数字化电能计量 ··· 93

7.5 电压电流比例测量标准 ·· 101

7.5.1 标准化现状 ··· 101

7.5.2 标准化需求分析 ··· 106

7.5.3 标准规划 ·· 107

7.6 新型量值测量 ·· 108

7.6.1 时间频率测量 ·· 108

7.6.2 量子化传感测量 ··· 111

7.6.3 宽频动态测量 ·· 114

第 8 章 信息采集类技术标准体系布局 ······························· 127

8.1 范围 ·· 127

8.1.1 信息交互终端标准 ·· 127

8.1.2 信息交互网络标准 ·· 128

8.1.3 信息交互协议标准 ·· 128

8.2 信息交互终端 ·· 128

8.2.1 标准化现状 ··· 128

   8.2.2 需求分析 ··· 131

   8.2.3 标准规划 ··· 132

  8.3 信息交互网络 ··· 133

   8.3.1 标准化现状 ··· 133

   8.3.2 需求分析 ··· 149

   8.3.3 标准规划 ··· 150

  8.4 信息交互协议 ··· 151

   8.4.1 标准化现状 ··· 151

   8.4.2 需求分析 ··· 156

   8.4.3 标准规划 ··· 157

第 9 章 业务应用类技术标准体系布局 ··· 158

  9.1 范围 ··· 158

   9.1.1 信息采集类标准 ··· 158

   9.1.2 需求侧管理类标准 ··· 159

   9.1.3 电能替代类标准 ··· 159

   9.1.4 新能源接入类标准 ··· 159

   9.1.5 综合能源管理类标准 ··· 160

  9.2 信息采集 ··· 160

   9.2.1 标准化现状 ··· 160

   9.2.2 需求分析 ··· 165

   9.2.3 标准规划 ··· 166

  9.3 需求侧管理 ··· 166

   9.3.1 标准化现状 ··· 166

   9.3.2 需求分析 ··· 170

   9.3.3 标准规划 ··· 171

  9.4 电能替代 ··· 172

   9.4.1 标准化现状 ··· 172

   9.4.2 需求分析 ··· 185

   9.4.3 标准规划 ··· 186

  9.5 分布式光伏接入 ··· 187

   9.5.1 标准化现状 ··· 187

9.5.2　需求分析 ·· 193

9.5.3　标准规划 ·· 194

9.6　综合能源管理 ·· 195

9.6.1　标准化现状 ·· 195

9.6.2　需求分析 ·· 203

9.6.3　标准规划 ·· 204

第 10 章　技术支撑类技术标准体系布局 ··········· **205**

10.1　范围 ·· 205

10.1.1　量传溯源体系类标准 ································ 205

10.1.2　智慧化测量管理体系类标准 ···················· 206

10.1.3　安全防护体系类标准 ································ 206

10.1.4　数字化测量体系类标准 ···························· 206

10.1.5　先进供应链体系类标准 ···························· 207

10.2　量传溯源 ·· 207

10.2.1　标准化现状 ·· 207

10.2.2　需求分析 ·· 215

10.2.3　标准规划 ·· 216

10.3　智慧化测量 ·· 217

10.3.1　标准化现状 ·· 217

10.3.2　需求分析 ·· 229

10.3.3　标准规划 ·· 229

10.4　安全防护体系 ·· 229

10.4.1　标准化现状 ·· 229

10.4.2　需求分析 ·· 254

10.4.3　标准规划 ·· 255

10.5　数字化测量体系 ·· 255

10.5.1　标准化现状 ·· 255

10.5.2　需求分析 ·· 270

10.5.3　标准规划 ·· 273

10.6　先进电磁测量供应链 ··· 273

10.6.1　标准化现状 ·· 273

10.6.2　需求分析 ·· 280

10.6.3　标准规划 ·· 280

第 11 章　标准国际化战略 ·· 281

11.1　标准国际化目的和意义 ·· 281

11.2　标准国际化现状 ·· 282

11.2.1　总体现状 ·· 282

11.2.2　典型标准化组织的工作基础及发展计划 ··············· 284

11.3　新型电力系统电磁测量技术标准国际化战略 ·············· 291

11.3.1　大力推进国际标准制修订工作 ··························· 291

11.3.2　积极申请国际标准化组织技术机构及其关键职务 ···· 291

11.3.3　积极参加各种国际标准化活动 ··························· 292

11.3.4　国际标准推广应用 ······································· 293

11.3.5　培育国际标准化人才 ···································· 293

第 12 章　总结与建议 ··· 294

12.1　总结 ·· 294

12.2　建议 ·· 294

参考文献 ··· 296

第1章　概述

1.1　背景

2021年3月15日，习近平总书记主持中央财经委员会第九次会议时指出，为应对能源危机，实现碳达峰碳中和，要构建清洁低碳安全高效的能源体系，控制化石能源总量，着力提高利用效能，实施可再生能源替代行动，深化电力体制改革，构建以新能源为主体的新型电力系统。2023年6月2日，国家能源局发布《新型电力系统发展蓝皮书》，全面阐述新型电力系统的发展理念、内涵特征，制定"三步走"发展路径，并提出构建新型电力系统的总体架构和重点任务。

新型电力系统具备安全高效、清洁低碳、柔性灵活、智慧融合四大重要特征，其中安全高效是基本前提，清洁低碳是核心目标，柔性灵活是重要支撑，智慧融合是基础保障，共同构建起新型电力系统的"四位一体"框架体系。测量是人类认识世界和改造世界的重要手段，是突破科学前沿、解决经济社会发展重大问题的技术基础。

测量体系是国家战略科技力量的重要支撑，是国家核心竞争力的重要标志。国际单位制量子化变革以来，开启了以测量单位数字化、测量标准量子化、测量技术先进化、测量管理现代化为主要特征的"先进测量"时代。电磁测量设备及系统为新型电力系统各环节的分析决策和业务开展提供数据支撑。随着新型电力系统的数字化转型及服务模式的日益创新，高精度、高准确性和高可靠性的电磁测量需求越来越旺盛。新型电力系统对电磁测量设备及系统的智慧物联感知、数据高效采集、自动协同检测、智能化运行管控和精准数据分析与应用能力也提出了更高的要求。

新型电力系统电磁测量标准化工作是构建现代电力系统的重要基础，它涉及电磁传感测量关键技术、标准化现状调研，以及相关的技术标准创新等多个方面。为了支撑新型电力系统建设，相关国家部委、标准化组织也开展了电磁测量领域相关标准体系建设和标准化工作，开展了相关标准研制，为构建新型电力系统电磁测量技术标准体系奠定了基础。

1. 新型电力系统电磁测量标准化方面

2020年4月29日，国家市场监督管理总局（简称市场监管总局）正式印发了《市场监管总局关于加强国家产业计量测试中心建设的指导意见》（国市监计量〔2020〕72

号），指出"深入调查分析产业发展现状和重点任务，对比国内外情况，聚焦产业发展短板、瓶颈，查找'测不了、测不全、测不准'的痛点难点，明确符合产业方向的计量测试需求。系统梳理产品设计、研制、试验、生产和使用全过程的参数量值溯源情况，研究分析产品及其相关试验、测试设备的量值保证手段，编制产业参数量值溯源体系图，提出必要的量值保证方案和计量测试能力提升路线。"这是继 2013 年国务院《计量发展规划（2013—2020 年）》首次提出产业计量概念之后，关于国家产业计量测试中心建设的第一个全面、系统的建设性指导意见，对于未来更好规划、完善产业计量测试服务体系，发挥计量对产业创新和质量提升的基础支撑和保障作用具有重要意义，对我国构建现代先进测量体系将产生积极而深远的影响。

2021 年 10 月 24 日，《国务院关于印发 2030 年前碳达峰行动方案的通知》指出，构建新能源占比逐渐提高的新型电力系统，推动清洁电力资源大范围优化配置。大力提升电力系统综合调节能力，加快灵活调节电源建设，引导自备电厂、传统高载能工业负荷、工商业可中断负荷、电动汽车充电网络、虚拟电厂等参与系统调节，建设坚强智能电网，提升电网安全保障水平。积极发展"新能源 + 储能"、源网荷储一体化和多能互补，支持分布式新能源合理配置储能系统。制定新一轮抽水蓄能电站中长期发展规划，完善促进抽水蓄能发展的政策机制，加快新型储能示范推广应用。

2021 年 12 月 29 日，国家市场监督管理总局、科学技术部（简称科技部）、工业和信息化部（简称工信部）、国务院国有资产监督管理委员会（简称国务院国资委）和国家知识产权局联合发布了《关于加强国家现代先进测量体系建设的指导意见》，提出面向世界科技前沿、面向经济主战场、面向国家重大需求、面向人民生命健康，鼓励和引导社会各方资源和力量，积极开展具有新时代特色的测量技术、测量仪器设备的研究和应用，以先进技术和现代管理为手段，服务支撑测量活动的有效开展和测量数据的广泛应用，提升国家整体测量能力和水平，服务经济社会高质量发展。《关于加强国家现代先进测量体系建设的指导意见》作为国家现代先进测量体系建设的纲领性文件，对未来一段时间我国测量事业的发展具有重要的战略指导意义。

2. 电磁测量标准体系系统筹建设方面

2017 年 9 月 5 日，《中共中央　国务院关于开展质量提升行动的指导意见》（中发〔2017〕24 号）提出"开展重点行业国内外标准比对，加快转化先进适用的国际标准，提升国内外标准一致性程度，推动我国优势、特色技术标准成为国际标准。建立健全技术、专利、标准协同机制，开展对标达标活动，鼓励、引领企业主动制定和实施先进标准。"

2021 年 10 月，中共中央、国务院印发的《国家标准化发展纲要》指出，标准化在推进国家治理体系和治理能力现代化中发挥着基础性、引领性作用，需要进一步加强标准化工作，推动全域标准化深入发展。

然而目前，电磁测量设备及系统缺乏极端量、复杂量测量及数字化、智能化转型的相关标准，部分标准间协调一致不够，存在标准分散、设备数字化程度不高、无法实现互联互通、新兴测量技术缺乏规范化指导和测量数据不统一等问题，尚未形成跨领域、跨级别、跨国家的标准体系架构，无法满足新型电力系统建设需求。

本书将立足新型电力系统电磁测量设备及系统标准体系研究，建立电磁测量设备及系统标准化工作的顶层设计与全局框架，推动关键技术标准制定和国际化推广，从电磁测量基础角度保障新型电力系统的建设。

1.2 目的和意义

1.2.1 目的

本书旨在立足新型电力系统建设，聚焦电磁测量设备及系统，调研分析新型电力系统电磁测量相关领域的国内外标准动态与发展趋势，从测量设备及系统的传感测量、信息交互和业务应用等方面梳理、分析及总结，构建新型电力系统电磁测量设备及系统标准体系，提出标准规划布局，拟定国际化战略规划和实施路径，推动新型电力系统电磁测量技术的高质量发展。

（1）针对新型电力系统电磁测量设备及系统智能化、数字化快速发展需求，提炼科学先进、系统高效的电磁测量设备及系统标准需求和标准体系需求。通过分析我国新型电力系统对电磁测量技术的发展需求，以及不同国家和地区电力系统低碳转型领域电磁测量相关技术和标准化情况，识别现有国内外电磁测量标准在支撑新型电力系统发展方面的适用性与需求差异性。借鉴能源管理、清洁能源、智能电网、数字经济、大数据及物联网等相关标准体系构建思路，挖掘提炼新型电力系统电磁测量技术标准及标准体系需求。

（2）针对新兴测量技术规范化程度不高、测量数据不统一、跨领域协同性差等问题，构建涵盖不同领域的新型电力系统电磁测量设备及系统标准体系。分析国内外不同类型标准化组织的工作方法论与理论，分析相关技术委员会的职责范围及标准体系框架，构建涵盖不同领域的新型电力系统电磁测量设备及系统标准体系；研究制定相关国家、行业、团体、企业的标准制修订规划表和路线图，提出相关标准化技术委员会工作职责范围调整建议。

（3）针对我国电磁测量设备及系统国际竞争力不足、产业技术发展与国际标准接轨不够的问题，制定新型电力系统电磁测量设备及系统标准国际化战略。梳理国内外电力系统低碳转型下电磁测量国际标准化需求及各自的优势领域，提出国际合作的主要方向和具体标准的国际化策略。结合我国新型电力系统建设发展目标，重点依据我国电磁测量设备及系统标准国际化的需要，从标准国际化战略出发，提出标准国际化的实施策略，掌握国际话语权，实现中国标准国际化。

1.2.2 意义

电磁测量设备及系统标准体系从测量基础角度保证新型电力系统的建设，支撑新型电力系统电磁测量业务健康发展。开展新型电力系统电磁测量设备及系统标准体系国际化战略研究，建立电磁测量设备及系统标准化工作的顶层设计与全局框架，指导关键技术标准制定和国际化推广，是践行国家科技创新驱动战略，推动新型电力系统建设的重要举措，为电磁测量标准国际化提供中国方案。

（1）推动新型电力系统电磁测量相关技术发展，促进新型电力系统战略目标落地应用。电磁测量设备及系统的数字化、智能化是实现新型电力系统建设的前提与保障。作为新型电力系统的重要测量基础，电磁测量技术标准体系的顶层设计兼顾了新型电力系统建设的全局规划和目标落地应用。标准体系从整体上规划了新型电力系统电磁测量业务范围内各专业、各领域标准应用的全貌，明确新型电力系统电磁测量标准化工作的方向和目标，有利于从全局考虑标准化工作的规划和部署。标准体系从动态上研究识别了新型电力系统电磁测量领域不同阶段的行动计划、路线图及重点项目等，通过对比分析新型电力系统电磁测量特点及标准化需求，提出有针对性的标准体系建设意见。

（2）规范适用于新型电力系统的电磁测量设备及系统研制与开发，引导我国电磁测量产业健康、有序发展。当前国内新型电力系统电磁测量产业刚刚起步，未来市场有巨大的发展空间，构建和完善新型电力系统电磁测量设备及系统相关标准是产业优化布局的重要基础保障，对于我国电磁测量业务生态圈形成具有深远影响。本书通过分析国内外电磁测量设备及系统的业务发展及其推广路径，研判我国电磁测量设备及系统标准体系目标、需求、适用性等关键因素，规范指导适用于新型电力系统的电磁测量设备及系统研制与开发，进而实现对当前电磁测量设备及系统相关指标的整合、补充与更新，最终构建具有覆盖面广、公信力强、更适用于我国新型电力系统建设发展的电磁测量标准体系。

（3）推进电磁测量设备及系统向动态感知、远程在线和网络化、平台化、智慧化方向发展，提升中国电磁测量技术水平和仪器设备制造水平。通过分析我国新型电力系统对电磁测量技术的发展需求，以及不同国家和地区电力系统低碳转型领域电磁测量的相关技术和标准化情况，识别现有国内外标准在电磁测量支撑新型电力系统发展方面的适用性与需求差异性；充分吸纳国内外电磁测量先进技术，创新研制适用于新型电力系统的电磁测量设备及系统，提升新型电力系统的安全性、稳定性、经济性和环境友好性，以及推动电力行业电磁测量技术进步和国际竞争力。

（4）推动电磁测量设备及系统参与国际竞争，促进中国电磁测量技术、设备及系统"走出去"，打造我国电磁测量技术国际化品牌。标准在国际经贸合作中发挥着重要基础作用，是我国企业走向国际市场的通行证。电磁测量标准体系在标准国际化工作中发挥着不可替代的作用，标准国际化促进业务"走出去"。项目通过深入分析新型电力系统电磁测量设备及系统技术标准的国内优势领域，提出标准国际化战略及实施路径，有助于提升海外投资和项目运营水平、提高我国相关技术标准的国际参与度；通过制定新型电力系统电磁测量设备及系统标准国际化的应对策略，促使我国电磁测量标准实现国际标准化，进一步提升我国电磁测量标准国际知名度。

第 2 章 | 新型电力系统电磁测量技术简介

2.1 新型电力系统

2.1.1 新型电力系统基本概念

2021 年 3 月召开的中央财经委员会第九次会议，研究部署了"30·60""双碳"目标的基本思路，持续推进深化电力体制改革，构建以新能源为主体的新型电力系统。

新型电力系统是以确保能源电力安全为基本前提，以绿电消费为主要目标，以坚强智能电网为枢纽平台，以源网荷储互动及多能互补为支撑，具有绿色低碳、安全可控、智慧灵活、开放互动、数字赋能、经济高效等基本特征的电力系统。需要依托数字化技术，统筹源、网、荷、储资源，完善调度运行机制，多维度提升系统灵活调节能力、安全保障水平和综合运行效率，满足新能源开发利用、经济社会用电需求，以及综合用能成本节约等综合性目标。

2.1.2 新型电力系统特征

2.1.2.1 结构特征

水电、核电、风电、太阳能等绿色电源装机容量预计在 2035、2050 年分别达到 20 亿、40 亿 kW 左右。预计 2050 年新能源装机容量占总装机容量占比超过 60%，发电量占总发电量占比接近 50%。新能源发电通过配置储能、提高能量转换效率、提升功率预测水平、智慧化调度运行等手段，有效平抑新能源间歇性、波动性对电力系统带来的冲击，提升并网友好性、电力支撑能力，以及抵御电力系统大扰动能力，容量可信度达到 20% 以上，成为"系统友好型"新能源电站。

2.1.2.2 形态特征

传统的"源随荷动"的模式将通过市场机制得以改变，逐步实现源网荷深度融合，灵活互动。传统工业负荷灵活性大幅提升，电供暖、电制氢、数据中心、电动汽车充电设施等新型灵活负荷成为电力系统的重要组成部分。此外，我国资源禀赋与能源需求逆向分布的特点决定了"西电东送、北电南送"的电力资源配置基本格局，跨省跨区大型输电通道将进一步增加，重要负荷中心地区电力保障需要大电网支撑，"大电源、大电网"仍是电力系统的基本形态。分布式系统贴近终端用户，将成为保障中心城市重要负荷供电、支撑县域经济高质量发展、服务工业园区绿色发展、解决偏远地区用电等领域的重要形式，与"大电源、大电网"兼容互补。储能技术是解决可再生能源大规模接入和弃风、弃光问题的关键技术；是分布式能源、智能电网、能源互联网发展的必备技术；也是解决常规电力削峰填谷，提高常规能源发电与输电效率、安全性和经济性的重要支撑技术。储能是促进新能源高比例接入和消纳的最主要技术手段，因而也是构建新型电力系统的重要支撑。总体来看，电源侧新能源可提供可靠电力支撑，电网侧清洁电力灵活优化配置能力大幅提升，用户侧灵活互动和安全保障能力得到充分发挥。

2.1.2.3　技术特征

新型电力系统将逐步由自动化向数字化、智能化演进。其中，依托先进量测、现代信息通信、大数据、物联网技术等，形成全面覆盖电力系统发输变配用全环节、及时高速感知、多向互动的"神经系统"；基于大规模超算、云计算等技术，大幅提升系统运行的模拟仿真分析能力，实现物理电力系统的数字孪生；基于人工智能等技术，升级智慧化的调控运行体系，打造新型电力系统的"中枢大脑"。

2.1.2.4　经济特征

全面建成适应新型电力系统的现代电力市场经济体系，实现绿色低碳电力优先消纳、交易品种丰富多样、市场主体多元参与、结算方式精细可溯、多市场数据互联互通的电力市场模式。电力市场经济体系与碳市场经济体系有机衔接，实现电力行业发展速度、碳市场控排力度、电力市场配置低碳化程度的有机统一，形成成熟的金融市场，实现终端用能行业、用能主体的全面覆盖，以及电力市场和碳市场的协同发展。

2.1.3　新型电力系统实施路径

为切实推动新型电力系统建设，对新型电力系统的实施进行了阶段性规划：按照国家"双碳"目标和电力发展规划，预计到 2035 年基本建成新型电力系统，到 2050 年全面建成新型电力系统。① 2021—2035 年是建设期。新能源装机逐步成为第一大电源，常规电源逐步转变为调节性和保障性电源。电力系统总休维持较高转动惯量和交流同步运行特点，交流与直流、大电网与微电网协调发展。储能系统、需求响应等规模不断扩大，发电机组出力和用电负荷初步实现解耦。② 2036—2060 年是成熟期。新能源逐步成为电力电量供应主体，火电通过碳捕捉（CCUS）技术逐步实现净零排放，成为长周期调节电源。分布式电源、微电网、交直流组网与大电网融合发展。储能系统全面应用、负荷全面深入参与调节，发电机组出力和用电负荷逐步实现全面解耦。

2.2　新型电力系统电磁测量系统

2.2.1　电磁测量基本概念

电磁测量是研究电学量、磁学量，以及可转化为电学量的各种非电量的测量原理、方法和所用仪器、仪表的技术科学。电磁测量主要包括电测量和磁测量。

1. 电测量

利用电工和电子技术为测量手段的电的或非电的各种测量统称为电测量。其中电参量测量包括以下内容：

（1）电学量的测量，包括电压、电流、电功率、电场强度等。

（2）电信号特性的测量，包括波形、频率、周期、时间、相位、噪声等。

（3）电路参数的测量，包括电阻、电容、电感、阻抗、品质因数、电子器件参数等。

（4）电子设备及仪器性能的测量，包括增量、衰减量、灵敏度、信噪比等。

电测量的测量方法主要分为直接测量法、间接测量法和组合测量法三类。

（1）直接测量。测量结果从仪表的指示机构一次直接获得，称为直接测量。采用这种测量方法，可以使用量具进行测量，也可以使用相应单位刻度的仪表进行测量。例如，用电流表测量电流、用电阻表测量电阻等。

（2）间接测量。先对与被测量有关的物理量进行直接测量，然后根据它们之间的函数关系通过计算求出被测量，称为间接测量。例如，通过测量电阻两端的电压和通过电阻的电流，根据欧姆定律，可以算出被测电阻的阻值。

显然，间接测量要比直接测量复杂，一般情况下应尽量采用直接测量，只有在下列情况才选择间接测量：不能直接测量；直接测量的条件不具备；间接测量的结果比直接测量更准确。

（3）组合测量。在某些测量中，当被测量与几个未知量有关时，可先测取其中的一个或几个未知量，然后根据测量所得的数据，通过求解联立方程组来求得被测量的数值，这种测量方法称为组合测量。

测量方法的选择与仪表的选择同等重要，即使在同一种类的测量方法当中，仍有很多具体的测量方法。同样，在实际测量时，要根据具体情况选择合适的测量方法。

2. 磁测量

磁场的测量除直接利用磁的力效应外，常通过物理规律将磁学量转换成电学量来间接测量。新的科学理论、新的磁性材料和磁性器件的出现，促使新的测量技术和新的测量仪器出现。磁场测量涉及的范围很广，大致可归纳为3个方面：对磁场和磁性材料的测量；分析物质的磁结构，观察物质在磁性场中的各种效应；在边缘学科领域中，利用磁场与其他物理量的关系，通过测量磁性来测出其他量，例如磁性检验、磁粉探伤、磁性诊断和磁性勘探等。

测量的方法很多，按原理大体可分如下 8 种：

（1）力和力矩法：利用铁磁体或载流体在磁场中所受的力进行测量，是一种比较古典的测量方法。

（2）电磁感应法：以法拉第电磁感应定律为基础，是一种最基本的测量方法。它可用于测量直流磁场、交流磁场和脉冲磁场。用这种方法测量磁场的仪器通常有冲击检流计、磁通计、电子积分器、数字磁通计、转动线圈磁强计、振动线圈磁强计等。

（3）霍尔效应法：利用半导体内载流子在磁场中受力作用而改变行进路线，进而在宏观上反映出电位差（霍尔电动势）来进行磁场测量。这种方法比较简单，因而得到广泛应用。

（4）磁阻效应法：利用物质在磁场作用下电阻发生变化的特性进行磁场测量。具有这种效应的传感器主要有半导体磁阻元件和铁磁薄膜磁阻元件等。

（5）磁共振法：利用某些物质在磁场中选择性地吸收或辐射一定频率的电磁波，引起微观粒子（核、电子、原子）的共振跃迁来进行磁场测量。由于共振微粒的不同，可制成各种类型的磁共振磁强计，例如核磁共振磁强计、电子共振磁强计、光泵共振磁强计等。其中核磁共振磁强计是测量恒定磁场精度最高的仪器，因而可作为磁基准的传递装置。

（6）超导效应法：利用具有超导结构的超导体中超导电流与外部被测磁场的关系（约瑟夫逊效应）来测量磁场的磁强计，称为超导量子干涉仪，它是目前世界上最灵敏的磁强计，主要用于测量微弱磁场。

（7）磁通门法：利用铁磁材料的交流饱和磁特性对恒定磁场进行测量。用于测量零磁场附近的微弱磁场。

（8）磁光法：利用传光材料在磁场作用下的法拉第磁光效应和磁致伸缩效应等进行磁场测量。基于这种方法的光纤传感器具有独特优点，可用于恶劣环境下的磁场测量。

磁场的各种测量方法都是建立在与磁场有关的各种物理效应和物理现象的基础之上。由于电子技术、计算机技术及传感器的发展，磁场测量的方法和仪器有了很大的发展。测量磁场的方法有几十种，这些方法不仅能用来测量空间磁场，也能测量物质内部的磁性能。凡是与磁场有关的物理量和参数，原则上均可用这些方法进行测量。

2.2.2 新型电力系统电磁测量业务架构

电磁测量系统是新型电力系统的重要组成部分，它以电量和非电量传感器、计量仪表、信息采集与处理系统和设备为对象，通过智能传感、电力计量、测量控制、信息通信和信息处理等技术，实现对电力系统运行状态的监测与控制。新型电力系统中的量测系统是集智能传感、智能仪表、测量及通信、监测与诊断等技术于一体的智能化计量软硬件系统，为能源生产者、电力运营商、消费者提供精准、安全、可靠的计量和测量数据，是新型电力系统建设的重要基础设施。新型电力系统电磁测量系统可以评估新型电力系统中设备的健康状况和系统的完整性，实现表计自动抄收、用电信息监测、电能质量分析和有序用电管理等，可以促进能源生产者、电力运营商、消费者的多方互动，支撑大规模电动汽车充换电和新能源接入，辅以灵活的电价政策，激励用户主动地根据电力市场情况参与需求侧响应。在新型电力系统中，电磁测量系统架构如图 2-1 所示。

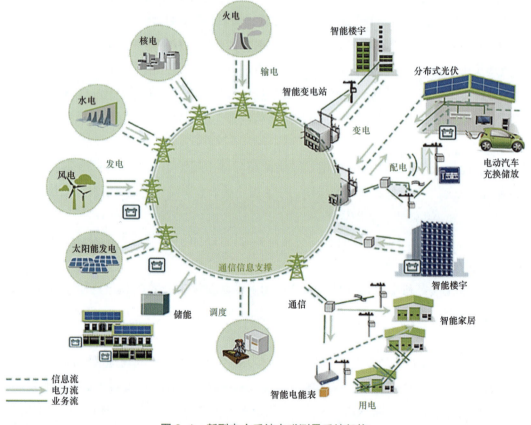

图 2-1 新型电力系统电磁测量系统架构

按照测量系统相关技术在新型电力系统中的应用，可将其分为传感测量、信息交互和业务平台三层结构，逻辑结构如图 2-2 所示。

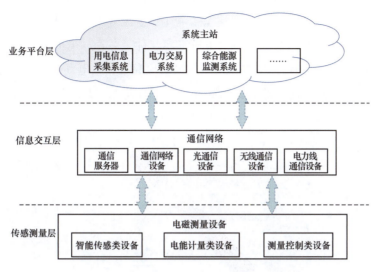

图 2-2　电磁测量系统业务应用逻辑结构

传感测量层主要包括智能传感类设备，例如电压、电流等电量传感器，温度、湿度、压力、流量、气体等非电量传感器，以及电解电容、计量芯片、电池等电子元器件；电能计量类设备，例如电能表、互感器、计量箱、计量仪表、检定（测）系统、校验装置等；测量控制类设备，例如变电站测控设备、配电测控设备、用电测控设备、新能源接入监测设备、充电设施监测设备等带有测量功能的设备。

信息交互层主要包括应用在各信息系统和平台的通信服务器、网络设备、光通信设备、无线通信设备、电力线通信设备等。

业务平台层主要包括用电信息采集系统、电力营销系统、电力交易系统、综合能源管理系统等各类系统的系统软件、应用软件和数据库等。

2.2.3　新型电力系统电磁测量技术类别

按照量测系统相关技术在新型电力系统应用中的特点和作用，可将其分为智能传感、电能计量、信息交互和业务处理分析四种类型量测技术。

2.2.3.1　智能传感类测量技术

1. 智能传感技术及相关产品

传感器是将物理特性的输入信号转换为电气输出的装置，一般由信号感知与调理、信号处理、通信及电源 4 部分组成。电流、压力、温度、图像等传感器产品，以及新型传感材料、微纳传感器设计加工等技术的不断进步，磁阻传感、光纤传感、微机电系统（MEMS）、低功耗传感网及边缘计算等技术的快速发展，为电力智能传感器的推广应用打下了基础。

智能传感器借助敏感元件感知待测物理量，通过调理电路获得物理量，并将之转换成相应的电信号。智能传感类设备主要包括电压、电流等电量传感器，温度、湿度、压力、流量、气体等非电量传感器，以及电解电容、计量芯片、电池等电子元器件。目前基于巨磁阻（GMR）、隧道磁阻（TMR）等物理效应和材料，电气量传感器可设计为开环式、贴片式等结构，具有便于部署、测量带宽高及响应时间快等优势，广泛应用于监控、计量等领域，典型智能传感器如图 2-3 和图 2-4 所示。

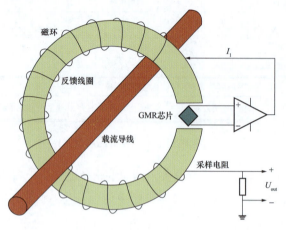

图 2-3　巨磁阻（GMR）传感器

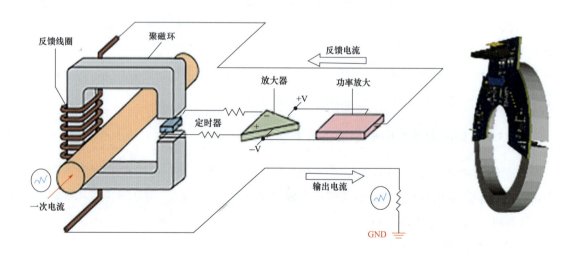

图 2-4　隧道磁阻式（TMR）传感器

基于电光、磁光等物理效应，实现测量范围大、响应频带宽及电气绝缘能力强的电功率传感器；基于电力光纤资源实现的分布式光纤传感器，可连续感知光纤传输路径上每一点的温度、应变及振动等物理参量的空间分布和变化信息，典型智能传感器如图 2-5 和图 2-6 所示。

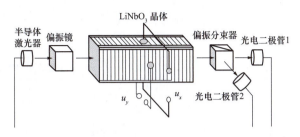

图 2-5 光学电功率传感器

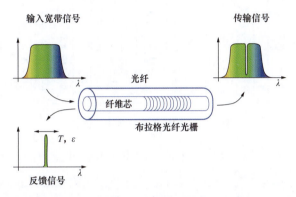

图 2-6 光纤传感器

智能传感器是新型电力系统的重要基础设施,在能源互联网各环节中展现出技术应用价值。在电源侧,面向风电、光伏等新能源发电生产,需要用到温度、光学、倾角、速度、图像及位置等多种传感器,支撑发电装备故障诊断与健康监测,预防事故发生,提高发电量效率,并延长装备寿命。在电网侧,已实现电力传感器在输电、变电及配电等环节的规模化应用,利用微气象、温度、杆塔倾斜、覆冰、舞动、弧垂、风偏、局部放电、介质损耗、绝缘气体、泄漏电流、振动及压力等多种传感器及智能终端的广泛部署,实现对电气主设备状态、环境与其他辅助信息的采集,支撑电网生产运行过程的信息全面感知及智能应用。在用户侧,面向智能用电、电动汽车、智能家居等应用场景,采用电能质量、负荷监测、图像视频等传感器及量测装置等,支撑需求侧柔性负荷资源的充分利用,补偿能源互联网中直流惯性不足或供需失衡导致的频率波动等系统运行问题,同时提升能源利用率。

2. 智能传感技术方向

在新型电力系统中,智能传感技术根据其技术成熟度和应用,主要包括计量装置传感技术、光学传感技术和非电量传感及集成技术等方向,如图 2-7 所示。

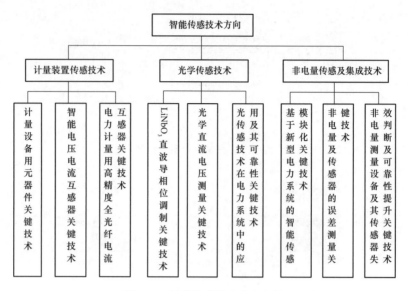

图 2-7　智能传感技术方向架构

（1）计量装置传感技术。计量装置传感技术主要包括元器件技术、智能电压 / 电流互感器关键技术、电测量用高精度全光纤电流互感器关键技术等技术。其中，元器件技术主要涵盖电能表、采集终端、电子式互感器等设备用主要元器件的测试技术，电能表、采集终端用元器件品质分级评价技术、元器件性能测评系统开发及元器件性能测试等技术。智能电压、电流互感器关键技术主要涵盖智能传感器与电压、电流互感器集成技术，传感信号输出接口标准化技术，互感器自诊断、安全监视、信号同步与自动互校技术，集保护、测量、数据处理、数据通信于一体的智能电压、电流互感器研发等技术。电测量用高精度全光纤电流互感器关键技术主要涵盖全光纤电流互感器现场长期运行准确度变化内在机理，提高全光纤电流互感器准确度和信噪比的方法，圆偏振保持光纤受外界环境影响的性能变化原理，圆偏保持光纤的成缆封装关键工艺，高精度全光纤电流互感器在特定场合计量应用的技术路径、标准和方法，以及光学电流互感器可靠性测试等技术。

（2）光学传感技术。光学传感技术主要包括直波导相位调制器关键技术、光学直流电压量测关键技术和光传感技术在电力系统中的应用及其可靠性测试关键技术等。其中，直波导相位调制器关键技术主要涵盖光学相位差检测技术，$LiNbO_3$ 晶体刻蚀机理，$LiNbO_3$ 晶体电极区刻蚀控制技术，$LiNbO_3$ 晶体刻蚀区界面控制技术，光纤电压、电流传感误差产生原理及评估技术，光学电压、电流互感器研发技术等。光学直流电压测量关键技术主要涵盖传感晶体在直流电场作用下的电荷漂移测试技术、光学直流电压互感器抗干扰优化技术、光学电压互感器可靠性评估技术等。光传感技术在电力系统中的应用及其可靠性提升技术主要涵盖基于磁致伸缩效应的光纤布拉格光栅（FBG）电流传感技术，基于逆压电效应的 FBG 电压传感技术，FBG 温度、应变交叉敏感抑制技术，光传感器应用技术，光传感的可靠性技术，以及电力系统用光学传感器可靠性评估技术等。

（3）非电量传感及集成技术。非电量传感及集成技术主要包括基于新型电力系统的智能传感模块化关键技术、非电量值测量及传感器的误差测量技术、非电量值测量设备及传感器的失效机理及可靠性提升技术等。其中，基于新型电力系统的智能传感模块化关键技术主要涵盖传感器自诊断建模技术，传感器非线性、温漂、时漂、响应时间的自诊断、自补偿、在线校准技术，高集成度智能传感模块开发技术，专用 A/D 模块、数据传输与处理模块、传感器自补偿模块、传感器自校准模块、传感器自诊断模块、光电与电光转换模块，以及与智能电网相匹配的接口模块、全球定位系统（GPS）模块、射频识别（RFID）模块等非电量传感模块研发技术。非电量值测量及传感器误差测量技术主要涵盖各类非电量值及传感器的测量原理、误差评定技术，非电量测量及传感器不确定度评价技术等。非电量值测量设备及传感器的失效机理及可靠性提升技术主要涵盖不同应力或多应力的传感器失效模型和失效激发测试技术，非电量测量仪器及传感器可靠性测试技术，提高非电量测量仪器及传感器可靠性的产品设计、优化技术等。

2.2.3.2　电能计量类量测技术

1. 电能计量技术及相关产品

电能计量的准确性关系到能源生产者、电网运营商和消费者的切身利益，电力的计量主要是对电能的计量，电能计量装置包括电能表、互感器、计量箱、计量仪表、检定（测）系统、校验装置等，如图 2-8～图 2-11 所示。电能计量装置主要安装在发电企业上网侧、电网企业之间的电量交换点、省级电网企业与其供电企业的供电关口计量点、用户侧计量点等位置。为了保证计量装置现场运行的准确、可靠，在设备安装前，需要通过标准电能表、互感器检定装置等对电能表、互感器的计量误差进行检定、校准；在现场运行环节，还需要通过便携的测量仪表对其进行周期检验。

图 2-8　智能电能表　　　　　　　　　图 2-9　互感器

图 2-10　二次回路检测装置　　　　　　　　图 2-11　计量箱

随着自动化检测技术的发展，在电能计量装置安装前的检定环节，已经广泛采用自动化检定（测）系统，主要由自动化流水线、智能机器人、智能仓储等设备构成，仪器仪表、自动控制、信息通信、计算机等技术在检定（测）设备上的结合与集成进一步紧密，自动化检定和校准已经成为新型电力系统中量测技术的主要发展趋势。

2. 电能计量技术方向

在新型电力系统中，特高压设备、避雷设备、浪涌设备等设施的大量使用，使得量值特点表现出从交直流稳态量向暂态量拓展的趋势；非线性电力负载大量增加，光伏逆变器、电动汽车充电桩、储能电池、电弧和接触焊设备、矿热炉、变频器、高频炉等都成为电网中重要的非线性负载，其量值特点表现出从线性到非线性、工频到高频拓展的趋势；分布式能源技术的发展，推动了直流配电网技术的深入研究，同时也带来电能直流计量的新问题。基于上述发展趋势，以及对电能计量的挑战，需研究并完善动（瞬）态计量、直流计量、谐波计量，以及非电量等量值溯源体系，设计新的运行工况下的计量产品，并开展相应检测技术研究及性能评价技术研究。电能计量技术主要包括量传溯源技术、计量产品研发技术、计量检测技术、计量性能评价技术和计量应用技术等方向，如图 2-12 所示。

（1）量传溯源技术。量传溯源技术主要包括冲击电压电流量值溯源关键技术、实时动态信号量值溯源关键技术、谐波电能量值溯源关键技术、非电量及传感器量值溯源关键技术和误差在线测量量值溯源关键技术等。其中，冲击电压电流量值溯源关键技术主要涵盖冲击电流稳定性和线性度评定技术、冲击电流信号的溯源技术及其不确定度评定技术、冲击电压发生器和分压器线性度分析技术、冲击电压峰值表检定装置研发和溯源技术等。实时动态信号量值溯源关键技术主要涵盖电网动态信号特性分析及仿真技术、动态信号溯源技术、动态信号标准装置研发技术和动态信号测试设备评价技术等。谐波电能量值溯源关键技术主要涵盖冶炼设备、分布式能源接入、电动汽车充电等主要谐波源谐波特性分析及仿真技术，谐波电能计量及建模技术，谐波电能计量标准装置研发技术和谐波电能量值溯源技术及不确定度评价技术。非电量及传感器量值溯源关键技术主要涵盖新型传感器测试技术，性能评价技术，以及微观量、复杂量、动态量、多参数综合参量等相关的非电量溯源技术。误差在线测量量值溯源关键技术主要涵盖基于计量装置在线测量的计量标准溯源技术、基于计量装置在线测量的计量标准装置研发技术和计量误差评价技术等。

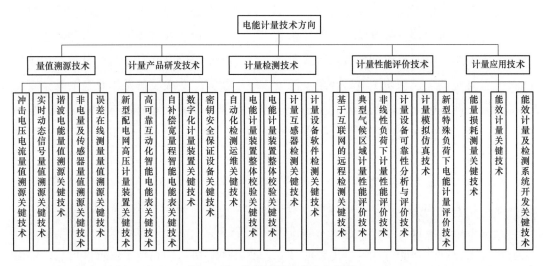

图 2-12　电能计量技术方向架构

（2）计量产品研发技术。计量产品研发技术主要包括新型配电网高压计量装置研发技术，高可靠性和互动化智能电能表关键技术，自补偿、宽量程、高精度电能表关键技术等。其中，新型配电网高压计量装置研发技术主要包括电子式组合互感器的智能高压计量装置研发及其稳定性、可靠性评价技术，谐波、直流含量、剩磁、冲击负荷等因素对高压计量装置的影响机理分析及仿真技术，新型高压计量装置研发技术，基于电子式互感器的数字化电能计量技术等。高可靠性和互动化智能电能表关键技术主要包括智能电能表基本功能与扩展功能模块化设计技术，应用于智能电能表的先进传感技术，智能电能表单芯片集成技术，面向对象、安全高效的智能电能表全双工通信技术，智能电能表互动化技术，智能电能表通用、标准化设计技术等。自补偿、宽量程、高精度电能表关键技术主要包括基于信号跟踪补偿的宽量限计量技术，在线跟踪过程中的波形补偿技术，自适应误差监测技术，多通道 A/D 同步数据获取及处理技术，通过高速数据总线（HPI）数据实时传递技术，功率数据与电能输出校正脉冲比例计算技术，时变电流与电压对称分量自适应实时正交分解、时变负荷不同频率对称分量四象限功率、电能的自适应测量与计量技术，自补偿、宽量程、高精度、具有谐波和非线性计量的电能表研发技术等。

（3）计量检测技术。计量检测技术主要包括自动化检测及运维技术、电能计量装置整体校验技术、复杂环境对计量用配电网互感器计量装置影响检测技术、计量用互感器带电检测技术、计量设备软件检测技术和基于互联网的计量远程测试技术等。其中，自动化检测及运维技术主要包括紧凑、高效、智能仓储技术和智能仓储一体化接口技术，高压计量用配电网互感器自动化检定技术，计量器具质量抽检自动化试验和分析评价技术，计量自动化检定/检测系统整体运行情况监控方法、运维检定过程质量分析方法、运行技术监督评价方法，以及系统优化、运行效率仿真等关键技术。电能计量装置整体校验技术主要包括计量装置整体误差评价技术、电能计量装置整体校验技术和电能计量装置整体校验系统或装置开发技术等。复杂环境对计量用配电网互感器计量装置影响检测技术主要包括复杂环境（电磁环境、温度、振动盐雾、一次设备操作及电网频率变化等）下影响计量用配电网互感器计量装置误差干扰源性能的机理分析与仿真技术，复杂环境下计量用配电网互感器计量装置误差检测技术，复杂环境下计量用配电网互感器计量装置误差、运行稳定性和可靠性分析评价建模技术等。计量用互感器带电检测技术主要包括电压、电流互感器复杂环境下的计量特性分析与仿真技术，高精度、高稳定性、适应复杂环境的标准传感技术，适用于各个电压等级的计量用互感器带电校验装置/系统研发及带电校验技术等。计量设备软件检测技术主要包括计量设备软件逻辑性路径关系分析技术，软件功能特性符合度评测技术，软件缺陷快速检测技术，软件可靠性评测技术，软件安全容错能力评测技术，以及计量设备软件抗攻击测评技术等。基于互联网的计量远程测试技术主要包括基于互联网的时钟同步技术、基于互联网的计量装置智能化远程测试技术、系统级的计量装置自动巡测与分析技术等。

（4）计量性能评价技术。计量性能评价技术主要包括典型气候区域划分及计量设备性能评价关键技术、计量设备在非线性负荷条件下的计量性能评价技术、计量设备可靠性分析与评价技术、计量模拟仿真技术和新型特殊负荷下计量关键技术等。其中，典型气候区域划分及计量设备性能评价关键技术主要包括计量设备运行区域的气候特征及典型气候区域划分技术、各类计量设备在典型气候区域运行可靠性分析评价技术、计量设备在典型气候特征区域下的性能评价技术等。计量设备在非线性负荷条件下的计量性能评价技术主要包括非线性负荷下电能表、互感器性能评价技术，频率、电压、电流等实时动态信号对计量设备性能影响评价技术等。计量设备可靠性分析与评价技术主要包括电能计量设备故障分类、故障激发、智能诊断和失效分析技术，计量器具设计方案可靠性风险评价技术，电能计量设备故障激发和稳健一致性评价技术，计量设备通信安全性与可靠性测评技术，计量设备生产工艺质量测评技术，计量设备可靠性试验技术，计量设备可靠性综合评价技术等。计量模拟仿真技术主要包括电能计量装置现场运行工况典型特征参数仿真分析技术、复杂环境下影响计量装置准确度的关键因素测评技术、计量装置运行工况模拟系统开发技术等。新型特殊负荷下计量关键技术主要包括交直流混合输电、海岛微网、储能装置、太阳能、电动汽车等新型特殊负荷的负荷特性与模拟仿真技术及验证技术，时变电流与电压对称分量自适应实时正交分解、时变负荷不同频率对称分量四象限功率、电能的自适应测量与计量技术，适用于新型特殊负荷的电能计量器具研发技术等。

（5）计量应用技术。计量应用技术主要包括能量损耗分析技术、能效计量关键技术、能效计量检测平台研发技术等。其中，能量损耗分析技术主要包括能量转换传输过程降损及控制技术，低功率因数、负载变化及谐波等典型影响因素及运行工况下的输配电设备能效计量评估分析技术等。能效计量关键技术主要包括输配电线路及变压器、电抗器、整流系统等输配电设备的能效计量检测关键技术，以及输配电系统、变电站系统的能效计量评估技术。能效计量检测平台研发技术主要包括电气设备运行工况及典型用电现场的模拟技术，输配电设备能效计量检测平台研发技术，电气设备、输配电系统、变电站系统的现场能效计量评估技术，以及电力能效计量管理技术等。

2.2.3.3　信息交互技术

1. 信息交互技术及产品

信息交互是实现电力系统智能化、互动化和安全控制的重要基础，信息通信和现代管理技术的综合运用，将大大提高电力设备使用效率，提升计量、测量数据传输的效率，降低电能损耗，使电网运行更加经济、高效。信息通信技术主要包括光纤通信、无线通信、电力线专网通信等技术，信息交互类设备主要包括应用在各信息系统和平台的服务器、网络设备、光通信设备、无线通信设备、电力线通信设备等。

（1）光纤通信技术。光纤通信技术是一种利用光波作为信息载体，通过光纤这种传输媒介进行信息传输的技术。光纤通信系统的基本组成包括光发信机、光收信机、光纤或光缆、中继器，以及光纤连接器、耦合器等无源器件，如图 2-13 所示。光纤通信技术主要包括波分复用（WDM）、光时分复用（OTDM）和光放大技术。其中，波分复用（WDM）指在同一光纤上同时传输多个不同波长的光信号，显著提高光纤的传输容量。光时分复用（OTDM）指将不同时间槽分配给不同的信号，以实现高速数据传输。光放大指使用光纤放大器代替传统的电子放大器，减少信号在传输过程中的损失。光纤通信技术具有高带宽、低损耗、抗干扰性强、体积小、重量轻等优点，可广泛应用于通信网络、数据中心、互联网基础设施、成像技术等领域。随着技术的进步，光纤通信正朝着更高速率、更大容量、更低能耗的方向发展。新型光纤技术，如空分复用、光孤子通信等，正在不断探索，以满足未来通信的需求。

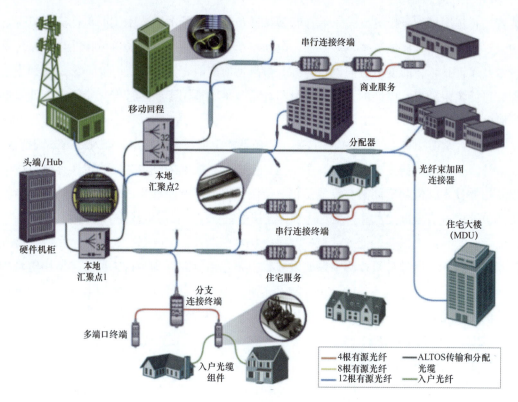

图 2-13 光纤通信系统

（2）无线通信技术。无线通信技术主要通过无线电波传输信息。这些无线电波在发送端被调制以携带信息（如语音、数据等），然后在接收端解调以恢复原始信息。无线通信技术主要包括调制技术、多址接入技术、多输入多输出技术、正交频分复用技术等，如图 2-14 所示。其中，调制技术包括幅度调制（AM）、频率调制（FM）、相位调制（PM）等，用于将信息编码到无线电波上。多址接入技术如频分多址（FDMA）、时分多址（TDMA）、码分多址（CDMA）等，允许多用户共享同一通信信道。多输入多输出技术（MIMO 技术），通过使用多个天线提高数据传输速率和信号质量。正交频分复用技术（OFDM 技术），用于高带宽的数据传输，是 4G 和 5G 网络的关键技术之一。无线通信技术具有灵活、便携、覆盖范围广、易于部署和扩展等优点，可广泛应用于互联网接入、远程监控、物联网（IoT）、车载通信系统、紧急服务等多个领域。随着新技术的不断涌现，无线通信将继续扩展其应用范围，并和提高其服务质量。

（3）电力线专网通信。电力线专网通信是为了保证电力系统的安全稳定运行而产生的。它同电力系统的安全稳定控制系统、调度自动化系统，被人们合称为电力系统安全稳定运行的三大支柱。

电力线通信（power line communication，PLC）技术是指利用电力线传输数据和媒体信号的一种通信方式。该技术是把载有信息的高频加载于电流，然后用电线传输接收信息的适配器，再把高频从电流中分离出来，并传送到计算机或电话，以实现信息传递。

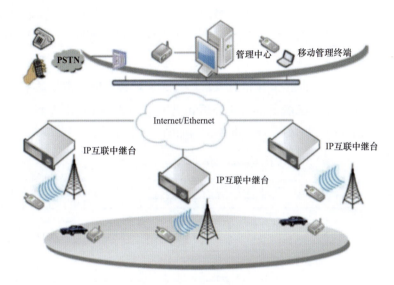

图 2-14　无线通信系统

电力线通信全称是电力线载波（power line carrier，PLC）通信，是指利用高压电力线（在电力载波领域通常指 35kV 及以上电压等级）、中压电力线（指 10kV 电压等级）或低压配电线（380V/220V 用户线）作为信息传输媒介，进行语音或数据传输的一种特殊通信方式。主要由高压电力线、阻波器、耦合电容器、结合滤波器、载波机和高频电缆组成，如图 2-15 所示。

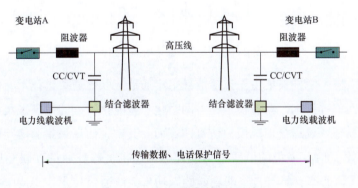

图 2-15　电力线载波通信系统

电力猫即"电力线通信调制解调器"，是通过电力线进行宽带上网的调制解调器（modem）的俗称。使用家庭或办公室现有电力线和插座组建成网络，来连接 PC、ADSL modem、机顶盒、音频设备、监控设备，以及其他的智能电气设备，来传输数据、语音和视频。它具有即插即用的特点，能通过普通家庭电力线传输网络 IP 数字信号。

2. 信息交互技术方向

随着新型电力系统中的量测系统覆盖范围的逐步扩大，海量计量数据和测量信息将向更多能源生产者、电网运营商、消费者提供应用服务，从而对电力设备使用效率、计量数据传输效率，以及电力系统运行的经济性指标提出更高要求，也对信息数据的安全可靠传输带来新的挑战。因此，应综合利用信息通信和现代管理技术手段，构建集采集、传输、分析、应用于一体的全方位信息处理体系，实现各类电力数据的精细化管理，从而为新型电力系统的建设发展提供快速分析和决策。信息交互技术主要方向包括信息采集、信息分析和信息应用三个方向，主要架构如图 2-16 所示。

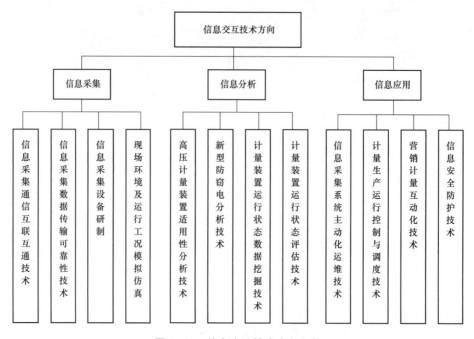

图 2-16　信息交互技术方向架构

（1）信息采集。信息采集主要包括信息采集通信互联互通关键技术，信息采集系统数据传输可靠性关键技术，具有模组化、网络化、智能化特征的信息采集设备研制，以及信息采集现场环境及运行工况模拟仿真四方面。其中，信息采集通信互联互通关键技术主要包括适用于信息采集的低压电力线宽带（窄带）载波通信互联互通技术，支持 100kbit/s 以上通信速率、具有自组网功能的微功率无线通信技术，支持电力线通信、微功率无线通信的双模通信技术，基于 5G 的 230MHz 无线宽带通信技术，230MHz 无线专网高速通信组网技术等关键技术。信息采集系统数据传输可靠性关键技术主要包括具有网络化技术的信息采集数据传输侦听分析技术、适用于各种通信方式的信息采集系统数据传输可靠性评价技术、信息采集系统数据传输性能在线分析技术、基于面向对象的远程通信技术等。具有模组化、网络化、智能化特征的信息采集设备研制主要包括具有模块化、网络化、智能化特征的信息采集设备研制，信息采集设备功能优化技术，信息采集系统现场智能化分析设备研制等。信息采集现场环境及运行工况模拟仿真主要包括典型地区用电现场环境模拟试验技术，信息采集现场模拟测试技术，信息采集数据传输信道参数分析技术，信息采集系统、设备、信道综合仿真验证技术等。

（2）信息分析。信息分析主要包括高压计量装置在复杂运行环境下的适用性分析技术、新型防窃电分析技术、计量装置运行状态大数据挖掘技术和计量装置运行状态评估技术等。其中，高压计量装置在复杂运行环境下的适用性分析技术主要包括高压大电流传感器动态响应测试技术、现场运行工况监测技术等。新型防窃电分析技术主要包括高频电磁场、半波等窃电行为特征及窃电行为模拟仿真技术，应用于窃电预防的在线视频采集与环境监测技术，新型防窃电封印、信号监测和抗干扰屏蔽设计等防窃电技术，基于信息采集的用电异常数据分析技术，现场窃电稽查分析技术，计量二次回路监测与分析技术等。计量装置运行状态大数据挖掘技术主要包括计量装置运行状态典型特征量及其获取技术，基于典型特征量的多数据关联故障判断分析技术，设备运行状态混合关联交叉策略、故障概率分布策略、整体运行分析策略等关键技术，计量装置状态预警和寿命预测技术，基于大数据的设备故障快速定位和运行状态智能诊断技术等。计量装置运行状态评估技术主要包括计量装置状态评估技术和计量装置状态检验技术等。

（3）信息应用。信息应用主要包括信息采集系统主动化运维技术、计量生产运行控制与调度技术、营销计量互动化技术、信息安全防护技术四个方向。其中，信息采集系统主动化运维技术主要包括信息采集系统故障诊断与预警技术和具有经济性、实时性的信息采集系统主动化运维技术。计量生产运行控制与调度技术主要包括计量生产调度运行大数据挖掘与分析技术、大数据分析可视化技术、基于大数据的计量资产一体化调配关键技术及计量设备配送质量现场检测信息集成技术、计量生产运行协同控制与优化关键技术、计量体系垂直化管理与深化应用关键技术、计量设备生产运行 GIS/GPS 应用技术、计量生产调度平台性能评价及优化技术等。营销计量互动化技术主要包括客户分类及不同类型客户的互动化技术，数据快速处理技术，互动化数据交换技术，用电信息数据、客户数据等非结构化数据的存储和挖掘技术，95598 门户网站、营销业务应用系统、电能服务管理平台、智能楼宇与智能小区系统的信息交互技术，客户互动需求信息引擎、处理、分析技术等。信息安全防护技术主要包括基于对称、非对称算法的密钥技术，轻量级、高效密码技术，适用于不同采集设备的精简安全对时机制和密钥生成、分发技术，密钥信息防攻击技术，用电信息密钥在能效计量、数字化计量、在线监测等领域的密码应用技术，以及电力统一密钥管理关键技术等。

2.2.3.4 业务处理分析技术

1. 业务处理技术及系统

新型电力系统中电磁测量应用的主要业务系统包括用电信息采集系统、需求侧管理系统、电能替代系统和综合能源服务等系统。

用电信息采集系统是一种用于收集、存储和处理电磁测量数据的软件或硬件系统，主要由底层传感测量设备，网络传输层的网关、通信服务器和路由器等网络设备和系统，主站层的业务应用服务器、数据库服务器等设备组成，主要作用在于为系统主站提供更有效的管理支撑和利用数据资源，提高相关系统决策质量，优化业务流程。

需求侧管理系统是一种旨在优化电力系统负荷的策略，通过激励消费者在电力需求高峰时段减少用电或在低峰时段增加用电，来平衡电网负荷，提高能源效率，并降低成本。需求侧管理系统通过综合运用信息技术、通信技术和自动化技术，实现了电力系统的优化管理，对提高能源利用效率、降低成本和支持可持续发展具有重要意义。

电能替代系统是一种能源管理系统，通过使用电力作为替代能源来减少对传统化石燃料的依赖，提高能源效率，降低环境影响。电能替代系统在供暖、制冷、交通等领域有广泛应用。电能替代系统主要由能源生产、能源传输、能源存储、能源应用和能源控制等子系统组成。其中，能源生产包括可再生能源（如风能、太阳能）和清洁能源（如核能、水能）的发电设施。能源传输设施包括输电线路、变电站、智能电网技术等，确保电力的稳定供应。能源存储系统如电池储能系统，用于平衡供需，提高电网的灵活性和可靠性。能源应用包括电热泵、电动汽车、电加热器等，这些设备直接使用电力作为能源。能源控制用于监控和管理整个系统的运行，优化能源分配。

综合能源服务系统是一种新兴的能源管理系统，它通过整合不同的能源形式和服务，实现能源的高效、经济和环保利用。该系统通常涉及能源的生产、传输、分配、存储和消费等多个环节，具有多能源优化、需求侧管理、能源存储管理智能监控与控制、能源交易与市场接入、能源数据分析与处理、用户定制服务、环境影响评估、政策支持与执行和风险管理等功能，为用户提供一站式的能源解决方案，有助于实现能源的高效、经济和环保利用。

2. 业务处理技术方向

随着碳达峰碳中和目标的提出，新型电力系统作为现代电力系统低碳转型发展的重要前提与必然趋势，正逐渐成为未来电力发展的重要方向。新型电力系统中新能源的大量接入和电力电子设备的广泛应用，使得电力系统的复杂性日益凸显，这对电磁测量业务处理分析技术提出了更高的要求。业务处理分析技术主要包括信息采集、需求侧管理、电能替代、综合能源管理等关键技术，主要技术方向如图 2-17 所示。

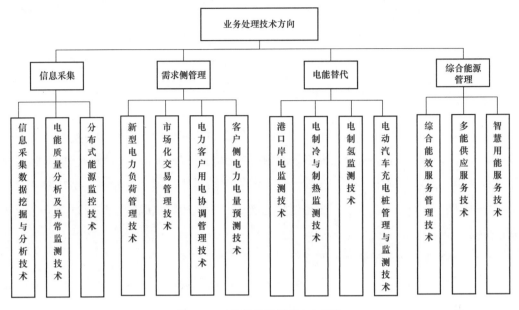

图 2-17   业务处理技术方向架构

其中，信息采集主要包括信息采集数据挖掘与分析技术、电能质量分析及异常监测技术和分布式能源监控等关键技术。需求侧管理主要包括新型电力负荷管理、市场化交易管理、电力客户用电协同管理、客户侧电力电量预测等关键技术。电能替代主要包括港口岸电、电制冷与制热、电制氢和电动汽车充电桩电磁测量业务处理等关键技术。综合能源管理主要包括综合能效服务管理关键技术、多能供应服务、智慧用能服务等关键技术。

2.2.4　电磁测量在新型电力系统中的作用

1. 实现电力系统安全高效运行

现代电力系统的规模日益扩大，构成愈发复杂，系统运行需要考虑的影响因素越来越多，及时通过先进计量和测量技术发现并尽快消除各种因素带来的安全隐患，对增强电力系统的抗干扰能力，实现整个电力系统的安全高效协调运作十分重要。通过推广应用智能电网中的量测先进技术及装备，有利于对电力系统进行全面监测和灵活控制，提高系统运行的稳定性和能源供应的可靠性，提升发、输、变、配、用、调度各个环节的生产效率和使用效率。

2. 满足用户日益多元化的用能需求

随着社会的不断进步和智能设备的大规模应用，能源消费者对提高服务质量、丰富服务内容将提出更高的要求，需要能源系统提供更为安全可靠、经济高效、友好互动、透明开放、清洁环保的能源供应。通过发展智能电网，应用智能电网中的量测技术及设备，准确分析能源系统运行效率和用户用能需求，可以大大增强能源系统优化配置资源的能力和抗干扰能力，为用户提供充分、优质的电力供应；并可以使用户及时掌握用电状况、电力价格等信息，主动参与用电管理，设定用电设备运行策略，实现对用电的精益化控制，获得更加满意的用电服务。

3. 促进清洁能源发展

通过建设和发展新型电力系统，运用先进的智能传感技术、测量控制技术和信息处理技术，能够实现对包括风能、太阳能在内的各类能源资源的准确预测和合理控制，改善新能源发电的功率输出特性，有效解决风能、太阳能等可再生能源大规模开发带来的技术问题，扩大市场消纳空间，从而更好地推动能源结构优化调整，降低对传统化石能源的依赖。

4. 促进电力工业及相关产业发展

电力计量业务和新型电力系统中的量测技术的创新实践，将有力推动量测系统产业在企业发展、技术进步、工艺改进、市场开拓等方面实现飞跃，行业产能、制造水平、市场范围显著提升，进一步拉动智能传感、电能计量、测量控制和信息处理的设计、生产、制造、检测等上下游产业发展，利用大数据技术整合上下游信息数据源，实现产业链健康发展，通过分析各产业链之间的相关性，促进与智能电网中量测相关的新能源、新材料等高新技术产业和物联网、电动汽车等新兴产业的协同发展。

第 3 章 新型电力系统电磁测量技术与标准发展现状

3.1 新型电力系统电磁测量技术现状

在新型电力系统高速建设和发展阶段，电磁测量领域也同样迎来高速发展变革，客户端分布式能源接入，客户端的互动需求持续增加，多能互动业务模式更加复杂，营销与交易联系更加紧密，上述新形态变化督促新型电力系统各环节要实现可观、可控、可测的要求。电磁测量技术贯穿于新型电力系统各环节，是对新型电力系统中输变电各环节各种形式信息进行采集与准确测量的技术。在电磁测量、信息交互、业务应用等方面开展了关键技术研究，并建立和完善了相关标准系列。

3.1.1 先进测量与量传溯源技术

在新型电力系统中，电磁参量的准确测量与量传溯源至关重要。然而，在实际操作中，仍存在如下问题和挑战：

（1）量传溯源体系不完善。电磁参量的量传溯源体系尚不完善，缺乏统一、权威的计量标准。这导致不同设备、不同系统之间的测量结果难以进行准确比较和评估，给电力系统的运行和控制带来困难。

（2）高精度测量技术的局限性。尽管目前已经有一些高精度测量技术，但在实际应用中仍存在局限性。例如，一些高精度测量设备成本高昂，难以在所有场景下普及使用；同时，这些设备在复杂环境下的稳定性也有问题。

（3）分布式测量技术的挑战。分布式测量技术是实现新型电力系统众多、分布广泛设备准确测量的有效手段。然而，如何实现不同测量系统之间的数据互通和整合，以及如何保证数据的实时性和准确性，都是亟待解决的问题。

（4）高频与宽频测量技术的研发滞后，随着电力电子技术的快速发展，新型电力系统中的高频和宽频信号越来越多。然而，现有的高频与宽频测量技术难以满足实际需求，亟须加强相关技术的研发。

（5）标准化进程的滞后。电磁测量标准化进程相对滞后，缺乏统一、完善的标准体系。这不仅影响了测量的准确性和可靠性，也制约了相关技术的推广和应用。

因此，为了更好地应对新型电力系统中的电磁参量量传溯源问题，需要加强技术研发，完善量传溯源体系，推进标准化进程，确保电磁测量的准确性和可靠性，为电力系统的安全、稳定、经济运行提供有力保障。

3.1.2　电磁测量与传感技术

随着新型电力系统建设不断完善，电网形态已从单边向多元双向混合层次结构网络转变，负荷特性向柔性、产销型转变，电磁测量是能源绿色低碳发展、经济社会发展全面绿色转型的重要支撑，是实现新型电力系统灵活智能的基石。中共中央、国务院印发了《质量强国建设纲要》，市场监管总局、科技部等五部委联合发布了《关于加强国家现代先进测量体系建设的指导意见》，构建现代先进测量体系，研究负荷侧大量"产消者"分布式能源就地消纳调控、并网供电质量监测、安全合规运行监测、发用两侧一体结算、低压台变动态增容等新需求，提升负荷侧分布式能源、可控负荷的可观、可测、可控能力，实现海量分散可控资源的精准评估，均需要大量"传感与测量"新场景的技术和标准予以支撑。同时，为保证量值统一、准确、可靠，计量检定检测公平、公正、透明，需要针对电学参数高准确度采样，谐波、冲击、直流电能计量，量子化量传溯源，分布式电源、电动汽车、非线性负荷、时间频率等非电量传感器设计，以及动力与储能电池精准计量与寿命预测等领域，开展新型量值溯源技术研究及相关计量标准的研制。

3.1.3　信息交互技术

全球处于互联网引领的新一轮科技革命和产业变革中，国家发展改革委、能源局、工信部印发的《关于推进"互联网＋"智慧能源发展的指导意见》明晰了"互联网＋"智慧能源的发展模式，指出互联网理念、先进信息技术与能源产业应深度融合。随着新型电力系统的快速建设和发展，相关新技术、新模式和新业态正在兴起，电力体制改革逐步深入推进，多元化售电主体、市场化电价体系逐渐形成，电力市场化交易业务活跃开展，以服务售电公司、电力用户为核心，驱动信息采集业务从"定时采集"向"按需采集"转变，业务模式从"无偿服务"向"有偿服务"转型，电能计量、采集、计费业务如何尽早地去适应新变化是当前首先要考虑的问题。目前电力计量、抄表、收费等工作已实现了分时计量、集抄集收模式，基本摆脱了人工抄表、人工结算等落后模式，但是距离新型电力系统模式下的实时计量、信息交互与主动控制等要求仍有较大差距，支撑新型电力系统的高级量测系统欠缺先进的技术标准体系和质量量化评价指标体系。

在能源互联网能源数据采集与监测方面，水电气热等数据分散计量影响数据完整性，各专业数据彼此独立形成信息孤岛影响决策分析质量，数据采集方式无法满足能源大数据时效性、安全性、多维度、多数据源的要求，多元交易主体对能源数据交互提出更高要求。多源信息融合是提高电磁测量准确性的重要手段。然而，由于不同数据来源的差异、数据格式的不统一，以及数据处理算法的复杂性，实现多源信息的有效融合难度较大。

此外，能源互联网对信息交互和数据应用提出了更高的要求，政府机构、电网企业、计量设备生产企业、电力用户等对电力能源计量数据的应用和服务需求日益强烈，目前能源数据缺乏一体化的信息系统有效支撑。

3.1.4　业务处理技术

现有业务管理系统及装置不具备客户侧系统级控制、设备级交互等功能，尚未建立互动线上渠道，难以有效支撑常态化、精细化、互动化的业务运营服务工作。以负荷监测为例，负荷监测分路偏少，未有效实现负荷重要性分级管理，数据质量和传输时效性、稳定性较差，不能满足实时监测需求。对资源真实性、可靠性和适用性的验证手段不足，数字化排查手段和溯源能力有限，缺乏有效的设备及系统接入标准，未能实现业务管理全线上化流转。各级业务管理工作体系建设不完备，协调指挥能力有待提升，系统尚未有效承载业务管理中心实体化运作、业务实施，支持电力保供、政府决策、能源转型能力不足。随着新能源的大规模并网和用电需求增长，用电规律发生了根本性变化，虚拟电厂在提供调峰、调频、备用等辅助服务方面将会发挥越来越重要的作用。新形势下电力客户用电安全风险增大，用电检查和重大活动保电质量要求高，业务调控及用电安全管理面临挑战。此外，新型电力系统的用能结构与系统在能效提升、碳排放、安全用能等方面的运行边界发生变化，用户侧多业务日渐融合，缺乏相关标准及平台工具支撑，如何制定满足多业务融合发展的新型电力业务服务和评估策略是现阶段多能互补及增值服务标准化工作的重要挑战。

3.2　电磁测量技术应用现状

随着新型电力系统的建设和发展，电磁测量技术将着重向着微电子和测量自动化、带有智能算法的微处理器检测等方向发展。新型电力系统对电磁测量装置的智能化、小型化、高性能等方面提出了更高的要求，以适应更加复杂多变的应用场景。新型电力系统电磁测量技术主要体现于电子技术将得到进一步应用、更高级的测量算法、更好的防护、互操作性通信及 IT 技术的应用等方面。下面主要从电力流传递环节、新能源、电力监测、电能计量等方面分析电磁测量技术应用现状。

3.2.1 传统发输变配用环节

发电侧的主体为发电设备，发电设备的监测装置主要包括电气量和状态量的监测装置，其中需要监测的电气量包括电压、电流，需要监测的状态量包括转子的转速、温度等。新型电力系统中发电侧测量装置涉及的测量范围较广，除了配置电压、电流等电气量测量设备以外，还配置了多种类型的状态量测量设备。电气量测量设备在传统电磁式互感器的基础上进行了改进，降低了体积及重量，提升了动态响应性能，加入了数据处理及智能诊断功能，也可基于光纤技术研制新型电气量互感器，满足未来新型电力系统的发展需要。对于状态量测量设备，现有的状态量测量技术无法满足智能诊断及智能控制需求，需要结合有限元分析、多耦合场振动分析等方法实现发电侧状态量的综合评价。

输电侧设备主要分为架空输电线路和高压电缆两种类型，其中架空输电线路的监测主体包括输电线路本体电气量监测，以及输电杆塔的状态量监测，而高压电缆的监测主体包括电缆本体的电气量监测，以及电缆通道的状态量监测。架空输电线路的状态量监测主要围绕输电线路及输电杆塔展开，针对输电线路的舞动拉力、弧垂和覆冰情况，以及杆塔倾斜等，利用传统机械运动量传感器、光纤光学传感器及图像传感器进行在线感知与测量。对于高压电缆通道的状态量监测，应配置环境温度监测、水位监测、气体监测、火灾监测、图像视频监测、振动监测等多种类型传感器，实现电缆及电缆通道设施的全方位状态感知，保证电缆运行的安全可靠。未来在进一步提升监测性能、缩小传感器体积的基础上需加入智能功能，实现智能化监测。

变电侧在线监测的一次设备对象主要有变压器（电抗器）、断路器、气体绝缘金属封闭开关设备（GIS）、电容型设备、金属氧化物避雷器等。需要监测的电气量包括变电设备两侧的电压及通过变电设备的电流，以及局部放电电流、泄漏电流等。需要监测的状态量包括变压器的温度、气体成分、设备状态、变压器油色谱等。对于电气量测量设备，小型化的新型电气量传感器是实现变电侧状态感知的重要条件，如利用光纤超声传感器检测局部放电，可以有效避免电磁干扰，提升检测灵敏度。对于状态量测量设备，布置可见光与红外视觉传感器、SF_6 气体湿度监测传感器、变压器油温度传感器等。

配电侧的设备主要包括配电线路和配电变电设备，其中配电线路中还包括线路本体、断路器、避雷器等设备。配电侧以监测电气量为主，包括配电线路的电压和电流，还需监测配电设备的状态量，包括配电杆塔的倾斜量、电缆沟内部水位等环境状态量。在状态量监测方面，利用光纤光学传感器可以实现配电设备的温度监测及配电杆塔的状态监测，提升感知灵敏度，还可以配合图像传感装置，实现配电线路的智能运维。配电状态监测系统除了具备配电设备及环境感知的功能外，还具备主动预测预警、辅助诊断决策功能，从而提高运检业务信息化、数据分析智能化、运检管理精益化水平。

用电侧的负荷类型比较广泛，可以分为家用负荷、工业负荷、商业负荷等类别，根据不同的负荷需求，配置的测量设备类别可以分为综合能效类、需求响应类及智慧城市用能服务类三种。其中综合能效类传感设备主要分为环境状态量监测设备及能耗状态量监测设备；需求响应类传感设备主要分为环境状态量监测设备和负荷电气量监测设备；智慧城市用能服务类主要针对新型用能需求与设备交互式接入的需要，解决用能效率问题，提升智能化水平，改善用户用能体验。用电侧电气量测量设备包括智能电能计量传感器、智能故障电流传感器等，环境状态量测量设备则包括温度湿度传感器、环境光传感器、PM2.5 传感器、红外传感器等。利用 TMR 技术研制的电流传感器具有更高精度、更好的集成度，具有显著优势，是未来用电侧电气量电磁测量装置的发展趋势。此外，为满足新型电力系统的发展要求，除了监测电气量之外，还要综合监测用电设备（如热量、力、振动、位移等各种状态量）的变化，以实现用电设备状态的综合评判，为智能调度控制提供数据基础。

3.2.2　新能源发电场景应用

新能源侧的监测主体为诸如风电、光伏等可再生能源发电设备，以及这些新能源配套的储能设备、电能变换装置等。新能源发电设备需要监测的电气量包括发电设备发出的电压、电流，需要监测的状态量包括太阳辐射强度、风速及风向、风机角度、设备振动频率等。储能设备需要监测的电气量包括储能装置的电压、电流，需要监测的状态量包括储能设备本身的温度湿度、振动参数、姿态参数、气象环境参数等。

在新能源侧安装电气量与状态量的测量设备，综合感知新能源发电设备的发电状态，并根据实际环境进行相应的调整，如调整风机与太阳能发电板的角度，提高发电效率。在储能装置配备的电气量测量设备对储能设备的状态进行感知，实时监控储能用电网的有功功率、无功功率、功率因数等参数，可以应用于后续故障分析，也可以有效平抑可再生能源接入的随机性与波动性。新能源侧及储能侧配备的测量设备具有低功耗、响应快速、体积小的特点。在储能设备中应用电磁测量新技术可以有效提升分布式储能电池健康状态感知在新型电力系统智能运行中的有效性与便捷性，对储能设备本身及工作环境进行综合评判，保证储能设备的安全、稳定运行。

3.2.3　电力设备状态在线监测应用

在电力设备状态在线监测领域，对于常见的侵入式状态采样、数据传感技术，非介入式设备运行状态检测技术是一项确保设备元件完整性、避免因传感器嵌入引入不可靠因素的无损检测技术。非介入式检测技术因其在监测传感安装的过程中无须破坏电力设备关键元件结构，不会对关键元件内部造成扰动等优势受到越来越多专家学者的关注。

立足于传感网络的工程应用现状与相关前沿技术，针对电力设备的布局、运维需求、监测难度，布置电气量、非电气量传感器，进而优化传感网络性能，利用优化布置的多类型传感器形成多重感官对关键设备进行状态监测，全面提升状态运维感知能力。

复杂电力设备系统在运行过程中往往伴随着复杂的机电暂态，可能会造成部件机械振动。对系统振动特征参量的测量，传统的介入式方法都是把感知元件与被测部件直接接触，这样就给测量工作带来了极大的不便，特别是在被测部件是高温、高精密、极微小体积、高压等情况下，对检测设备和维修人员具有极大的危害性。非介入式振动检测方法无须预留检测接口，在不改变原系统工作状态的前提下，可对复杂系统的主要工作参数进行非介入式测量，进而对复杂系统的各组件工作状态进行全面分析和快速故障定位。电容式传感器的主要优点是温度稳定性好，结构简单、适应性强、动态响应好，以及可以实现非接触测量、具有平均效应等。

3.2.4 电力市场电能计量应用

现代电力市场下的电能计量管理系统必须要实现电费结算自动化、电能计量结算自动化、网络数据互通自动化等。加快现代电力市场下电能计量管理系统建设，提高电能质量管理系统工作效率，减少和降低用户和企业在电能质量管理系统上消耗的时间和精力，为用户和企业带来更大的经济利益。

现代电力市场电能计量管理系统包括通信网络、采集系统、管理中心三大部分。在实际运营过程中，电能计量管理系统是通信网络、电能采集、数据互通等工作内容一体化的管理系统，其目的就是全面实现电能质量管理、输发电管理，以及信息采集一体化。智能电能表是在每个计量点上设置的测量工具，能实现通过远程通信的方式，将信息同步到终端，而控制中心的工作内容就是和各个终端数据相关联，并对各个终端传输过来的数据进行同步总结和管理，在接收到传输数据之后，将它们永久保存在数据库内，日后工作人员如有需求查阅数据，即可随时进行搜索。

用电计量数据是业务数据驱动的重要源头，因此围绕能源交易、能源运营领域进行大量的数据挖掘、分析和再利用显得尤为重要，可直接为电网企业、售电公司带来效益，例如将用电计量大数据分析应用于配电网络中配电变压器负载特性分析、配电变压器重过载预警，以及配电网故障的实时监控等环节，可提升整个配电网络的安全运行水平；将用电计量大数据分析应用于售电公司用户负载特性分析、负荷预测等方面，可以准确掌握用户及其所在行业用电行为、负荷变化规律，数据分析结论可以直接应用于电力用户的竞争、现货交易成本的控制等业务中。

自国际单位制量子化变革以来，开启了以测量单位数字化、测量标准量子化、测量技术先进化、测量管理现代化为主要特征的"先进测量"时代。应用科学先进、系统高效的测量方法是新型电力系统建设的重要基础与关键环节。

3.3　电磁测量技术及标准发展趋势

自国际单位制量子化变革以来，开启了以测量单位数字化、测量标准量子化、测量技术先进化、测量管理现代化为主要特征的"先进测量"时代。应用科学先进、系统高效的测量方法是新型电力系统建设的重要基础与关键环节，电磁测量技术及标准化发展如下：

3.3.1　电力传感数字化和智能化

碳中和背景下，电能替代战略的实施，将直接导致用电终端越来越复杂多样。更具数字化和智能化特征的传感器，才可能更加有效地监测或测量多样化用电终端的电压、电流、功率、频率等反映其相关特性的电气量，才能够更有效地扩大电气量的动态测量范围，提升电气量的测量准确性，使测得的各种电磁特征信息的集成化应用及在更大范围共享成为可能。要根据服务于碳中和目标的电气工程测量实际需求，研制相应的传感器，制定相应的技术规范，比如具有适应复杂环境的多功能传感器，可适用于不同应用场合、不同环境下电气量的精准测量。其次，要将传感器与计算机控制及信息处理等技术有机结合，使传感器不仅具有感知能力，而且还具有认知能力。另外，还应该尽可能地在传感器中应用人工智能技术，研发出基于人工神经网络的智能型传感器，以切实提高服务于碳中和目标的各种电气工程用传感器的测量准确性、宽范围适应性，以及灵敏度等。

3.3.2　电力传输路径光纤化

经电缆传输的各种电气工程信号，可能受到周围环境的强电磁干扰而导致测得结果不再准确，甚至存在很大误差。与电缆相比，光纤不仅传输容量大、传输速度快、传输距离长、传输可靠性高、传输安全性好，而且不易受到周围环境中的电磁干扰，也不易出现信号丢失。碳中和背景下，可再生能源的大规模应用提上日程，而可再生能源容易受天气、地域环境条件制约，存在间歇性、随机性和波动性。各地区天气情况瞬息万变，各发电平台需要及时共享环境地理位置及天气预报等信息，而且电力系统的调度控制需要及时做出相应跟进，动态制定电力调度计划。不同地域电力调度部门彼此之间的相关调控信息往来也会更加频繁、快速。因此，将电气工程信号传输媒介改为光纤，可大幅提高相关数据信号的传输能力和传输可靠性。

3.3.3 电力通信接口标准化

碳中和背景下，分布式能源将得到广泛应用，甚至出现千家万户自用光伏发电的情况。未来，可再生能源（如风电、水电和光伏发电等）在电力系统电源中的占比会越来越高，且大规模集中式与分布式新能源发电，以及虚拟电厂等会并存共济，因此，服务于它们的监测、测量及计量仪器设备资源也必须做到互联互通，并且可以全局统一调度。为此，各种监测仪器、测量仪表和测控装置的通信接口必须做到统一化、标准化，以使得不同厂商生产的测量、监测、检测等仪器设备可实现互操作。如此，不仅可大大缩短接口验证时间，简化仪器配置过程，减少工程实施及运维检修工期，更重要的是，能减少不同测量仪器设备之间的信息转换过程，能实现源自不同测量仪器设备的数据信息的协同、综合及共享利用。这无疑是碳中和目标下服务于新型电力系统建设的电力综合监控子系统接口通信技术实现的必然要求。

3.3.4 动态电能计量精确化

新型电力系统存在不平衡负荷、系统发生故障或负荷变化，系统的母线电压会降低，系统的频率会偏移。随着风力发电、光伏发电等新能源大量接入，新型电力系统的惯性降低，风力发电的波动性和爬坡事件等会使电力系统的稳定性降低，系统的频率会发生变化。接入配电网的分布式电源，大型非线性负载的数量会越来越多，电网运行环境越来越复杂。配电网的电气信号将更容易出现波动现象（如幅值或相位快速变化、频率偏移、低频振荡等），这些动态变化对于动态相量测量会产生很大的干扰，对电力系统状态估计、故障定位，系统的稳定运行都会产生很大的影响。测量误差的增大可能导致系统误判，影响电网的稳定运行，因此需要高精度、低延时的动态同步相量测量算法。相量测量算法的精度更高，延时更短，抗干扰能力更强。目前应用比较广泛的离散傅里叶变换相量测量算法在电力系统稳态的条件下测量精度高。但在系统动态情况（如幅值相位变化、频率偏移、低频振荡等）时相量测量的精度会下降，因此需要更为精确的动态测量技术。

3.3.5 高速传输下测量准确化

瞄准碳中和，大量传统的模拟式用能终端将被数字化新型用能终端取代，电力传输系统将快速发展，各种电气工程信号的传输速率越来越快，信号传输频率越来越高，信号波长越来越小，对信号特征参数的保持和测取越来越难。原先不需要考虑的数字信号传输带宽和阻抗匹配问题，将成为研究热点，也必须尽快找到确保高速数字信号无失真传输的有效技术手段和方法。

3.3.6　强电磁干扰下测量准确化

未来，我国电力系统的基本结构将发生转变，由高比例煤电转变为高比例清洁能源绿电。转变后，以电力电子器件为主体构成的新型电力系统，会替代以机械电磁系统为主体的旧式电力系统。这样的电力系统中，无处不在的电力电子器件都产生电磁辐射，进而对周围其他电气设备及测量仪器形成干扰。各种电磁信号相互重叠、混杂在一起，其分离及测量变得十分困难。对此，需要利用时域、频域、时频域、空域、调制域等多种信号分析理论、测量方法及实现手段，去解决多域中重叠信号的分离及测量问题。新型电力系统中用于控制、监测和转换的各种电力电子化设备及器件日益增多，其产生的电磁干扰也将越来越严重，无疑会影响系统中各类电磁测量仪器仪表的测量准确性。因此，强电磁干扰下能足够准确测取电气工程信号的需求激增。这种复杂外界环境下如果无法准确测量相关电气工程信号，可能造成的损失和危害是难以估量的。所以，必须研发能够抵抗强电磁干扰的电工仪器仪表。

3.3.7　测量对象激增下测量准确化

碳中和目标下的新型电力系统中，新能源发电倍增，储能不可或缺且会大力发展，电力系统的运行机制将从"源随荷动"转变为"源荷互动"。分布式新能源广泛使用，更多电力用户变为"产消者"，更大规模使用电动汽车、风力发电机叶片、光伏电池板等，电力电子化使电力系统的"脆弱"性增强。系统、设备、装置、传感器、电池组件等的安全性、可靠性、技术指标、能耗水平、抗干扰能力、制造成本等性能，都需要感知、监测、测控、检测及计量，即对相应测量手段、仪器设备的需求量无疑会是非常大的。发展新能源、电动汽车、储能系统、海上风电等，相应的质量监测、技术性能测量的新方法、新技术、新手段就必须跟上、必须到位，需要测量的各种任务、各类需求都在成倍增加。

第4章 电磁测量相关标准化现状

4.1 电磁测量国际标准化组织

国际上，与新型电力系统电磁测量相关的领域主要集中在智能电网、高级量测基础设施（AMI）方面，开展相关工作的国际组织主要包括国际电工委员会（IEC）、国际标准化组织（ISO）、国际电信联盟（ITU）、电气与电子工程师协会（IEEE）等。

4.1.1 IEC（国际电工委员会）

国际电工委员会（IEC）于 1906 年成立，它是世界上成立最早的国际性电工标准化机构，负责有关电气工程和电子工程领域中的国际标准化工作。IEC 的宗旨是促进电气、电子工程领域中标准化及有关问题的国际合作，增进国家间的相互了解。为此，IEC 出版包括国际标准在内的各种出版物，并希望各成员国在本国条件允许的情况下，在标准化工作中使用这些标准。

IEC 标准化组织中与电磁测量领域密切相关的技术委员会主要包括 IEC/TC 8 电能供应系统方面技术委员会、IEC/TC 13 电能测量和负荷控制设备技术委员会、IEC/TC 38 国际电工委员会互感器技术委员会、IEC/TC 42 国际电工委员会高电压大电流测试技术委员会、IEC/TC 56 国际电工委员会可信性技术委员会、IEC/TC 57 国际电工委员会电力系统管理及其信息交换技术委员会、IEC/TC 66 测量、控制和试验室设备的安全技术委员会、IEC/TC 85 国际电工委员会电工和电磁量测量设备技术委员会、IEC/TC 115 高压直流输电工程标准化技术委员会、IEC/TC 121 国际电工委员会低压开关设备和控制设备及其成套设备技术委员会、IEC SyC 1 智慧能源委员会、IEC SyC COMM 通信技术和架构系统委员会等 12 个标准化技术委员会。

4.1.2 ISO（国际标准化组织）

国际标准化组织（ISO）成立于 1946 年 10 月，是由各国标准化团体（ISO 成员团体）组成的世界性的联合会。ISO 技术委员会负责制定国际标准。ISO 与国际电工委员会（IEC）在电工技术标准化方面保持密切合作的关系。中国是 ISO 的正式成员，代表中国的组织为中国国家标准化管理委员会（SAC）。

ISO 标准的内容涉及广泛，从基础的紧固件、轴承等各种原材料到半成品和成品，其技术领域涉及信息技术、交通运输、农业、保健和环境等。每个工作机构都有自己的工作计划，该计划列出需要制定的标准项目（试验方法、术语、规格、性能要求等）。ISO 与新型电力系统电磁测量密切相关的技术委员会主要包括 ISO/IEC JTC 1 信息技术委员会和 ISO/TC 301 能源管理与能源节约技术委员会 2 个标准化相关组织。

4.1.3　ITU（国际电信联盟）

ITU 是主管信息通信技术（ICT）事务的联合国机构，也是通信行业发展 4G、5G、6G 等通信技术的核心标准组织。自 1865 年成立以来，ITU 一直致力于协调无线电频谱资源的全球共享，促进卫星轨道资源分配的国际协作，努力改善发展中国家的电信基础设施，并提供电信援助使其获取信息和通信技术。同时制定全球电信标准，创建强大可靠和持续演进的全球通信系统，以促进国际通信的无缝互联。ITU 的成员包括中国、美国、德国、法国、日本、韩国、巴西、伊朗、俄罗斯等在内的 193 个成员国，以及来自国际商业和科研界的 900 多个成员单位，如公司、高校，以及国际性及地区性组织。

在 ITU 标准化组织中，与电磁测量系统密切相关的工作组主要有国际电信联盟电信标准分局（ITU-T）中的 SG13 未来网络，SG15 传输、接入和入户，SG20 物联网、智慧城市和社区，以及国际电信联盟电信发展部门（ITU-D）中的 SG2 数字化转型。

4.1.4　IEEE（电气与电子工程师协会）

2009 年 3 月，IEEE 批准成立了 P2030 工作组，主要开展智能电网互操作技术导则和标准体系的研究工作，涉及发电、输电、配电、用户侧服务，具体包括可再生能源、微电网、储能、电动汽车充电桩、灵活交流输电、可适应性继电器、动态转换负载、自动故障隔离/电路恢复、需求侧管理、双向信息显示装置、运行数据和非运行数据安全等内容。

与电磁测量密切相关的 IEEE 委员会为 IEEE PES 电力系统测量与仪器技术委员会（中国）电力系统测量数字化技术分委会，主要致力于开展电力系统测量数字化标准体系研究，推进数字化电力系统测量与仪器向动态感知、远程在线和网络化、平台化、大数据智慧服务应用等方向发展，提高数字化电力系统测量技术及仪器的准确性和可靠性，促进数字化电力系统测量技术的进步，提升数字化电力系统测量仪器智慧化功能水平和制造水平，更好地服务于电力系统智能制造。

4.1.5　CIGRE（国际大电网会议）

CIGRE 国际大电网会议设有理事会、执行委员会和技术委员会。理事会现由 51 名成员组成，具有决策权；执行委员会现由 13 名成员组成；技术委员会由 15 个研究委员会的主席组成。中央办公室设在巴黎，负责协调日常事务。各会员国中设有国家委员会。其宗旨是促进各国间发电、高压输电和大电网方面科技知识与情报的交流，主要包括发电厂电气部分，变电站、变电设备及其建设与运行，高压线路的结构、绝缘与运行，系统互联及互联系统的运行和保护等。其中，与电力计量相关的是 C5 电力市场和管制，以及 D2 信息系统和通信工作组。

4.2　电磁测量国内标准化组织

电力系统电磁测量相关的国内标准化组织主要包括国家标准化管理委员会、行业标准化技术委员会、团体标准化委员会和企业标准化管理委员会 4 个层次的标准化委员会。

其中，电磁测量相关的国家标准化管理委员会主要负责协调、指导和监督行业、地方相关标准化工作，规范、引导和监督团体标准制定、企业标准化活动，开展电磁测量相关国家标准的公开、宣传、贯彻和推广实施工作，组织参与电磁测量相关国际标准化组织、国际电工委员会和其他国际或区域性标准化组织的活动，组织开展电磁测量相关与国际先进标准对标达标和采用国际标准相关工作。

电磁测量相关的行业标准化委员会主要负责对本行业的产品、技术、规范及测试方法等方面制定标准。这些标准通常是只在特定行业或领域内使用的技术规范，行业标准化委员会的核心工作任务是进行行业内标准的制定、颁布和推广工作。

电磁测量相关的团体标准化委员会成员来自申请制定该标准的相关团体或组织，主要是为了解决特定领域或方面的问题而制定。这些标准通常是在特定领域内的技术规范或者产品标准，其适用范围一般不限于某个具体的行业。

电磁测量相关的企业标准化管理委员会是由企业集团或大型企业设立的标准化委员会，主要是为了规范企业内部管理、产品研发、产品销售等方面制定的标准。企业标准具有指导本单位生产、经营、管理的目的，它的质量和适用性需得到普遍认可。

4.2.1　国家标委会

电磁测量相关的国家标准化管理委员会主要有 SAC/TC 24 全国电工电子产品可靠性与维修性标准化技术委员会（对口 IEC/TC 56），SAC/TC 82 全国电力系统管理及其信息交换标准化技术委员会（对口 IEC/TC 57），SAC/TC 104 全国电工仪器仪表标准化技术委员会：SAC/TC 104/SC 1 全国电工仪器仪表标准化技术委员会电能测量和负荷控制设备分技术委员会（对口 IEC/TC 13），SAC/TC 104/SC 2 全国电工仪器仪表标准化技术委员会电工和电磁量测量设备分技术委员会（对口 IEC/TC 85），SAC/TC 104/SC 3 全国电工仪器仪表标准化技术委员会交直流仪器、测量电源装置、记录仪表分技术委员会（对口 IEC/TC 85），SAC/TC 163 全国高电压试验技术和绝缘配合标准化技术委员会（对口 IEC/TC 42），SAC/TC 222 全国互感器标准化技术委员会（对口 IEC/TC 38），SAC/TC 266 全国低压成套开关设备和控制设备标准化技术委员会（对口 IEC/TC 121B），SAC/TC 525 全国计量器具管理标准化技术委员会（对口 ISO/TC 265），SAC/TC 548 全国碳排放管理标准化技术委员会（对口 ISO/TC 207/SC 7），SAC/TC 564 全国微电网与分布式电源并网标准化技术委员会（对口 IEC/TC 8）。

4.2.2　电磁测量行业标委会

电磁测量相关的行业标委会主要有 DL/TC 14 电力行业高压试验技术标准化技术委员会、DL/TC 22 电力行业电测量标准化技术委员会、DL/TC 31 电力行业可靠性管理标准化技术委员会、DL/TC 43 电力行业供用电标准化技术委员会、NEA/TC 3 能源行业电动汽车充电设施标准化技术委员会等。

4.2.3　电磁测量团体标委会

电磁测量相关的团体标委会主要包括中国电力企业联合会、中国电工技术学会和中国电机工程学会等。其中，中国电力企业联合会归口管理的标准化组织主要有 CEC/TC 21 中国电力企业联合会户用光伏发电标准化技术委员会、CEC/TC 23 中国电力企业联合会电力测试设备标准化委员会、CEC/TC 34 中国电力企业联合会电力集成电路标准化技术委员会、CEC/TC 37 中国电力企业联合会电力微型智能传感标准化技术委员会、CEC/SyC 01 中国电力企业联合会电力低碳标准化系统工作组。中国电工技术学会归口管理的标准化组织主要有 B0603 中国电工技术学会电工测试专业委员会、B0167 中国电工技术学会电工产品可靠性专业委员会、B0634 中国电工技术学会智能传感与电气装备专业委员会、B0663 中国电工技术学会能源智慧化专业委员会（含碳计量）。中国电机工程学会归口管理的标准化组织主要有中国电工技术学会能源电力计量与智能感知技术及装备专业委员会（筹建）、中国电机工程学会测试技术及仪表标准专业委员会、中国电机工程学会可靠性标准专业委员会、中国电机工程学会供用电安全技术专业委员会、中国仪器仪表学会电子测量与仪器分会。

4.2.4　电磁测量企业标委会

电磁测量相关企业标委会主要包括国家电网有限公司（简称国家电网）、中国南方电网有限责任公司（简称南方电网）等相关企事业公司的内部标准化部门。

4.3　其他标准化组织现状

在新型电力系统电磁测量领域，美国国家标准和技术研究院（NIST）、美国工业互联网联盟（IIC）、欧洲标准化组织、德国电气电子和信息技术协会（VDE）、日本智能电网技术标准化战略工作组和加拿大通用标准委员会（CGSB）也开展了相关研究，并取得了一定的进展。

4.3.1　NIST（美国国家标准和技术研究院）

NIST2020 年发布了《智能电网互操作标准框架和技术路线图》（4.0 版），反映出智能电网参与者的日益增加和新兴技术的快速发展，整个电网规模不断扩大，分布式能源数量和类型大幅增加，配电系统的角色在扩展，且物理位置更为中心化，其重要性及自动化程度日益提高。《智能电网互操作标准框架和技术路线图》（4.0 版）的智能电网概念模型反映了整个电网中的这些变化，并探讨了其对系统互操作性要求的相关影响。

在 NIST 智能电网 3.0 规划中定义了 9 个未来发展领域，其中两个领域与先进测量相关：

（1）广域态势感知。利用电力系统组件和性能的监测和显示，几乎是实时的。情境感知的目标是理解并最终优化电力网络组件、行为和性能的管理，以及在中断出现之前预测、预防或响应问题。

（2）高级计量基础设施（AMI）。提供电力使用的近实时监控。这些先进的计量网络有许多不同的设计，也可以用于实现住宅需求响应，包括动态定价。AMI 包括通信硬件和软件，以及相关的系统和数据管理软件，它们共同创建了高级电能表和公用事业业务系统之间的双向网络，使信息收集和分发给客户和其他方，比如有竞争力的零售供应商或公用事业本身。

4.3.2　IIC（美国工业互联网联盟）

IIC 成立于 2014 年 3 月，由美国通用电气公司（GE）、美国国际电话电报公司（AT&T）、思科公司（Cisco）、国际商业机器公司（IBM）和英特尔公司（Intel）五家公司发起成立。联盟旨在通过识别、汇总和推广最佳工业实践应用方案，将工业互联网发展所需的技术和组织汇集在一起，加速工业互联网在商业和社会的应用。现阶段，IIC 已经发展成为一个拥有超过 250 个来自 30 多个国家成员组织的世界领先组织机构。联盟内部有 32 个工作组、27 个批准测试平台和 1 个公私合营的生态系统，为联盟成员提供相关服务。

4.3.3　欧洲标准化组织

欧洲的 3 个标准化组织，欧洲标准化委员会（CEN）、欧洲电工技术标准化委员会（CENELE）、欧洲电信标准协会（ETSI）组成的联合工作组负责制定欧洲智能电网标准化路线图。欧盟智能电网特别工作组描述的智能电网：可以智能化地集成所有接于其中的"用户——电力生产者、消费者和产消合一者"的行为和行动，保证电力供应的可持续性、经济性和安全性。

欧洲电信标准协会（ESTI）在 2019 年 12 月成立了第五代固定网络 F5G 行业规范组（ISG），致力于第 5 代固定网络的整体演进，研究新光分配网（ODN）技术、XG（S）-PON 和 Wi-Fi 6 增强技术，以及控制平面和用户平面分离、智能能源效率、端到端全栈切片等方面的问题，探索光纤技术在能源、商业、家庭的垂直应用，增强自主运营管理、传送网与接入网协同，构建完善的 F5G 技术格局，实现固定网络与 5G 移动网的深度融合。F5G 目前已发布了 3 项技术报告（F5G 定义、用例、框架概念），另有体验质量（QoE）、架构、端到端管理、安全等方面 9 项相关技术文档正在推进中。

欧洲参考 NIST 的概念模型，并结合本地区分布式能源发展状况和运行模式，在 NIST 提出的 7 个域基础上，增加了分布式能源域，形成了欧洲智能电网概念模型。欧洲智能电网概念模型如图 4-1 所示。

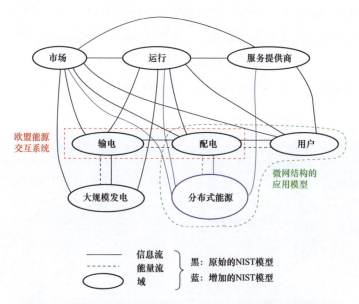

图 4-1　欧洲智能电网概念模型（在 NIST 模型基础上的扩展）

4.3.4 VDE（德国电气电子和信息技术协会）

VDE 下属的德国电工电子与信息技术标准化委员会（DKE）负责为电气工程、电子和信息技术领域制定行业规范和安全标准，DKE 代表德国参加 CENELEC 和 IEC 活动。DKE 先后发布了《德国 E 能源 / 智能电网路线图》和《德国 E 能源 / 智能电网路线图 2.0——智能电网标准化现状 / 趋势和前景》。

4.3.5 日本智能电网技术标准化战略工作组

日本成立了智能电网技术标准化战略工作组，协调日本国内相关行业和组织开展标准研究和制定工作。2010 年 1 月，日本《智能电网国际标准化路线图》正式对外发布。路线图中确定了包括输电系统广域监视控制系统、电力系统用蓄电池、配电网管理、需求侧响应、需求侧用蓄电池、电动汽车、先进测量装置等七大重点技术领域，以及 26 个重大技术攻关项目，作为日本技术标准国际化发展策略的重点工作。

4.3.6 CGSB（加拿大通用标准委员会）

加拿大智能电网标准路线图于 2012 年 10 月 16 日发布，由加拿大通用标准委员会主要负责。该路线图是由加拿大自然资源部能源技术中心（CanmetENERGY）和加拿大电子联合会（Electrofederation Canada）联合主持的智能电网技术与标准工作组两年的广泛工作成果。该工作组包括关键公用事业、设备制造商、监管机构和联邦部门。该文件概述了智能电网技术发展前沿的建议，因为标准化对于确保智能电网的高效发展至关重要。

第5章 标准体系总体规划

5.1 构建原则

以新能源为主体的新型电力系统是清洁低碳、安全高效的能源体系的重要组成和核心要素。电磁测量设备及系统标准体系建设是实现能源数字化、智能化转型及新型电力系统建设的前提与保障。电磁测量技术贯穿于新型电力系统全过程各环节，因此构建新型电力系统电磁测量技术标准体系是一项系统性、综合性工程，应坚持以下原则：

（1）系统性原则。坚持标准体系的整体性优化，既要体现标准体系自身的体系性，又要保证与其他相关技术体系的互联互通，全局性谋划、战略性布局、整体性推进标准体系建设。

（2）协同性原则。标准体系以信息链、测量链为枢纽，推动新型电力系统电磁测量领域协调发展，实现新型电力系统各环节业务系统的高度协同。在该领域涉及的标准之间，尤其是相互连接过程中涉及的标准，充分考虑其协调性、系统性，保证标准体系各领域的配套性，充分发挥标准体系的作用，促进新型电力系统电磁测量业务系统的整体协同、持续发展。

（3）开放性原则。标准体系采用开放性架构，在保证先进性和适度前瞻性的基础上，支持动态变化与扩展，持续完善发展新型电力系统电磁测量设备及系统标准框架，充分体现新型电力系统电磁测量技术的发展趋势，适应新型电力系统的发展要求。

（4）扩展性原则。坚持持续创新、不断拓展，既保持标准体系整体架构的相对稳定，又要顺应新能源高比例电力电子、低碳测量等技术的发展趋势，满足新型电力系统创新发展需要。标准体系充分考虑新型电力系统电磁测量数字化、智能化与标准化的发展趋势，在与原有技术规范有机衔接的基础上进一步优化，具有相对稳定性和连续性。

5.2 标准体系构建方法

5.2.1 标准体系结构设计方法

通过调研分析国内外标准体系结构设计现状，并总结提炼相关经验，标准体系结构设计的实施与实现可归纳为由标准体系设计要素确定、标准体系需求分析、相关标准体系适用性分析、标准体系构建方法选择、标准体系结构构建等环节、步骤组成的流程或路径。

标准体系结构设计要素一般包括设计目标、设计依据、设计原则。设计目标决定了标准体系的结构和范围，不同的设计目标会导致标准体系的结构出现差异。应根据标准体系建立的需求和需要解决的问题，分析确定标准体系结构设计的具体目标。

设计依据泛指开展标准体系结构设计的理论基础及可作为依据的各类输入。一般至少包括《中华人民共和国标准化法》等标准化法律、法规，本行业、本领域的发展规划、行动计划等指导性文件，相关的各级标准，明确规定了标准体系相关要求的合同、任务书等具有法律效力的依据性文件，主管部门、主管机构的要求或指导思想等，应根据实际情况进行选择确定。

设计原则是开展标准体系设计所遵循的准则，是建立标准体系边界条件的准绳。通常从适用性、系统性、完整性、协调性、先进性等方面限定应遵循的主要原则，其中适用性指标准体系必须与标准化对象的目标、任务、特点相适应；系统性指要根据标准体系的内容和规模选择恰当的结构形式，确保每项标准安排在恰当的位置；完整性指应充分研究当前能预计到的技术、产品研制与应用中需要制定成标准的各种重复性事物和概念，力求在一定范围内应有的标准全面、齐套；协调性指在开展标准体系设计时，要明确本体系与外界的界面，同时也要明确体系内部不同行业、专业、门类间的界面；先进性指纳入体系的标准，既要能反映标准体系的现状，又要能适应发展的需要。具体应根据标准体系的目标和需求，结合标准体系建立的基础，来梳理确定整个体系的原则。

经过长期的标准化实践积累，基于当前的标准化环境，各专业各领域都已形成了一定的标准化基础，标准体系设计不可能也不应该从零开始，而应针对现有的标准体系或标准群，对其建设情况及适用性开展充分细致的分析。一般的分析方法及步骤：全面掌握现有标准体系或标准群的设计目的、覆盖范围、体系结构和标准项目分布及编制情况；对照标准化对象的目标和标准化目标，开展差异性分析；给出适用性分析结论和调整改进建议。

标准化作为一种复杂的系统工程，其体系结构一般也贯彻或借鉴标准化系统工程六维模型、工作分解结构、平行分解法、属种分类法/过程划分法、分类法等系统工程理论方法，随着以美国国防部体系结构框架（DoDAF）为代表的体系结构设计方法在信息化领域深入应用，在标准化领域也被逐步引入。科学有序地开展标准体系构建应根据标准化对象特点，综合使用多种方法，以扬长避短，充分激发这些方法的优势。

在标准体系结构设计的初期，DoDAF 可以作为复杂对象标准体系结构设计的先导步骤，对标准化对象进行多个维度的刻画，形成立体观测，有助于深入挖掘标准化对象的需求。在标准体系框架的具体设计过程中，依据标准化对象的特征，有效结合工作分解结构、平行分解法、属种划分法/过程划分法和分类法等各种传统设计方法，其中工作分解结构、平行分解法可结合用于体系结构的顶层设计，工作分解结构、平行分解法、属种划分法/过程划分法、分类法可结合用于体系结构详细设计。在设计标准项目时，可运用标准化系统工程六维模型，来确保或者验证每个标准项目在标准级别、标准类别等方面的唯一性。

标准体系结构构建一般包含构建模式、构建维度、构建层级、标准级别、标准类别等内容。

构建模式一般有"自下而上""自上而下"及两者的有机结合等，"自上而下"分解顶层要求，"自下而上"对标准项目建设情况进行分析，二者迭代开展，来避免仅使用其中一种模式可能带来的考虑不够全面的问题。

构建维度是标准体系构建方式的体现，一般选择从时间周期维、业务领域维、技术指标维、产品类别维等几个维度开展标准体系的构建。其中时间周期维即一个系统、产品从诞生到应用的全寿命周期维度，如装备的规划、设计、研制、定型、应用、退役等各阶段；业务领域维即一个系统、行业、企业等所涉及的业务领域维度，如欧洲空间标准化合作组织（ECSS）标准体系按所涉及的专业领域划分为项目管理、产品保证、工程和可持续四个方向；技术指标维即系统、产品规定要达到的技术指标维度，如某装备的通用技术指标包括声特性、光特性、电特性、场特性等四个方面；产品类别维即标准化对象所包含的产品种类维度。

构建层级反映了标准体系内部的层次递进关系，由标准化对象的复杂程度决定，也与工作分解结构的层次息息相关。具体形式多采用典型的树状多层结构，除总目标层之外，至少包含两个层级，同一层级中的不同项目之间是一种并列关系，下一层级中的任一项目只隶属于与之相邻的上一层级中的一个项目，避免交叉重叠或冗余。

标准级别与标准体系所属的级别直接相关，根据标准体系的适用范围，确定纳入标准项目的级别。标准类别视标准化对象的需求而定，也直接作用于标准体系结构的构建。

5.2.2　基于系统工程的标准体系构建方法

采用系统工程的设计理念，可以构建"以系统工程思想牵引、以工程设计视角推进"的复杂系统标准体系结构，如图 5-1 所示。

"整体性"是系统工程最重要的特征，在模型设计过程中始终从整体性角度出发，将标准体系结构设计作为一个紧密围绕体系建设目标而不断发展的有机整体。始终将影响标准体系结构设计的外部要素（如标准化对象、相关标准体系）、内部要素（如标准项目）进行一体化考量，注重分析要素之间的相互影响关系，注重各工作项目间的交互关系，实现项目间的环环相扣可追溯。

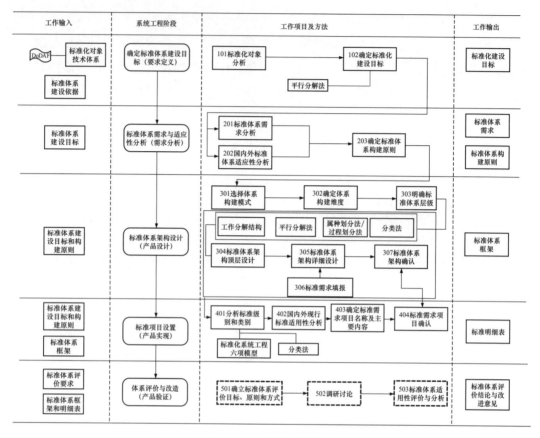

图 5-1　标准体系结构图

如图 5-1 所示，按照工程研制的模式，将标准体系结构设计作为一项工程项目，分别按要求定义、需求分析、产品设计、产品实现、产品验证等系统工程阶段推进，共包括 19 个工作项目。

Ⅰ阶段——确定标准体系建设目标（要求定义）：结合标准化对象技术体系（可通过 DoDAF 构建）、标准体系建设依据等作为输入，对标准化对象的要求进行全面分析（工作项目 101），并通过平行分解法将要求映射形成标准体系建设目标（工作项目 102）。

Ⅱ阶段——标准体系需求与适用性分析（需求分析）：根据标准体系建设目标，开展标准体系需求分析（工作项目 201），并对照需求进行国内外相关领域的标准体系适用性分析（工作项目 202）；结合上述工作，确定标准体系构建原则（工作项目 203）。

Ⅲ阶段——标准体系结构设计（产品设计）：对照需求，在标准体系建设目标和构建原则的指导下选择体系构建模式（工作项目 301），确定体系构建维度（工作项目 302）和体系构建层级（工作项目 303）；然后综合使用工作分解结构、平行分解法、属种划分法 / 过程划分法、分类法开展体系框架的顶层设计（工作项目 304）和详细设计（工作项目 305），最终形成经过确认的符合要求的标准体系框架（工作项目 306、工作项目 307）。

Ⅳ阶段——标准项目设置（产品实现）：通过标准化系统工程六维模型、分类法确定标准体系各板块的标准级别和标准类别（工作项目 401）；开展国内外现行标准适用性分析（工作项目 402），针对缺项和不适用的情况初步确定标准需求项目的名称及主要内容（工作项目 403），并在反复确认标准需求项目的名称、级别、主要内容、制修订建议后，输出标准项目明细表（工作项目 404）。

Ⅴ阶段——体系评价与改进（产品验证）：在标准体系运行一段时间后，体系建设目标或需求可能发生变化，此时可适时开展标准体系适用性评价（工作项目 501），通过调研讨论等形式（工作项目 502），形成标准体系评价结论与改进建议（工作项目 503）。尽管这一步骤不是标准体系结构设计的必备步骤，但可以确保体系的持续性改进，满足实际使用需要。

实际开展标准体系设计时，Ⅲ阶段和Ⅳ阶段常迭代开展。选择"自上而下"和"自下而上"相结合的构建模式时，一是自上而下进行顶层设计，形成工作方案及体系框架（工作项目 304、305）后广泛征集意见；二是自下向上填报需求（工作项目 306），各部门填报需求项目，对体系框架和方案反馈意见；三是研究协调，根据填报的标准明细表及反馈意见进行修改完善（工作项目 307、403）。

通过此过程的数次迭代，最终形成标准体系框架结构及说明、标准明细表、体系表编制说明，必要时应通过专家会审确认，经主管部门审批后发布。

5.2.3　模块化体系构建方法

模块是可以独立设计、自主创新的子系统，有充分自主性，但需遵守共同的设计准则。模块化是经过和其他同样的子系统按照一定的规则相互联系构成的更加复杂的系统或过程。

1. 模块化的基本特征

模块化的基本特征：一是模块化的对象是更为复杂的系统，而且这个系统的子系统（模块）通常也是一个复杂系统；二是模块自身的复杂化是与信息技术共同进化发展的，没有信息技术的高速发展，是不可能造就出模块化的；三是模块化的整体系统是通过设计规则事先构思好的，这个设计规则的构思是整个模块化过程的核心和关键。

2. 模块化的功能

（1）应对高度复杂性。"复杂性"是相对于"简单性"而言的；复杂系统是相对简单系统而言的。所谓简单系统，除了要素数量较少之外，这种系统的组成要素相互作用，一般表现为线性关系，系统性质是要素个体形式的加和，能根据要素的个体性质而确定。复杂性系统其组成要素间的相互作用表现为非线性，往往呈现出一种众多因素互相交织的状态，具有不确定性、随机性、混沌性等特点。

对于简单系统或者一般的复杂系统通常采用分解组合方法，即首先将复杂事物分解成部分，并分别分析（研究、设计、制造）每一个部分，最后合成结果。这种近代科学的分析研究方法非常有效。但是，随着事物复杂程度的提高，这种方法对于处理高度复杂系统就显得不能适应了。这是因为当某些事物变得复杂后，它将具有新的整体特性，它在本质上是一个不可以被分解成部分的活生生的统一体，当它被分割成部分时切断了错综复杂的联系，当把各部分机械地组合起来时，这些联系也不复存在了。

现代模块化认为，复杂事物的本质在于其各部分是彼此相关的，不同部分必须在一起发挥作用，并且整体必须比任何组成部分的子集更完美。对复杂系统的设计要通过协调，即指将努力和知识导向各个有用的、可实现的和一致的目标。这其中起关键作用的就是"设计准则"，它对模块化过程中必须保留和正确处理的关系和联系做出了统一规定，每个独立运作的模块都必须遵守，从而确保模块化系统的整体性。

（2）应对不确定性。不确定性是技术创新的基本特征，它源于预期的不完美性和人类解决复杂问题能力的有限性。一般来说，系统越是复杂，它内生的不确定性便也越复杂和众多。

在复杂系统（产品）的开发创新过程中，存在着诸如系统参数、系统结构、制造技术、市场需求等诸多的不确定性。任何一个不确定性都可能构成创新风险，导致失败。所以，对复杂产品的开发创新来说，最大限度地减少不确定性，就有可能最大限度地规避风险。

模块化设计的一个重要特点是它把设计参数分为可见参数和隐藏参数两类。隐藏参数对设计的其他部分来说是独立的，隐藏参数可以变动。从隐藏模块的设计角度来看，隐藏参数值是不确定的，它们躲在被称为"模块"的黑箱之中，也就是说隐藏模块把大量的不确定性包容起来。因此，模块化的设计结构和任务结构的适应性很强，能够包容各类不确定性要素。

（3）应对环境变化。环境指系统存在和开发的外界条件的总和。系统是离不开环境的，它与环境相互作用。系统同环境的联系表现在它和环境之间的物质和信息的不断交换的过程中。新产品系统来说，对其产生影响的环境主要有顾客需求、市场形势的变化，科技进步导致竞争性新技术、新产品出现，生产结构和产业结构的重大变革，与产品相关的标准和技术法规的出台等。

每个模块都可以独立创新，且不会对整体和其他模块构成干扰。是以个别模块的革新竞争为基础的自下而上的系统创新，即通过模块操作，系统自身可以从组织上进行革新，这样模块化结构使系统不仅是开发性的，而且具有自适应、自组织能力。因此，模块化能够紧随需求和变化调整自身的结构和功能，以适应这些变化，满足这些需求。

3. 模块化体系构建方法

模块化构建标准体系方法将产品视为整体系统，将系统中不同功能的区域视为模块，依据系统复杂程度，可将子模块（子系统）再细分下一层级的模块，且模块与模块相对独立，能够进行模块内部的自行开发和改进，实现模块的独立升级和改进。只要有一个或几个模块改进、升级（或功能改进），整个产品的相关功能就能得到升级和改进。模块化构建方法如图 5-2 所示。

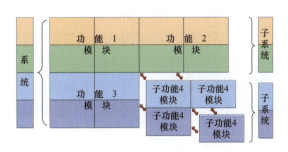

图 5-2　模块化构建方法

5.2.4　基于过程方法的标准体系构建方法

1. 过程方法概述

GB/T 19001—2016《质量管理体系　要求》是 9000 族标准的核心标准，它全面深刻地表达了质量管理的基本管理理念与方法论。标准引言中强调"标准采用过程方法，该方法结合了'策划—实施—检查—改进'（PDCA）循环和基于风险的思维"。可见，"过程方法"是质量管理采用的基本方法，是实施质量管理的基础，是质量管理体系运行成功的关键。基于标准阐述的内容，可将过程方法形象地理解为"过程乌龟图"，如图 5-3 所示。

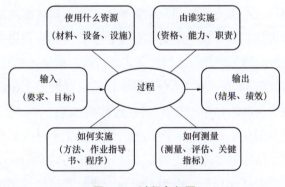

图 5-3　过程乌龟图

过程是质量管理体系的结构要素，"过程乌龟图"以过程为基点，阐明了过程方法的作用原理，即全面地识别质量管理体系运行所需的诸多过程，确定这些过程间的相互作用和顺序，明确过程的运行方法和要求，系统地策划并控制过程运行质量，进而实现预期结果。"过程方法"强调确定过程管理目标的重要性，更关注通过过程管理实现预期目标的目的性。"过程乌龟图"中展现的"如何做（how）""使用什么资源（what）""由谁实施（who）""如何测量（check）"是实施过程方法的四要素，相互间协调管理才能实现过程管理的预期目标。

2. 标准体系构建要点

（1）以目标为导向建立标准体系。传统的标准体系构建主要聚焦于生产流程、管理过程、质量控制等产品和服务直接相关的价值实现过程的标准化，体系建设的着眼点往往与组织发展愿景关联性不强。很多组织对标准化目标缺乏系统的管理，目标制定流于形式，过程的标准化管理活动与组织整体目标脱节，导致的结果是标准体系孤立运行，不能服务于组织的宏观发展目标。

在质量管理体系中，过程方法包括按照组织的质量方针和战略方向，对各过程及其相互作用进行系统的规定与管理，从而实现预期目标。从"过程乌龟图"也能看到，过程方法始于目标确定，终于目标实现结果，强调过程管理对目标的支持服务作用。过程方法为组织建立系统的目标管理体系提供了理论支持与管理导向。建议组织根据自身发展方向，深化目标导向的标准化管理理念，将标准化目标管理融入标准体系运行管理中，形成动态的目标管理机制，对标准化目标进行动态策划与更新，将目标进行多层次分解细化，并通过对目标实现情况的持续考核融入 PDCA 持续改进机制，促进组织整体绩效的螺旋式上升。

（2）结合产品和服务实现过程构建标准体系。标准体系构建的过程，就是把组织内所有标准按其内在联系形成一个科学的有机整体的过程，其表现形式是编制标准文件与搭建标准体系框架。体系内标准的作用是支持产品和服务过程实现，标准体系框架则是过程逻辑关系的体现。一些指南性的国家标准给出了企业搭建标准体系框架的参考性示例，并且强调这些示例并非是一成不变的建设模板。但实际应用中，仍然有很多组织僵化套用这些参考性框架示例，抛开产品和服务实现过程，机械地将标准进行分类堆砌。

2017 年修订的 GB/T 15496—2017《企业标准体系　要求》、GB/T 15497—2017《企业标准体系　产品实现》、GB/T 15498—2017《企业标准体系　基础保障》等指导性标准，在理念上的重大变化是弱化了对形式、格式的关注，强化了对产品和服务实现过程的关注，并明确了对 PDCA 循环等管理方法的系统应用，这与 GB/T 19001—2016《质量管理体系　要求》的管理理念一脉相承。组织需明白，质量管理体系实施的管理对象是"质量"，标准体系实施的对象却不是"标准"，编制标准文件与搭建标准体系框架是标准体系建设的途径与方法，而不是目标与结果。应结合每一项、每一类标准在组织管理中发挥的作用，遵循组织产品和服务的主流程及过程实现规律搭建标准体系框架。

（3）通过监视测量机制推进持续改进。持续提升组织的绩效是组织管理的目标，而监视测量是通过运行过程方法推动持续改进的驱动要素。目前很多组织的标准体系中过程实施层面的指导性标准基本健全，但是对标准体系运行情况进行监视测量的标准整体薄弱。问题主要集中于以下几点：未建立系统的监视测量方法，因而相关标准内容与组织管理活动适宜性不强；不按标准要求实施监测测量活动，导致管理上落入"原地纠正"的怪圈；监视测量活动结果与系统考核脱节，所以管理工作无法持续改进。

标准体系是组织管理工作的依据性体系，其实施任务一是科学地制定标准，二是强化标准的动态使用，三是促进组织持续改进增效，这三大任务层层递进，逐层升华。因而，组织在构建和运行标准体系时，需推进多层次、立体化、全方位的监视测量活动，实施标准文件的适宜性评价，实施体系运行的协调性评价，实施目标管理的有效性评价，进而通过持续改进推进组织管理绩效的增加。

（4）注意与其他管理体系的整合。标准体系的运行逻辑与其他管理体系一样，均基于组织对过程的管理实践，各体系的协调运用能提升组织管理绩效。在实际应用中，很多组织并不能准确理解标准体系与其他管理体系的关系，因而出现"非此即彼"的认识，将标准体系与其他管理体系割裂，导致组织内出现体系管理"多张皮"的现象，既加大了组织的管理成本，又降低了组织的管理绩效。

GB/T 15496—2017《企业标准体系　要求》引言部分指出了标准体系与其他管理体系的关系：企业标准体系专注于为实现企业战略提供标准化管理的系统方法和管理平台；各类管理体系文件是企业标准体系的一部分；对于各管理体系的通用要求，可采用整合、兼容和拓展的方式，将相应标准修订后并入标准体系；对于各管理体系的特定要求，可直接将原管理体系的文件纳入企业标准体系。同时，GB/T 19001—2016《质量管理体系　要求》也指出，该标准使组织能够使用过程方法，结合 PDCA 循环和基于风险的思维，将其质量管理体系和其他管理体系标准要求进行协调或一体化。可见，标准体系和质量管理体系具备整合的理论基础，标准体系的兼容性与包容性为体系整合增值提供了可能。

科学整合的一体化管理体系，一方面能发挥标准体系的兼容性优势，弥补以认证为导向的各类管理体系范围较小的劣势，强化管理的全面性与一体化；另一方面能发挥质量管理体系自我监控的机制优势，推动标准体系持续改进，二者优势互补、彼此融合，能产生更高管理绩效。另外，管理体系都是对过程方法的专业化应用，同样具备与标准体系进行整合的理论基础。

5.3 标准体系框架

5.3.1 整体逻辑架构

为体现新型电力系统特色，突出以新能源为主体的新型电力系统电磁测量重点专业技术方向，综合考虑市场化、产业化发展需求，研究提出包含基础层、核心层、支撑层的新型电力系统电磁测量技术标准体系层级结构，整体逻辑架构如图 5-4 所示。

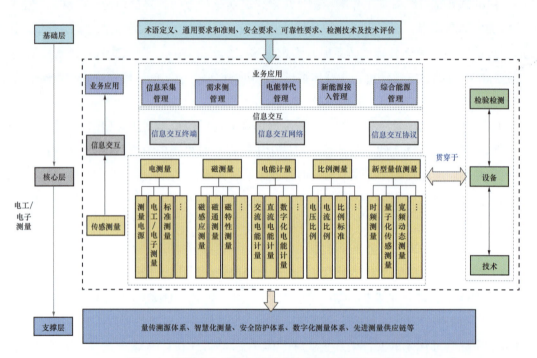

图 5-4　新型电力系统电磁测量技术标准体系分层架构

（1）基础层：基础层包括新型电力系统电磁测量术语定义、通用要求和准则、测量误差、测量不确定度评定、测量技术评价等通用标准，这些标准构成了整个新型电力系统电磁测量技术体系的基础标准群，在一定范围内是其他标准的基础并普遍使用，具有广泛的指导意义。

（2）核心层：核心层遵循新型电力系统电磁测量技术标准体系总体设计逻辑，按照新型电力系统电磁测量专业技术进行模块分解，突出高比例新能源、高比例电力电子、先进测量技术等，主要从传感测量、信息交互和业务应用三个维度规划标准体系。

其中，传感测量主要包括电测量、磁测量、电能计量、比例测量、新型量值测量等环节。信息交互主要包括信息交互终端、信息交互网络和信息交互协议。业务应用主要包括信息采集管理、需求侧管理、电能替代管理、新能源接入管理、综合能源管理等。

技术、设备和检验检测贯穿于核心层的各个环节，支撑新型电力系统电磁测量各业务板块的深度交互。

（3）支撑层：由新型电力系统电磁测量标准体系构建及正常运转所需的信息化、体系化和数字化标准群及新兴技术、材料和装备标准群构成，从量传溯源体系、智慧化测量体系、安全防护体系、数字化测量体系、先进供应链体系等方面支撑电磁测量核心层各业务板块正常运转，是非常具有拓展性的标准层级。

5.3.2　具体分支结构

遵循新型电力系统电磁测量技术标准体系总体设计逻辑，按照新型电力系统电磁测量专业领域和业务模块分解，重点突出高比例新能源业务特点，研究形成"5 个分支、22 个系列"的新型电力系统电磁测量技术标准体系框架，如图 5-5 所示。

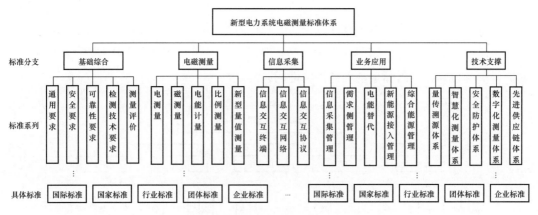

图 5-5　新型电力系统电磁测量技术标准体系架构

第一层级是标准分支。包括基础综合、电磁测量、信息采集、业务应用和技术支撑 5 大电磁测量专业方向。

第二层级是标准系列。在考虑新型电力系统电磁测量工程实践和实际应用的基础上，聚焦新型电力系统电磁测量技术发展方向和应用需求，覆盖满足新型电力系统研究与建设需求的 22 个技术领域。

第三层级具体标准。包括各知名标准化组织，研究机构已发布和有前瞻性的研究成果，结合新型电力系统发展需要，制定测量全链条技术标准，持续更新和完善。按照标准类别可以分为 5 个类别，分别是国际标准、国家标准、行业标准、团体标准、企业标准。

第6章 基础综合类技术标准体系布局

6.1 范围

基础综合类标准是新型电力系统电磁测量技术和标准体系发展的基础，梳理基础综合类系列标准，可以为新型电力系统电磁测量核心技术和业务管理提供科学引导。基础综合类标准需要在总体要求、通用准则、术语及定义、评估方法等方面建立和完善相关标准系列。

新型电力系统电磁测量标准体系中，基础综合类标准主要包括通用、安全、可靠性、检测、评价等5个部分，如图6-1所示。主要用于统一新型电力系统电磁测量相关概念，解决新型电力系统电磁测量基础共性关键问题。

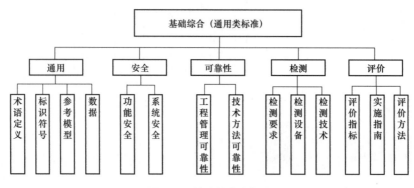

图6-1 基础综合类标准

6.1.1 通用标准

通用标准主要包括术语定义、参考模型、数据和标识符号等四部分。术语定义标准用于统一新型电力系统电磁测量相关概念，为其他各部分标准的制定提供支撑，包括术语、词汇等标准。参考模型标准用于帮助各方认识和理解新型电力系统电磁测量标准化的对象、边界、各部分的层级关系和内在联系，包括参考模型、系统架构等标准。数据类标准用于规定新型电力系统电磁测量产品设计、生产、流通等环节涉及的产品、制造过程等数据的分类、命名规则、描述与表达、注册和管理维护要求，以及数据字典建立方法，包括元数据、数据字典等标准。标识符号类标准用于新型电力系统电磁测量领域各类对象的标识与解析、代号，包括标识编码、编码传输规则、对象元数据、解析系统等标准。

6.1.2　安全标准

安全标准主要包括功能安全和系统安全。功能安全标准用于保证在危险发生时控制系统正确可靠地执行其安全功能，从而避免系统失效或安全设施的冲突而导致生产事故，包括新型电力系统电磁测量安全协同要求、功能安全系统设计和实施、功能安全测试和评估、功能安全管理和功能安全运维等标准。系统安全标准是为了保障系统在运行过程中的安全性，预防和减少安全事故的发生而制定的一系列规范和要求，通常包括安全管理措施、技术防护措施等，旨在通过规范化的操作和管理，提高系统的安全性和稳定性。

6.1.3　可靠性标准

可靠性标准主要包括工程管理可靠性、技术方法可靠性两部分。工程管理标准主要对电磁测量系统的可靠性活动进行规划、组织、协调与监督，包括电磁测量系统及其各系统层级对象的可靠性要求、可靠性管理、综合保障管理、寿命周期成本管理等标准。技术方法可靠性标准主要用于指导电磁测量系统及其各系统层级开展具体的可靠性保证与验证工作，包括可靠性设计、可靠性预计、可靠性试验、可靠性分析、可靠性增长、可靠性评价等标准。

6.1.4　检测标准

检测标准主要包括检测要求、检测方法、检测技术等三部分。检测要求标准用于指导电磁测量装备和系统在测试过程中的科学排序和有效管理，包括不同类型的测量装备和系统的一致性和互操作、集成和互联互通、系统能效、电磁兼容等测试项目的指标或要求等标准。检测方法标准用于不同类型新型电力系统电磁测量装备和系统的测试，包括试验内容、方式、步骤、过程、计算、分析等内容的标准，以及性能、环境适应性和参数校准等内容的标准。检测技术标准用于规范面向电磁测量的检测技术，包括判断性检测、信息性检测、寻因性检测等标准，检测手段不限于软硬件测试、在线监控、仿真测试等。

6.1.5　评价标准

评价标准主要包括指标体系、能力成熟度、评价方法、实施指南等部分。指标体系标准用于电磁测量实施的结果评估，促进企业不断提升电磁测量技术水平。能力成熟度标准用于识别电磁测量现状、规划及体系框架，为识别差距、确立目标、实施改进提供依据。评价方法标准用于为相关方提供一致的方法和依据，规范评价过程，指导相关方开展电磁测量评价。实施指南标准用于指导企业提升测量能力，为企业开展智能化测量体系建设提供参考。

6.2 标准化现状

6.2.1 国内标准

电磁测量基础综合类标准体系由国家标准、行业标准、企业标准，以及团体标准、地方标准组成。主要针对电磁测量设备及系统中的通用共性、安全、可靠性、检测和评价提出了总体性和纲领性要求，也取得了一定成果。例如，在通用共性标准方面，主要针对电测量设备、预付费系统、数字化计量系统等方面制定了通用要求和总则等标准；在术语定义方面，主要对数字仪表、智能传感器等方面进行了定义；在安全可靠性标准方面，从设备安全、信息安全和可靠性等方面分别进行了总体性要求。电磁测量基础综合类标准梳理情况如表 6-1 所示。

表 6-1 电磁测量基础综合类标准梳理

序号	标准号	标准名称
1	GB/T 33905.3—2017	智能传感器 第 3 部分：术语
2	GB/T 13970—2008	数字仪表基本参数术语
3	GB/T 17215.101—2010	电测量 抄表、费率和负荷控制的数据交换 术语 第 1 部分：与使用 DLMS/COSEM 的测量设备交换数据相关的术语
4	GB/T 17860.1—1999	电测量仪器 X-t 记录仪 第 1 部分：定义和要求
5	GB/T 18460.1—2001	IC 卡预付费售电系统 第 1 部分：总则
6	GB/T 19882.1—2005	自动抄表系统 第 1 部分：总则
7	GB/T 22264.1—2022	安装式数字显示电测量仪表 第 1 部分：定义和通用要求
8	GB/T 32856—2016	高压电能表通用技术要求
9	GB/T 38317.11—2019	智能电能表外形结构和安装尺寸 第 11 部分：通用要求
10	GB/T 7676.1—2017	直接作用模拟指示电测量仪表及其附件 第 1 部分：定义和通用要求
11	JB/T 8759—1998	可程控测量仪器标准命令
12	JB/T 9294—1999	测磁仪器 基本系列

序号	标准号	标准名称
13	DL/T 1221—2013	互感器综合特性测试仪通用技术条件
14	DL/T 2343.1—2021	电能计量设备用元器件技术规范 第 1 部分：总则
15	DL/T 846.15—2021	高电压测试设备通用技术条件 第 15 部分：高压脉冲源电缆故障检测装置
16	Q/GDW 11612.1—2018	低压电力线高速载波通信互联互通技术规范 第 1 部分：总则
17	Q/GDW 11846—2018	数字化计量系统一般技术要求
18	Q/GDW 12005—2019	数字化计量系统 通用技术导则
19	Q/GDW 10233.1—2021	电动汽车非车载充电机技术规范 第 1 部分：通用要求
20	Q/GDW 1234.1—2014	电动汽车充电接口规范 第 1 部分：通用要求
21	GB/T 17215.352—2009	交流电测量设备 特殊要求 第 52 部分：符号
22	GB/T 18216.1—2021	交流 1000V 和直流 1500V 及以下低压配电系统电气安全 防护措施的试验、测量或监控设备 第 1 部分：通用要求
23	GB/T 17215.231—2021	电测量设备（交流） 通用要求、试验和试验条件 第 31 部分：产品安全要求和试验
24	GB/T 17215.911—2011	电测量设备 可信性 第 11 部分：一般概念
25	GB/T 17215.921—2012	电测量设备 可信性 第 21 部分：现场仪表可信性数据收集
26	JB/T 5464—1991	电子测磁仪器 可靠性技术要求和试验方法
27	JB/T 5406—1991	间接动作电测量记录仪可靠性要求与考核方法
28	JB/T 5407—1991	间接动作 XY 记录仪可靠性要求与考核方法
29	GB/T 37141.1—2022	高海拔地区电气设备紫外线成像检测导则 第 1 部分：变电站
30	GB/T 37431—2019	风力发电机组 风轮叶片红外热像检测指南
31	DL/T 1763—2017	电能表检测抽样要求
32	DL/T 2640 2023	电力设备剩磁检测及工频去磁现场试验技术导则
33	GB/T 43188—2023	发电机设备状态评价导则
34	GB/T 15320—2001	节能产品评价导则
35	GB/T 28557—2012	电力企业节能降耗主要指标的监管评价
36	DL/T 1959—2018	电子式电压互感器状态评价导则
37	DL/T 1690—2017	电流互感器状态评价导则

序号	标准号	标准名称
38	Q/GDW 11035—2013	变压器更换节约电力电量测量与验证规范
39	Q/GDW 11036—2013	并联无功补偿装置节约电力电量测量与验证规范
40	Q/GDW 11037—2013	蒸汽压缩循环热泵项目节约电力电量测量与验证规范
41	Q/GDW 11038—2013	电机系统节约电力电量测量与验证规范
42	Q/GDW 11039—2013	电力线路增容改造节约电力电量测量与验证规范
43	Q/GDW 11040—2013	电力需求侧管理项目节约电力电量测量与验证通则
44	Q/GDW 11041—2013	电力用户需求响应节约电力测量与验证规范
45	Q/GDW 11042—2013	电网运行优化节约电力电量测量与验证规范
46	Q/GDW 11043—2013	集中式空气调节系统节约电力电量测量与验证规范
47	Q/GDW 11044—2013	线路升压改造节约电力电量测量与验证规范
48	Q/GDW 11045—2013	余热余压发电项目节约电力电量测量与验证规范
49	Q/GDW 11046—2013	照明系统节电改造项目节约电力电量测量与验证规范

6.2.2　国际标准

在通用标准方面，国际上，IEC 等国际化标准组织对电测量设备、测试仪表、预付费系统、数字化相关领域的总体要求、术语定义、检测技术都有部分研究成果，例如，通用要求方面的标准有 IEC 62052-11:2020《电力计量设备（交流）一般要求、试验和试验条件　第 11 部分：计量设备》等，术语定义方面的标准有 IEC TR 62051:1999《电力计量术语表》、IEC TR 62051-1 CORR 1:2005《电力计量　抄表、电价和负荷控制的数据交换　术语汇编　第 1 部分：使用 DLMS/COSEM CORRIGENDUM 1 与计量设备进行数据交换的相关术语》等，检测方面的标准有 IEC 62058-11:2008《电计量设备（AC）验收检验　第 11 部分：通用验收检验方法》、IEC 60051-9:2019《直接作用模拟指示电测量仪表及其附件　第 9 部分：推荐试验方法》等。然而在测量评估方面纲领性概括性的标准并不是很多。考虑到新型电力系统电磁测量涉及业务面较广、系统性和复杂性较强，需要在新型电力系统电磁测量体系评估总体概念、基本架构等方面布局标准。电磁测量基础综合类标准梳理情况如表 6-2 所示。

表 6-2　　　　　　　　　　　　　　电磁测量基础综合类标准梳理

序号	标准号	标准名称
1	ISO/IEC GUIDE 99:2007	计量学的国际词汇　基本与一般概念与相关术语（VIM）
2	IEC TR 62051:1999	电力计量术语表
3	IEC TR 62051-1 CORR 1:2005	电力计量　抄表、电价和负荷控制的数据交换　术语汇编　第 1 部分：使用 DLMS/COSEM CORRIGENDUM 1 与计量设备进行数据交换的相关术语
4	IEC 62052-11:2020	电力计量设备（交流）　一般要求、试验和试验条件　第 11 部分：计量设备
5	IEC 62052-21:2004	电力计量设备（交流）　一般要求、试验和试验条件　第 21 部分：资费和负荷控制设备
6	IEC 62052-31:2015	电力计量设备（交流）　通用要求、试验和试验条件　第 31 部分：产品安全要求和试验
7	IEC 62053-52:2005	电力计量设备（交流）　特殊要求　第 52 部分：符号
8	IEC TR 62055-21:2005	电力计量支付系统　第 21 部分：标准化框架
9	IEC 62058-11:2008	电计量设备（交流）　验收检验　第 11 部分：通用验收检验方法
10	IEC TR 62059-11:2002	电力计量设备　可信性　第 11 部分：一般概念
11	IEC 60051-1:2016	直接作用模拟指示电测量仪表及其附件　第 1 部分：定义和对所有部分通用的一般要求
12	IEC 60051-9:2019	直接作用模拟指示电测量仪表及其附件　第 9 部分：推荐试验方法
13	IEC 60359:2001	电气和电子测量设备　性能的表示
14	IEC 60469:2013	转移、脉冲和相关波形　术语和算法
15	IEC 60615:1978	微波设备术语
16	IEC 62052-31 ED2	电力计量设备（交流）　通用要求、试验和试验条件　第 31 部分：产品安全要求和试验
17	IEC 61143-1:1992	电测量仪表　X-t 记录仪　第 1 部分：定义和要求
18	IEC 61557-1:2019	1000V（交流）和 1500V（直流）以下低压配电系统中的电气安全性　防护措施的试验、测量和监控设备　第 1 部分：一般要求
19	IEC 62008:2005	数字数据采集系统及相关软件的性能特征和校准方法
20	IEC 61143-2:1992	电测量仪表　X-t 记录仪　第 2 部分：推荐的附加试验方法
21	IEC 61187:1993	电气和电子测量设备　文件
22	IEC 62056-6-1 ED4	电量测量数据交换　DLMS/COSEM 套件　第 6-1 部分：目标识别系统（OBIS）

序号	标准号	标准名称
23	IEC 62056-6-2:2021	电能计量数据交换　DLMS/COSEM 套件　第 6-2 部分：COSEM 接口类
24	IEC TR 62586-3 ED1	电源系统中的电能质量测量　第 3 部分：维护测试、校准
25	IEC 62974-1 ED2	用于数据收集、集合和分析的监测和测量系统　第 1 部分：设备要求

6.2.3　标准差异性分析

在通用标准方面，国内外的差异主要表现在对电测量设备的定义、分类、特性等方面的规定。国内标准通常根据设备的功能和应用进行分类，而国外标准则更加注重设备的结构和设计。此外，在设备的标识、铭牌、包装等方面，国内外标准也有所不同。

在安全标准方面，国内外均强调设备的安全性能和防护措施，但具体要求和实施方式存在一定差异。国内标准对于设备的接地、过载保护、电气隔离等方面的要求较为严格，而国外标准则更加注重设备的电磁兼容性和操作人员的安全培训。

在可靠性评估标准方面，国内外均建立了相应的评估体系和方法，但评估指标和评估标准存在差异。国内标准通常采用设备寿命、故障率等指标进行评估，而国外标准则更加注重设备的性能稳定性、可靠性模型等方面的研究。

在检测标准方面，国内外均要求对电测量设备进行检测和校准，但检测项目和检测方法存在差异。国内标准通常包括电气性能、机械性能、环境适应性等方面的检测，而国外标准则更加注重设备的精度、稳定性、重复性等方面的检测。

电磁测量基础综合类国内外标准体系各有侧重，应针对新型电力系统电磁测量设备及系统智能化、数字化快速发展需求，提炼科学先进、系统高效的电磁测量设备及系统标准需求和标准体系需求，加强国内外标准化组织的交流与合作，构建应用范围广、适用性强、可扩展的基础综合类标准体系。

6.3　标准化需求分析

电磁测量基础综合类标准是确保电磁测量设备和系统性能的关键，主要针对电磁测量设备及系统中的通用共性、安全、可靠性、检测和评价等方面提出了总体性和纲领性要求。该标准体系已经取得了一定的成果和进展，但在某些方面仍存在一些问题和挑战。

在通用性和共性方面，电磁测量基础综合类需要更加完善和统一，具有总领性作用。电磁测量涉及多个领域和行业，不同领域和行业的测量要求和标准存在一定的差异，导致测量结果的不一致性和测量设备的兼容性问题。因此，需要加强不同领域和行业之间的交流和合作，制定更加统一和通用的测量标准和规范，提高标准的普适性。

在安全和可靠性方面，由于电磁测量设备及系统的复杂性和多样性，其安全和可靠性问题也较为突出。例如，电磁干扰和辐射等问题可能会对测量结果产生影响，甚至可能对设备和人员造成损害。因此，需要加强电磁测量设备及系统的安全和可靠性研究，制定更加严格的安全和可靠性标准，提高设备和系统的可靠性和安全性。

在检测和评价方面，新能源已逐步取代常规机组成为局部区域电网内的主力电源，其并网性能与常规机组还存在一定差异。针对新型电力系统的电磁测量设备检测和评价方法还不够统一和规范，导致测量结果的可信度和准确性存在一定的问题。因此，需要加强电磁测量设备的检测和评价技术研究，制定更加科学和实用的检测和评价标准，提高测量结果的可信度和准确性。

6.4　标准规划布局

为推动构建新型电力系统电磁测量技术的发展，在基础综合方面，可以推动立项新型电力系统电磁测量总则国家标准 1 项、新型电力系统电磁测量术语定义国家标准 1 项、新型电力系统电磁测量安全可靠性技术要求行业标准 1 项和新型电力系统电磁测量评估行业标准 1 项。基础共性领域的标准路线图如图 6-2 所示。

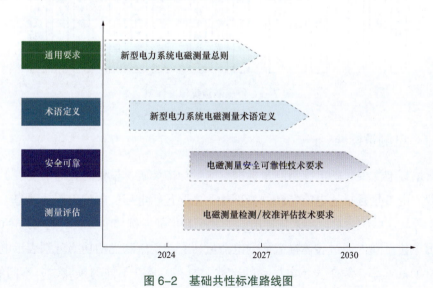

图 6-2　基础共性标准路线图

第7章 传感测量类技术标准体系布局

7.1 范围

传感测量类标准是新型电力系统电磁测量技术和标准体系发展的核心技术标准，梳理传感测量类标准，可以为新型电力系统电磁测量核心技术和业务发展提供技术支撑和标准指导。

新型电力系统电磁测量标准体系中，电磁测量类标准主要包括电测量、磁测量、电能计量、比例测量和电能质量等 5 个部分，如图 7-1 所示。主要用于统一新型电力系统电磁测量相关概念，解决新型电力系统电磁测量基础共性关键问题。

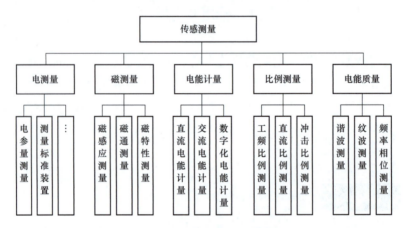

图 7-1 传感测量类标准体系

7.1.1 电测量标准

电测量标准主要包括电参量测量标准、测量标准装置（量传溯源标准装置）相关标准两部分。电参量是描述电能特性的物理量，主要包括电压、电流、有功功率、无功功率、频率等。这些参量可以用来描述电能的状况和特征，例如电压表示电场强度的幅值，电流表示单位时间内通过导体横截面的电荷量，有功功率和无功功率分别表示电能转换和能量交换的速率，频率表示电振动的次数。这些参量在不同的领域中有不同的应用，例如在电力系统、电气工程、电子工程等领域中都需要进行电参量的测量和计算。此外，在电磁测量中，电参量还包括电阻、电容、电感等电路参数，这些参数可以通过测量获得，并用于描述电路的特性和行为。因此，电参量测量标准主要包括电压、电流、功率、频率、电阻、电容、电感等相关技术要求和测量方法等标准。测量标准装置相关标准主要包括电压、电流、功率、频率、电阻、电容、电感等电参量量传溯源技术、标准装置、检定装置、检测设备的相关技术要求、功能规范及其试验方法相关技术标准。

7.1.2　磁测量标准

磁测量标准主要包括磁感应测量、磁通测量和磁特性测量三部分标准。新型电力系统的基本结构将发生转变，由高比例煤电转变为高比例清洁能源绿电。转变后，以电力电子器件为主体构成的新型电力系统，会替代以机械电磁系统为主体的旧式电力系统。这样的电力系统中，无处不在的电力电子器件都产生电磁辐射，进而对周围其他电气设备及测量仪器形成干扰。各种电磁信号相互重叠、混杂在一起，其分离及测量变得十分困难。对此，需要利用时域、频域、时－频域、空域、调制域等多种信号分析理论、测量方法及实现手段，去解决多域中重叠信号的分离及测量问题。新型电力系统中用于控制、监测和转换的各种电力电子化设备及器件日益增多，其产生的电磁干扰也将越来越严重，无疑会影响系统中各类电磁测量仪器仪表的测量准确性。因此，强电磁干扰下如何能足够准确测取电磁信号是一个难点。根据服务于电磁测量和新型电力系统的测量实际需求，研制相应的传感器。可以适应复杂环境的多功能传感器，可适用于不同应用场合、不同环境下电气量的精确测量。因此，为了保证磁感应强度测量的准确性和可靠性，从而为相关领域的研究和应用提供可靠的依据，磁感应测量标准主要规定了磁感应强度的测量方法、测量仪器和测量精度等方面的要求。磁通量测量标准主要规定了磁通量的测量方法、磁通量传感器及其测量性能等方面的要求。磁特性测量是对物质的磁性进行测量的过程。磁特性测量相关标准包括磁导率、磁滞回线、磁化曲线等参数测量相关标准，主要规定了其测量方法、测量仪器、测量性能等方面的要求。

7.1.3　电能计量标准

电能计量相关标准主要包括交流电能计量、直流电能计量、数字化电能计量等标准。交流电能计量标准是指用于准确计量交流电能的量值的标准。在电力系统中，电能计量是不可或缺的一环，它涉及电能的计量、电费的收取、能源的监控和管理等方面。因此，交流电能计量标准的建立对于保障电力系统的经济和高效运行具有重要的意义。交流电能计量标准主要规定了交流电能表、标准电能表、电能表检定装置等的准确度等级、电流、电压范围及功率因数等测量设备及校准检测检定设备等相关技术指标和技术要求。

直流电能计量标准主要规定了直流电能表、分流器、直流电阻、直流电压等仪器仪表的准确度等级、范围及其校准检测检定设备等相关技术指标和技术要求。数字化电能技术标准主要规定了数字化电能表、集中计量装置、数字化电能表检测装置等的测量范围、技术指标等技术要求。

7.1.4　电压电流比例测量标准

电压电流比例标准主要包括工频电压电流比例标准、直流电压电流比例标准和冲击电压电流比例标准。其相关技术标准主要包括测量工频电压电流、直流电压电流和冲击电压电流比例相关的电压互感器、电流互感器、比较仪等设备相关的技术规范、功能规范、型式规范、管理及运行相关规范等标准。其中，电压互感器的相关标准规定了电压互感器的准确度等级、额定电压、绝缘电阻、温升和电磁兼容性等技术指标和性能。电流互感器的相关标准规定了电流互感器的准确度等级、额定电流比、额定负荷、绝缘电阻、温升和电磁兼容性等技术指标和性能。比较仪相关标准规定了比较仪器的技术要求、校准方法和要求、检验方法和要求、应用及试验环境、仪器质量及管理等内容，以保障其可靠性和精确度。

7.1.5　新型量值测量标准

新型量值测量相关标准主要包括时频测量、量子化传感测量、频率相位测量，以及时域、频域及时频域测量信号分析仪器仪表、设备等的相关技术规范、功能规范、通信规范、管理及运行规范等标准。其中，时间频率应用于能源互联网源、网、荷、储各领域，完全满足现有电力营销、信通、调度、继保和自动化的授时授频服务需求和实验室现场或远程时频装置检测需求；实现对能源互联网北斗、5G、边缘计算、协同交互海量终端的低时延、高稳定支持；促进行业精准计量体系构建，成为国家时间频率计量标准体系的重要组成部分，其标准体系主要包括时间频率计量标准、现场用高准确度时间频率标准、具备时频量值远程溯源功能的单相智能电能表等内容。量子传感是对新型电力系统中源网荷储各环节各种形式参量的精准传感与精密测量的技术。量子传感技术正在发展中，处于初级阶段，相关技术成熟度较低，从量子传感发展趋势与应用需求出发，在量子传感术语与定义、量子传感通用器件、量子传感精密仪器、量子传感网络架构等方面布局规划相关标准系列。频率相位测量相关标准规定了频率相位测量方法、测量环境、误差分析等技术要求和指标。测量信号分析仪器相关标准规定了信号生成、模拟仿真、信号处理等技术要求和设备仪器参数、试验方法和性能指标等内容。

7.2　电测量

7.2.1　标准化现状

7.2.1.1　国内标准分析

国内电参量测量标准体系主要由国家标准、行业标准、企业标准、团体标准和地方标准组成。主要针对电压、电流、电感、电容、电阻等电参量的测量仪表及仪表检测装置等提出技术要求和试验验证方法。国内电参量测量相关标准梳理如表 7-1 所示。

在电压测量方面，现行国家标准如 GB/T 35727—2017《中低压直流配电电压导则》、GB/T 26217—2019《高压直流输电系统直流电压测量装置》、GB/T 12116—2012《电子电压表通用规范》和 GB/T 14913—2008《直流数字电压表及直流模数转换器》针对中低压配电网和高压输电系统等不同配电网等级，对电压参量及电压测量仪表提出了通用要求和技术规范，其中，GB/T 35727—2017《中低压直流配电电压导则》和 GB/T 26217—2019《高压直流输电系统直流电压测量装置》专注于直流电压的测量，而 GB/T 12116—2012《电子电压表通用规范》则提供了电子电压表的通用规范。国家标准 GB/T 16927《高电压试验技术》系列标准针对高电压试验技术的一般技术要求、现场测试系统、主要参数测试要求等做了明确规定。电力行业标准和企业标准分别根据实际应用需求，对不同等级的电压等级及测量方法和设备做了细化规定。这些标准确保了电压测量的准确性和一致性，对于电力系统的稳定运行至关重要。

在电流测量方面，GB/T 15544《三相交流系统短路电流计算》系列标准针对三相交流系统短路电流计算方法及试验设备相关要求和技术指标等做了明确规定；GB/T 35698《短路电流效应计算》系列标准对短路电流效应的定义、算例和计算方法做了详细规定。这些标准有助于提高电流测量的精确度和安全性。

在电阻测量方面，GB/T 3928—2008《直流电阻分压箱》和 GB/T 3930—2008《测量电阻用直流电桥》等标准提供了直流电阻分压箱和直流电桥的测量技术要求，而 DL/T 845《电阻测量装置通用技术条件》系列则涵盖了电子式绝缘电阻表、工频接地电阻测试仪等多种电阻测量装置的技术条件。这些标准对于确保电阻测量的准确性和设备的性能至关重要。

在电容器、电感和电桥测量方面，相关标准如 GB/T 31954—2015《高压直流输电系统用交流 PLC 滤波电容器》和 GB/T 32130—2015《高压直流输电系统用直流 PLC 滤波电容器》，针对高压直流输电系统中使用的交流和直流 PLC 滤波电容器，提供了技术规范，这些标准对于保证电容器在高压直流输电系统中的性能和可靠性具有重要意义；GB/T

26095—2010《电子柱电感测微仪》和 JJG 726—2017《标准电感器》主要在电感式测量仪器和标准器方面做了具体规定，明确了相关测量设备的技术要求、试验方法、检验规则，以及标志、包装、运输和储存等方面的要求。直流电桥是一种用于精确测量电阻值的仪器，广泛应用于科学研究、工业生产和质量控制等领域。电桥相关标准如 GB/T 3930—2008《测量电阻用直流电桥》主要规定了直流电桥的设计、制造、性能要求、试验方法，以及检验规则等方面的内容。

此外，还有一系列标准涉及电动汽车充电、水利水电工程、电力系统保护设备等领域，如 GB/T 40820—2021《电动汽车模式 3 充电用直流剩余电流检测电器（RDC–DD）》和 DL/T 2047—2019《基于一次侧电流监测反窃电设备技术规范》，这些标准反映了中国在新兴技术领域的标准化工作，以及对传统电力系统的持续改进。

总体来看，这些标准体现了国内标准在电参量测量领域的技术进步和标准化水平，为电力行业的健康发展提供了坚实的技术基础。随着技术的不断发展，这些标准也在不断更新和完善，以适应新的技术和市场需求。

表 7-1 　　　　　　　　　　　　　　国内电参量测量相关标准

序号	标准号	标准名称
1	GB/T 35727—2017	中低压直流配电电压导则
2	GB/T 26217—2019	高压直流输电系统直流电压测量装置
3	GB/T 12116—2012	电子电压表通用规范
4	GB/T 14913—2008	直流数字电压表及直流模数转换器
5	GB/T 16927.1—2011	高电压试验技术　第 1 部分：一般定义及试验要求
6	GB/T 16927.2—2013	高电压试验技术　第 2 部分：测量系统
7	GB/T 16927.3—2010	高电压试验技术　第 3 部分：现场试验的定义及要求
8	GB/T 16927.4—2014	高电压和大电流试验技术　第 4 部分：试验电流和测量系统的定义和要求
9	DL/T 1351—2014	电力系统暂态过电压在线测量及记录系统技术导则
10	DL/T 1397.1—2014	电力直流电源系统用测试设备通用技术条件　第 1 部分：蓄电池电压巡检仪
11	DL/T 500—2017	电压监测仪使用技术条件
12	DL/T 846.2—2004	高电压测试设备通用技术条件　第 2 部分：冲击电压测量系统
13	DL/T 992—2006	冲击电压测量实施细则
14	Q/GDW 10817—2018	电压监测仪检验规范

续表

序号	标准号	标准名称
15	Q/GDW 10819—2018	电压监测仪技术规范
16	Q/GDW 11304.16—2021	电力设备带电检测仪器技术规范　第 16 部分：暂态地电压局部放电检测仪
17	Q/GDW 1954—2013	直流电压分压器状态检修导则
18	Q/GDW 1955—2013	直流电压分压器状态评价导则
19	GB/T 15544.1—2023	三相交流系统短路电流计算　第 1 部分：电流计算
20	GB/T 15544.2—2017	三相交流系统短路电流计算　第 2 部分：短路电流计算应用的系数
21	GB/T 15544.3—2017	三相交流系统短路电流计算　第 3 部分：电气设备数据
22	GB/T 15544.4—2017	三相交流系统短路电流计算　第 4 部分：同时发生两个独立单相接地故障时的电流以及流过大地的电流
23	GB/T 15544.5—2017	三相交流系统短路电流计算　第 5 部分：算例
24	GB/T 35698.1—2017	短路电流效应计算　第 1 部分：定义和计算方法
25	GB/T 35698.2—2019	短路电流效应计算　第 2 部分：算例
26	GB/T 26216.1—2019	高压直流输电系统直流电流测量装置　第 1 部分：电子式直流电流测量装置
27	GB/T 26216.2—2019	高压直流输电系统直流电流测量装置　第 2 部分：电磁式直流电流测量装置
28	GB/T 32191—2015	泄漏电流测试仪
29	JJG 843—2007	泄漏电流测试仪检定规程
30	GB/T 12113—2023	接触电流和保护导体电流的测量方法
31	YD/T 1541—2006	绝缘转换连接器的过电压和过电流技术要求和测试方法
32	GB/T 40820—2021	电动汽车模式 3 充电用直流剩余电流检测电器（RDC-DD）
33	DL/T 2047—2019	基于一次侧电流监测反窃电设备技术规范
34	NB/T 35043—2014	水电工程三相交流系统短路电流计算导则
35	SL 585—2012	水利水电工程三相交流系统短路电流计算导则
36	SJ/T 11383—2008	泄漏电流测试仪通用规范
37	T/CEC 703—2022	站用低压交流电源系统剩余电流监测装置技术规范
38	DL/T 1694.5—2017	高压测试仪器及设备校准规范　第 5 部分：氧化锌避雷器阻性电流测试仪

序号	标准号	标准名称
39	DL/T 1786—2017	直流偏磁电流分布同步监测技术导则
40	Q/GDW 11684—2017	高压直流输电系统直流电流测量装置现场试验规范
41	Q/GDW 12093—2020	抗直流偏磁低压电流互感器校验装置技术规范
42	GB/T 7676.2—2017	直接作用模拟指示电测量仪表及其附件 第2部分：电流表和电压表的特殊要求
43	DL/T 2063—2019	冲击电流测量实施导则
44	DL/T 846.4—2016	高电压测试设备通用技术条件 第4部分：脉冲电流法局部放电测量仪
45	GB/T 30547—2023	高压直流输电系统滤波器用电阻器
46	GB/T 36955—2018	柔性直流输电用启动电阻技术规范
47	JJG 1072—2011	直流高压高值电阻器检定规程
48	DL/T 780—2001	配电系统中性点接地电阻器
49	GB/T 28030—2011	接地导通电阻测试仪
50	GB/T 3928—2008	直流电阻分压箱
51	GB/T 3930—2008	测量电阻用直流电桥
52	JJG 160—2007	标准铂电阻温度计检定规程
53	JJG 508—2004	四探针电阻率测试仪
54	DL/T 1063—2021	差动电阻式位移计
55	DL/T 1064—2021	差动电阻式锚索测力计
56	DL/T 1065—2021	差动电阻式锚杆应力计
57	DL/T 845.1—2019	电阻测量装置通用技术条件 第1部分：电子式绝缘电阻表
58	DL/T 845.2—2020	电阻测量装置通用技术条件 第2部分：工频接地电阻测试仪
59	DL/T 845.3—2019	电阻测量装置通用技术条件 第3部分：直流电阻测试仪
60	DL/T 845.4—2019	电阻测量装置通用技术条件 第4部分：回路电阻测试仪
61	DL/T 845.6—2022	电阻测量装置通用技术条件 第6部分：接地引下线导通电阻测试仪
62	Q/GDW 11317—2014	输电线路杆塔工频接地电阻测量导则
63	GB/T 351—2019	金属材料 电阻率测量方法

续表

序号	标准号	标准名称
64	Q/GDW 11179.2—2023	电能计量设备用元器件技术规范　第 2 部分：压敏电阻器
65	Q/GDW 11179.3—2023	电能计量设备用元器件技术规范　第 3 部分：电阻器
66	GB/T 26095—2010	电子柱电感测微仪
67	JJF 1331—2011	电感测微仪校准规范
68	JJG 726—2017	标准电感器
69	DL/T 1694.8—2021	高压测试仪器及设备校准规范　第 8 部分：电力电容电感测试仪
70	GB/T 2900.16—1996	电工术语　电力电容器
71	GB 50227—2017	并联电容器装置设计规范
72	GB/T 31954—2015	高压直流输电系统用交流 PLC 滤波电容器
73	GB/T 32130—2015	高压直流输电系统用直流 PLC 滤波电容器
74	GB/T 34865—2017	高压直流转换开关用电容器
75	GB/T 4787.1—2021	高压交流断路器用均压电容器　第 1 部分：总则
76	GB/T 6115.2—2017	电力系统用串联电容器　第 2 部分：串联电容器组用保护设备
77	GB/T 6115.4—2014	电力系统用串联电容器　第 4 部分：晶闸管控制的串联电容器
78	DL/T 1182—2012	1000kV 变电站 110kV 并联电容器装置技术规范
79	DL/T 1633—2016	紧凑型高压并联电容器装置技术规范
80	DL/T 2633—2023	柔性直流换流器用直流电容器技术导则
81	DL/T 2635—2023	直流输电用直流耦合电容器及电容分压器用技术条件
82	DL/T 442—2017	高压并联电容器单台保护用熔断器使用技术条件
83	DL/T 604—2020	高压并联电容器装置使用技术条件
84	GB/T 17702—2021	电力电子电容器
85	DL/T 1652—2016	电能计量设备用超级电容器技术规范
86	DL/T 2080—2020	电力储能用超级电容器
87	DL/T 2081—2020	电力储能用超级电容器试验规程

7.2.1.2　国际标准分析

国际上电参量测量标准体系主要以 IEC 62053《电力计量设备（交流）》、IEC 60051《直接作用模拟指示电测量仪表及其附件》、IEC 61557《1000V（交流）和 1500V（直流）

以下低压配电系统的电气安全 防护措施的试验、测量和监控设备》和 IEC 60287《电缆 额定电流的计算》等系列标准为主。主要从设备的角度在技术要求、评价指标、测试方法等方面做了详细规定。例如，IEC 62053-61:1998《电量测量设备（交流） 特殊要求 第 61 部分：功耗和电压要求》主要关注交流电测量设备的功耗和电压要求，为设计和制造低功耗的电测量设备提供了指导，这对于提高能效和减少设备运行成本至关重要。IEC 60051-2:2018《直接作用模拟指示电测量仪表及其附件 第 2 部分：电流表和电压表的特殊要求》规定了直接作用模拟指示电测量仪表（如电流表和电压表）的特殊要求，确保这些仪表在各种应用中的准确性和可靠性。IEC 61557-17:2021《1000V（交流）和 1500V（直流）以下低压配电系统的电气安全 保护措施的测试、测量和监测设备 第 17 部分：非接触式交流电压指示器》主要涉及低压配电系统中非接触电压指示器的要求，这对于确保操作人员的安全和提高电气系统的安全性具有重要意义。IEC 60287《电缆 额定电流的计算》系列标准提供了电缆额定电流的计算方法，包括热阻计算，这对于电缆的选择和系统设计至关重要，以确保电缆在长期运行中的安全和效率。

IEC 61557《1000V（交流）和 1500V（直流）以下低压配电系统的电气安全 保护措施的试验、测量和监控设备》系列标准分别涉及泄漏测量用手持、用手控制电流夹件和传感器、低压配电系统中的绝缘电阻、接地线和等电位焊接电阻，以及对地电阻的测试、测量或监控设备的要求，这些都是确保电气系统安全运行的基本要素，对于维护电气安全至关重要。IEC 61869《仪表变压器》系列标准为低功率无源电流互感器提供了附加要求，这些互感器在测量电流时不消耗能量，对于提高测量系统的能效和准确性有重要作用。IEC 62475:2010《大电流试验技术 试验电流和测量系统用定义和需求》定义了大电流试验技术中试验电流和测量系统的需求，确保在进行高压和大电流试验时设备的安全和准确性。IEC 60051《直接作用模拟指示电测量仪表及其附件》系列标准规定了电阻表（阻抗表）和电导表的特殊要求，这些仪表在电气系统的维护和故障诊断中起着关键作用。

国际电参量测量相关标准梳理如表 7-2 所示。

表 7-2　　　　　　　　　　　　　国际电参量测量相关标准

序号	标准号	标准名称
1	IEC 62053-61:1998	电力计量设备（交流） 特殊要求 第 61 部分：功耗和电压要求
2	IEC 60051-2:2018	直接作用模拟指示电测量仪表及其附件 第 2 部分：电流表和电压表的特殊要求
3	IEC 61557-17:2021	1000V（交流）和 1500V（直流）以下低压配电系统的电气安全 保护措施的测试、测量和监测设备 第 17 部分：非接触式交流电压指示器

续表

序号	标准号	标准名称
4	IEC 60287-1-1:2023	电缆　计算额定电流　第 1-1 部分：额定电流方程（100% 负载因数）和损耗计算　总则
5	IEC 60287-2-1:2023	电缆　额定电流的计算　第 2-1 部分：热阻　热阻计算
6	IEC 61557-13:2023	1000V（交流）和 1500V（直流）以下低压配电系统的电气安全　保护措施的测试、测量和监控设备　第 13 部分：用于测量配电系统漏电流的手持和手动电流夹和传感器
7	IEC 61557-11:2020	1000V（交流）和 1500V（直流）以下低压配电系统的电气安全　保护措施的试验、测量和监控设备　第 11 部分：TT、TN 和 IT 系统中的剩余电流监控器（RCMs）有效性
8	IEC 62475:2010	大电流试验技术　试验电流和测量系统用定义和需求
9	IEC TR 60479-4:2020	电流对人类和牲畜的影响　第 4 部分：雷击的影响
10	IEC 60051-6:2017	直接作用模拟指示电测量仪表及其附件　第 6 部分：欧姆表（阻抗表）和电导表的特殊要求
11	IEC 61557-2:2019	1000V（交流）和 1500V（直流）以下低压配电系统中的电气安全　防护措施的试验、测量和监控设备　第 2 部分：绝缘阻抗
12	IEC 61557-4:2019	1000V（交流）和 1500V（直流）以下的低压配电系统的电气安全　防护措施的试验、测量和监控设备　第 4 部分：接地和等效连接电阻
13	IEC 61557-5:2019	1000V（交流）和 1500V（直流）以下低压配电系统的电气安全　防护措施的试验、测量和监控设备　第 5 部分：接地电阻

7.2.1.3　标准差异性分析

在电参量测量相关标准方面，国内标准和国际标准差异性主要体现在标准体系结构、标准内容和应用范围、标准发展和创新性等方面。

在标准体系结构方面，国内标准主要遵循中国国家标准体系，包含特定的技术要求和实施细则，以适应中国特有的技术条件和市场需求。例如，GB/T 35727—2017《中低压直流配电电压导则》关注的是中低压直流配电电压导则，这可能反映了中国在直流配电技术方面的特定需求。国际标准（IEC）则遵循国际电工委员会（IEC）的全球标准体系，旨在促进全球范围内的技术兼容性和互操作性。例如，IEC 62053-61:1998《电力计量设备（交流）特殊要求　第 61 部分：功耗和电压要求》关注的是交流电测量设备的功耗和电压要求，这体现了国际标准在能效和通用性方面的关注。

在标准内容和应用范围方面，国内标准可能更侧重于特定行业或应用场景，如高压直流输电系统（GB/T 26217—2019《高压直流输电系统直流电压测量装置》）、电力系统暂态过电压（DL/T 1351—2014《电力系统暂态过电压在线测量及记录系统技术导则》）等，这些标准反映了中国在特定技术领域的深入研究和应用。国际标准则覆盖更广泛的技术领域，如 IEC 60051-2:2018《直接作用模拟指示电测量仪表及其附件　第 2 部分：电流表和电压表的特殊要求》涉及直接作用模拟指示电测量仪表，这些标准适用于全球范围内的电测量设备。

在电测量技术创新和发展方面，国内标准可能在某些新兴技术领域先行一步，以支持国内产业的快速发展。例如，GB/T 40820—2021《电动汽车模式 3 充电用直流剩余电流检测电器（RDC-DD）》涉及电动汽车模式 3 充电用直流剩余电流检测电器（RDC-DD），这反映了中国在新能源汽车领域的技术进步。国际标准则可能在技术成熟后进行制定，以确保全球范围内的一致性和稳定性。

总体来说，国内标准和国际标准在电参量测量领域各有侧重，国内标准更注重适应国内特定环境和技术发展，而国际标准则强调全球通用性和技术兼容性。两者在实际应用中往往相互补充，共同推动技术进步和行业发展。

7.2.2　标准化需求分析

电测量是电力系统设计、运行和管理的基础，涉及电流、电压、功率、频率等多种电气参数的测量。电测量结果的准确性直接关系到电力系统的安全稳定运行和经济效率。电测量设备和系统需要在各种环境条件下稳定工作，提供连续可靠的数据。电力系统的动态性要求电测量能够实时响应，快速准确地提供数据。随着电力行业的快速发展，特别是新型电力系统建设、新能源并网，以及电动汽车等新兴领域的兴起，电测量标准制定和标准化需求分析，以及标准规划变得尤为重要。

电测量技术主要是应用于电测量设备或传感器，实现对电力系统中电压电流等电气量的感知测量，现有部分电测量技术已经相对成熟，具有可参考标准。如 GB/T 35086—2018《MEMS 电场传感器通用技术条件》、Q/GDW 1894—2013《变压器铁心接地电流在线监测装置技术规范》等标准规范了在电力系统中现有成熟传感技术在电力设备电气量监测的应用。但部分新型电测量技术如量子传感测量、基于 MEMS 器件的电压传感测量等具有更加优异的性能，目前仍未形成体系化标准规范，需要进一步规范相关技术标准。

7.2.3　标准规划

基于上述电测量需求分析，电参量测量标准的规划可以从三个维度展开，标准规划路线如图 7-2 所示。

1. 基本电参量测量方面

根据新型电力系统建设发展需求，结合现行国际标准，对现行电压、电流、电阻等国家标准进行修订，与国际标准相关技术要求保持一致，并根据实际应用场景，进行适配性规范。

2. 测量装置方面

结合新型电力系统电测量业务需求，分析现行电压、电阻、电容、电感测量设备等标准的适应性，并补充相关的设备技术规范、功能规范，完善电测量相关标准体系。

3. 测量材料方面

布局基于磁阻材料的电流测量技术规范和基于 MEMS 器件的电压测量技术规范等标准。

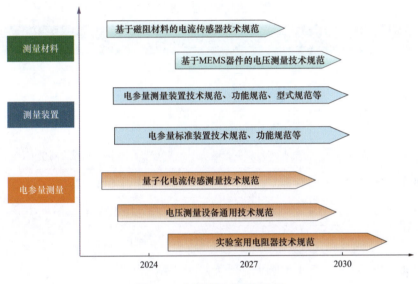

图 7-2　电测量标准规划路线

7.3　磁测量

7.3.1　标准化现状

7.3.1.1　国内标准

国内磁测量的标准体系主要针对磁场或电磁环境等提出测量方法和试验导则，针对磁测量的相关设备提出相应的技术要求、电磁兼容相关试验和测量技术标准等。

按照设备技术类、检验检测类划分，现行设备技术类国家标准主要包括 GB/T 20840.102—2020《互感器　第 102 部分：带有电磁式电压互感器的变电站中的铁磁谐振》；GB/T 36275—2018《专用数字对讲设备电磁兼容限值和测量方法》；GB/T 40661—2021《工频磁场测量仪校准规范》；GB/T 21419—2021《变压器、电源装置、电抗器及其

类似产品 电磁兼容（EMC）要求》；GB/T 30140—2013《磁性材料在低频磁场中屏蔽效能的测量方法》等。现行检验检测类国家标准主要包括GB/T 42287—2022《高电压试验技术 电磁和声学法测量局部放电》；GB/T 38775.4—2020《电动汽车无线充电系统 第4部分：电磁环境限值与测试方法》；GB/T 38947—2020《磁选设备磁感应强度检测方法》；GB/T 18268.22—2010《测量、控制和实验室用的电设备 电磁兼容性要求 第22部分：特殊要求 低压配电系统用便携式试验、测量和监控设备的试验配置、工作条件和性能判据》；GB/T 17626.9—2011《电磁兼容 试验和测量技术 脉冲磁场抗扰度试验》等。行业标准与企业标准也规定了相关设备技术导则与检验检测方法。具体见表7-3。

表7-3　　　　　　　　　　　　　国内磁测量标准体系梳理

序号	标准号	标准名称
1	DL/T 2038—2019	高压直流输电工程直流磁场测量方法
2	DL/T 334—2021	输变电工程电磁环境监测技术规范
3	HJ 681—2013	交流输变电工程电磁环境监测方法（试行）
4	DL/T 988—2023	高压交流架空送电线路、变电站工频电场和磁场测量方法
5	DL/T 275—2012	±800kV特高压直流换流站电磁环境限值
6	DL/T 1088—2020	±800kV特高压直流线路电磁环境参数限值
7	DL/T 1957—2018	电网直流偏磁风险评估与防御导则
8	DL/T 1786—2017	直流偏磁电流分布同步监测技术导则
9	JB/T 9294—1999	测磁仪器基本系列
10	JB/T 5463—1991	电子测磁仪器检验规则
11	DB33/T 2553—2022	电磁辐射环境自动监测技术规范
12	YD/T 2829—2015	感知层设备的电磁兼容性要求和测量方法
13	GB/Z 17625.4—2000	电磁兼容 限值 中、高压电力系统中畸变负荷发射限值的评估
14	GB/T 29628—2013	永磁（硬磁）脉冲测量方法指南
15	GB/Z 17625.5—2000	电磁兼容 限值 中、高压电力系统中波动负荷发射限值的评估
16	GB/Z 17625.13—2020	电磁兼容 限值 接入中压、高压、超高压电力系统的不平衡设施发射限值的评估
17	GB/Z 17625.14—2017	电磁兼容 限值 骚扰装置接入低压电力系统的谐波、间谐波、电压波动和不平衡的发射限值评估

序号	标准号	标准名称
18	GB/Z 17625.15—2017	电磁兼容　限值　低压电网中分布式发电系统低频电磁抗扰度和发射要求的评估
19	GB/T 20840.102—2020	互感器　第 102 部分：带有电磁式电压互感器的变电站中的铁磁谐振
20	GB/T 36275—2018	专用数字对讲设备电磁兼容限值和测量方法
21	DL/T 294.4—2019	发电机灭磁及转子过电压保护装置技术条件　第 4 部分：灭磁容量计算
22	DL/T 1970—2019	水轮发电机励磁系统配置导则
23	DL/T 1185—2012	1000kV 输变电工程电磁环境影响评价技术规范
24	DL/T 799.7—2019	电力行业劳动环境监测技术规范　第 7 部分：工频电场、工频磁场监测
25	DL/T 1188—2012	1000kV 变电站电磁环境控制值
26	GB/T 40661—2021	工频磁场测量仪校准规范
27	GB/T 21419—2021	变压器、电源装置、电抗器及其类似产品　电磁兼容（EMC）要求
28	YD/T 1690.2—2007	电信设备内部电磁发射诊断技术要求和测量方法（150kHz～1GHz）第 2 部分：辐射发射测量 TEM 小室和宽带 TEM 小室方法
29	GB/T 30140—2013	磁性材料在低频磁场中屏蔽效能的测量方法
30	YD/T 983—2018	通信电源设备电磁兼容性要求及测量方法
31	YD/T 968—2023	电信终端设备电磁兼容性要求及测量方法
32	YD/T 2654—2013	无线电源设备电磁兼容性要求和测试方法
33	DL/T 1041—2007	电力系统电磁暂态现场试验导则
34	GB/T 42287—2022	高电压试验技术　电磁和声学法测量局部放电
35	NB/T 10462—2020	交流 – 直流开关电源　近场射频电磁场抗扰度试验技术规范
36	GB/T 38775.4—2020	电动汽车无线充电系统　第 4 部分：电磁环境限值与测试方法
37	GB/T 38775.5—2021	电动汽车无线充电系统　第 5 部分：电磁兼容性要求和试验方法
38	GB/T 36282—2018	电动汽车用驱动电机系统电磁兼容性要求和试验方法
39	DL/T 1332—2014	电流互感器励磁特性现场低频试验方法测量导则
40	DL/T 988—2023	高压交流架空送电线路、变电站工频电场和磁场测量方法

序号	标准号	标准名称
41	JB/T 5464—1991	电子测磁仪器　可靠性技术要求和试验方法
42	JB/T 13155—2017	无损检测　电工用再拉制铜棒电磁（涡流）检测方法
43	JB/T 12727.3—2016	无损检测仪器　试样　第3部分：电磁（涡流）检测试样
44	GB/T 38947—2020	磁选设备磁感应强度检测方法
45	JB/T 12153—2015	工业机械电气设备及系统　工频磁场抗扰度试验方法
46	DL/T 489—2018	大中型水轮发电机静止整流励磁系统试验规程
47	GB/T 18268.22—2010	测量、控制和实验室用的电设备　电磁兼容性要求　第22部分：特殊要求　低压配电系统用便携式试验、测量和监控设备的试验配置、工作条件和性能判据
48	GB/T 17626.10—2017	电磁兼容　试验和测量技术　阻尼振荡磁场抗扰度试验
49	GB/T 17626.8—2006	电磁兼容　试验和测量技术　工频磁场抗扰度试验
50	GB/T 17626.20—2014	电磁兼容　试验和测量技术　横电磁波（TEM）波导中的发射和抗扰度试验
51	GB/T 17626.5—2019	电磁兼容　试验和测量技术　浪涌（冲击）抗扰度试验
52	GB/T 17626.28—2006	电磁兼容　试验和测量技术　工频频率变化抗扰度试验
53	DL/T 1799—2018	电力变压器直流偏磁耐受能力试验方法
54	GB/T 17626.24—2012	电磁兼容　试验和测量技术　HEMP传导骚扰保护装置的试验方法
55	GB/T 17626.6—2017	电磁兼容　试验和测量技术　射频场感应的传导骚扰抗扰度
56	GB/T 17626.9—2011	电磁兼容　试验和测量技术　脉冲磁场抗扰度试验

7.3.1.2　国外标准

国际电工委员会（IEC）相关标准：IEC 61000–2–13:2005《电磁兼容性（EMC）　第2–13部分：环境　辐射和传导的大功率电磁（HEMP）环境》；IEC 62041:2017《变压器、电源、电抗器和类似产品　EMC要求》；IEC 61788–13:2012《超导性　第13部分：交流电损耗测量　多芯复合超导体磁滞损耗的磁强计法》；IEC/TS 62478:2016《高压试验技术——用电磁和声学方法测量局部放电》；IEC 61326–2–1:2020《测量、控制和实验室用电气设备电磁兼容性要求　第2–1部分：特殊要求电磁兼容性无保护应用的敏感测试和测量设备的测试配置、操作条件和性能标准》等磁测量相关标准，梳理情况于表7–4所示。

表 7-4　　　　　　　　　　　国际磁测量标准梳理情况

序号	标准号	标准名称
1	IEC 61000-2-13:2005	电磁兼容性（EMC）　第 2-13 部分：环境　辐射和传导的大功率电磁（HEMP）环境
2	IEC 62041:2017	变压器、电源、电抗器和类似产品　EMC 要求
3	IEC/TR 61000-4-35:2009	电磁兼容性（EMC）　第 4-35 部分：测试和测量技术　HEMP 模拟器汇编
4	IEC 61788-13:2012	超导性　第 13 部分：交流电损耗测量　多芯复合超导体磁滞损耗的磁强计法
5	IEC/TS 62478:2016	高压试验技术——用电磁和声学方法测量局部放电
6	IEC 61326-2-1:2020	测量、控制和实验室用电气设备电磁兼容性要求　第 2-1 部分：特殊要求电磁兼容性无保护应用的敏感测试和测量设备的测试配置、操作条件和性能标准
7	IEC 61326-2-2:2020	测量、控制和实验室用电气设备电磁兼容性要求　第 2-2 部分：特殊要求低压配电系统中使用的便携式测试、测量和监测设备的测试配置、操作条件和性能标准
8	IEC 61000-4-10:2016	电磁兼容性（EMC）　第 4-10 部分：试验和测量技术　阻尼振荡磁场抗扰度试验
9	IEC 61000-4-8:2009	电磁兼容性（EMC）　第 4-8 部分：试验和测量技术　网络频率磁场抗扰度试验（第 2.0 版）
10	IEC 61000-4-36:2020	电磁兼容性（EMC）　第 4-36 部分：试验和测量技术　设备和系统的 IEMI 抗扰度试验方法
11	IEC 61000-4-20:2022	电磁兼容性（EMC）　第 4-20 部分：测试和测量技术　横向电磁（TEM）波导的发射和抗扰度测试
12	IEC 61000-4-5:2017	电磁兼容性（EMC）　第 4-5 部分：试验和测量技术　电涌抗扰试验
13	IEC 61000-4-39:2017	电磁兼容性（EMC）　第 4-39 部分：试验和测量技术　近距离辐射场　抗扰度试验
14	IEC 61000-4-24:2023	电磁兼容性（EMC）　第 4-24 部分：试验和测量技术　HEMP 传导干扰保护的试验方法
15	IEC 61000-4-9:2016	电磁兼容性（EMC）　第 4-9 部分：试验和测量技术　脉冲磁场抗扰度试验

7.3.1.3 标准差异分析

在磁测量方面，我国标准体系主要包括磁测量设备技术、电磁检验检测和电磁兼容性能指标等方面。其中，磁测量设备技术主要包括对互感器、专用数字对讲设备、工频磁场测量仪、变压器及类似产品的电磁兼容要求等。例如，GB/T 20840.102—2020《互感器　第 102 部分：带有电磁式电压互感器的变电站中的铁磁谐振》、GB/T 36275—2018《专用数字对讲设备电磁兼容限值和测量方法》、GB/T 40661—2021《工频磁场测量仪校准规范》等。检验检测类标准主要涉及高电压试验技术、电动汽车无线充电系统、磁选设备磁感应强度检测方法等，例如 GB/T 42287—2022《高电压试验技术　电磁和声学法测量局部放电》、GB/T 38775.4—2020《电动汽车无线充电系统　第 4 部分：电磁环境限值与测试方法》、GB/T 38947—2020《磁选设备磁感应强度检测方法》等。电磁兼容性能指标主要涉及中、高压电力系统中的电磁兼容限值和评估方法等，例如 GB/Z 17625.4—2000《电磁兼容　限值中、高压电力系统中畸变负荷发射限值的评估》、GB/Z 17625.5—2000《电磁兼容　限值中、高压电力系统中波动负荷发射限值的评估》等。

国际上，电磁测量标准体系主要包括电磁兼容环境、超导电性、高电压试验，以及测量、控制和实验室用的电设备的电磁兼容性能要求等方面。在电磁兼容环境方面，主要包括高功率电磁环境（HEMP）、变压器及类似产品的电磁兼容要求等，例如，IEC 61000–2–13:2005《电磁兼容性（EMC）　第 2–13 部分：环境　辐射和传导的大功率电磁（HEMP）环境》、IEC 62041:2017《变压器、电源、电抗器和类似产品　EMC 要求》。在超导电性方面，涉及多丝复合超导材料磁滞损耗的磁强计测量法，例如，IEC 61788–13:2012《超导性　第 13 部分：交流电损耗测量　多芯复合超导体磁滞损耗的磁强计法》。在高电压试验方面，涉及电磁和声学法测量局部放电，例如，IEC/TS 62478:2016《高压试验技术——用电磁和声学方法测量局部放电》。在测量、控制和实验室用的电设备的电磁兼容性能要求方面，主要涉及相关设备的电磁兼容性要求，例如，IEC 61326–2–1:2020《测量、控制和实验室用电气设备电磁兼容性要求　第 2–1 部分：特殊要求电磁兼容性无保护应用的敏感测试和测量设备的测试配置、操作条件和性能标准》。

其中，主要差异性为，国内标准有大量聚焦于特高压输电工程（如 ±800、1000kV 等）电磁环境测量方法或技术规范，而 IEC 标准中尚未有针对特高压输电相关的磁测量标准。国内标准有聚焦于电动汽车无线充电电磁环境、电磁干扰测量的相关技术标准，而 IEC 标准体系尚无此类标准。

因此，国内外在磁测量相关标准体系的建设上各有侧重，国内标准更注重特定应用领域的详细规定和技术规范，而国际标准则更强调通用性和广泛的适用性。

7.3.2　标准化需求分析

随着新型电力系统的快速发展，特别是特高压输电、电动汽车无线充电、智能电网等技术的广泛应用，磁测量标准体系的建设显得尤为重要。

1. 系统安全运行方面

新型电力系统中，电磁环境的复杂性和不确定性增加，可能对电力设备和系统的正常运行造成影响。建立完善的磁测量和电磁兼容标准体系，可以有效评估和管理电磁干扰，保障电力系统的安全稳定运行。

2. 国际化方面

在全球化背景下，电力设备和系统需要满足不同国家和地区的电磁兼容要求。建立与国际标准接轨的磁测量和电磁兼容标准体系，有助于提升我国电力设备的国际竞争力，促进国际贸易和合作。

3. 可靠健康防护方面

电磁干扰可能导致电力设备故障、数据传输错误等问题，影响电力系统的可靠性和稳定性。通过磁测量和电磁兼容标准体系的建设，可以系统地评估和管理电磁干扰，提高电力系统的可靠性和稳定性。

电磁辐射对环境和人体健康可能产生不利影响。建立相关的磁测量和电磁兼容标准体系，可以规范电磁辐射的控制和管理，保护环境和人体健康。

因此，需要建立完善的磁测量标准体系，提升电力系统的安全性和稳定性，促进技术创新和产业升级，推动电力行业的可持续发展。

7.3.3　标准规划

针对新型电力系统特性和典型业务应用需求，主要从电磁环境测量、电磁兼容指标、电磁兼容管理、电磁兼容评估和电磁兼容试验等方面布局磁测量标准体系。其中，电磁环境测量方面主要制定或修订高压直流输电工程直流磁场测量、高压交流架空送电线路和变电站的工频电场和磁场测量标准 3 项。在电磁指标方面制定电动汽车无线充电系统电磁环境限值与测试技术要求标准 1 项。在电磁兼容管理方面，主要建立新型电力系统电磁兼容管理标准，如通信电源设备电磁兼容性要求及测量技术要求、电信设备内部电磁发射诊断技术要求标准 2 项。在电磁兼容评估方面，主要建立电磁环境监测和评估的标准，如输变电工程电磁环境监测技术规范、电力行业劳动环境监测技术规范标准 2 项。在电磁兼容试验方面，建立电磁兼容试验和测量技术的标准 2 项，涵盖阻尼振荡磁场抗扰度试验、工频磁场抗扰度试验和浪涌（冲击）抗扰度试验技术要求，以评估电力设备在不同电磁环境下的性能。标准规划及实施路线如图 7-3 所示。

图 7-3　磁测量相关标准路线

7.4　电能计量

7.4.1　直流电能计量

7.4.1.1　标准化现状

（1）国内标准。国内直流电能测量设备的标准体系由国家标准、行业标准、企业标准，以及团体标准、地方标准组成。主要针对直流电能测量的安装式仪表、仪表检定装置，以及标准表提出技术要求和试验验证方法。

现行国家标准 GB/T 33708—2017《静止式直流电能表》为目前国内最新的直流电能表技术标准，其针对静止式直流电能表的标准电量值、机械要求与试验、气候条件、电气要求、准确度、电磁兼容性、数据安全性等提出要求和试验方法。Q/GDW 10825—2019《直流电能表技术规范》、Q/GDW 10826—2020《直流电能表检定装置技术规范》则是根据国家标准结合电网企业实际使用需求，编制的直流电能表及其检定装置企业标准。DL/T 1484—2015《直流电能表技术规范》是在国家标准 GB/T 33708—2017《静止式直流电能表》制定前编制并发布的一项电力行业标准，其技术条件和现行国家标准不一致，因此已规划并开展修订工作。同时，随着直流输配电网的发展建设，为了提升直流电能测量设备的质量性能，规划了直流电能表检定装置和标准表的电力行业标准编制计划。直流电能计量相关国内标准梳理情况如表 7-5 所示。

表 7-5　　　　　　　　　　　　　直流电能计量相关国内标准

序号	标准号	标准名称
1	GB/T 33708—2017	静止式直流电能表
2	DL/T 1484—2015	直流电能表技术规范
3	Q/GDW 10825—2019	直流电能表技术规范
4	Q/GDW 10826—2020	直流电能表检定装置技术规范

（2）国际标准。2020 年，国际电工委员会（IEC）发布了电能表标准 IEC 62052-11:2020《电力计量设备　一般要求、试验和试验条件　第 11 部分：计量设备》，此标准既涵盖了交流电能表的通用要求，又涵盖了直流表的通用要求，适用于非车载静止式直流电能表。IEC 标准出来后，国际上非车载直流表将主要采用 IEC 标准。2021 年，发布了直流电能表特殊要求 IEC 62053-41:2021《电力计量设备　特殊要求　第 41 部分：直流电能静态表（0.5 级和 1 级）》，此标准主要针对直接接入式直流电能表的准确度等级、

百分数误差限值及影响量提出要求。2023 年，IEC 62052-31:2024 规定了一般安全要求和相关试验，适用于直接接入式、经互感器或经传感器接入的交直流电能表和负荷控制设备。

2021 年，美国国家标准学会（ANSI）发布了 NEMA C12.32:2021《测量直流电能的电表》，此标准主要对贸易结算用直流电能表和需求表的准确度等级、标准电气值、环境试验和电磁兼容（EMC）试验等要求进行了规定。

2023 年，欧洲电工标准化委员会（CENELEC）发布了 EN 50470-4:2023《电能计量设备 第 4 部分：特殊要求——直流有功电能静态表（A 级、B 级和 C 级指标）》，此标准主要对测量直流系统中直流有功电能的静止式仪表的准确度等级、标准电气值、结构、标识、准确度、气候条件、外部影响等要求进行了规定。

直流电能计量相关国际标准梳理情况如表 7-6 所示。

表 7-6　　　　　　　　　　　直流电能计量相关国际标准

序号	标准号	标准名称
1	IEC 62052-11:2020	电力计量设备 一般要求、试验和试验条件 第 11 部分：计量设备
2	IEC 62053-41:2021	电力计量设备 特殊要求 第 41 部分：直流电能静态表（0.5 级和 1 级）
3	NEMA C12.32:2021	测量直流电能的电表

7.4.1.2　标准差异分析

国内直流电能测量设备现行标准由于发布时间较早，与国际标准相比较，主要存在如下差异性：

（1）GB/T 33708—2017《静止式直流电能表》标准中电压适用范围小，标准适用的直流电能测量设备可选最大电压为 1000V，无法覆盖直流低压配电网电压等级。IEC 62052-11:2020《电力计量设备 一般要求、试验和试验条件 第 11 部分：计量设备》中直流电能测量设备可选最大电压为 1500V，并在 IEC 62052-31 ED2 中根据直流电能测量设备电压等级给出 1000V 以上电压等级适用的电气安全性能要求和试验方法。

（2）GB/T 33708—2017《静止式直流电能表》标准要求低，标准中影响量试验缺少对负载电流快速变化等参量动态性能的考量，而 IEC 62053-41:2021《电力计量设备 特殊要求 第 41 部分：直流电能静态表（0.5 级和 1 级）》中提出负载电流快速变化对仪表计量性能影响的限值要求，IEC 62052-11:2020《电力计量设备 一般要求、试验和试验条件 第 11 部分：计量设备》中对负载电流变化引起的电能百分数误差改变提出限值要求并给出试验方法。

（3）国内现行直接接入标称电流值小，国际标准 IEC 62052-11:2020《电力计量设

备　一般要求、试验和试验条件　第 11 部分：计量设备》中对于直接接入式标称电流最大值为 500A，而国内标准 GB/T 33708—2017《静止式直流电能表》和 DL/T 1484—2015《直流电能表技术规范》中该值为 100A。不过国内标准 GB/T 33708—2017《静止式直流电能表》针对间接接入式仪表提出了技术要求，满足国内实际应用需求。IEC 标准体系尚无此类标准。

而针对新型电力系统清洁低碳、安全可控、灵活高效、智能友好、开放互动的基本特征，国内外直流电能测量设备相关标准均缺乏直流动态电能量的计量需求的考虑，对直流电能测量设备通信交互能力没有提出相关技术要求。

7.4.1.3　标准化需求分析

直流电能计量标准化需求主要包括直流电能计量工作器具和直流电能计量检测方法及设备两部分，具体分析如下：

（1）直流电能计量工作器具。国际上，直流电能表的国际标准体系目前尚未健全，IEC 第 13 技术委员会制定了直接接入式直流电能表技术标准，主要为 IEC 62052 及 IEC 62053 系列标准，其中 IEC 62052-11:2020《电力计量设备　一般要求、试验和试验条件　第 11 部分：计量设备》包含了直流电能表的通用要求，IEC 62053-41:2021《电力计量设备　特殊要求　第 41 部分：直流电能静态表（0.5 级和 1 级）》为直流电能表的特殊要求。国际对于用于高压侧的经仪用互感器（LPIT）连接的直流电能表标准还处于计划阶段。国内，直流电能表的产品标准与检定规程均已颁布实施，有国家标准、行业标准、国家电网企业标准各层级的标准，此外，国内于 2020 年 3 月颁布实施了 JJF 1779—2019《电子式直流电能表型式评价大纲》电子式直流电能表型式评价大纲，解决了直流电能表的型式评价问题。但是，现有标准主要面向间接接入式直流电能表及 100A 以下直接接入式电能表，更多地考虑在电动汽车充电桩中的应用，面向未来电动汽车大功率直流充电及直流电网建设的各电压等级，现有直流计量器具的规格、计量方式及功能尚无法满足需求。在国内，经 LPIT 连接的直流电能表标准依然是空白。面向新的直流计量需求，需要对直流电能计量器具相关标准进行制修订。

（2）直流电能计量检测方法及设备。以光伏发电和风力发电为主的分布式电源并网、多样化的直流负载应用都会对电网电能质量产生诸多影响，诸如注入直流纹波，产生电压偏差、电压波动和闪变及电压不平衡等，对电能计量器具的准确性、可靠性提出了新的考验。直流电能表抗扰度的评价方法依然不全面，哪些类型的电能表会对直流电网中的影响更具免疫力仍是需要研究的内容，即便是新发布的 IEC 标准，也较多沿用交流表的评价方法，直流计量器具的专用测试手段不足。直流电能检测设备国外标准尚为空白，国内标准体系不全，需及时针对直流计量器具类型、检测方法、功能等制定相关标准。

7.4.1.4 标准规划

为推动直流电能计量技术、检测技术在直流电网领域的应用，需完善、深化原有相关标准，具体标准布局如下：

在直流电能计量工作器具方面，对现行 GB/T 33708—2017《静止式直流电能表》进行修订，在此基础上，规划扩展直流电能测量设备标准体系，包含通用要求、直接接入式仪表、间接接入式仪表等。结合电力行业使用需求，对现行 DL/T 1484—2015《直流电能表技术规范》进行修订，制定检定装置、标准电能表相关标准，并规划通过修订相关标准，完善直流电能仪表通信协议。结合电网企业使用需求，对现行标准进行修订，完善直流电能仪表的技术要求、型式要求，根据源、网、配、用交互需求和电能质量监测需求，规划制定更加智能的物联直流电能表标准。

在直流电能计量标准装置及相关设备检测方面，规划直流标准电能表技术规范和直流电能表检定装置技术规范 2 项标准，完善直流电能计量体系，提高直流电能表检测产品制造水平，加强直流电能表及其检验装置的质量管理，促进相关产业的健康发展。

直流电能计量标准路线如图 7-4 所示。

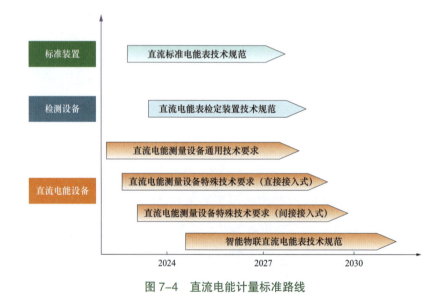

图 7-4　直流电能计量标准路线

7.4.2 交流电能计量

7.4.2.1 标准化现状

（1）国内标准。国内交流电能测量设备的标准体系由国家标准、行业标准、企业标准以及团体标准、地方标准组成。主要针对交流电能测量的安装式仪表、仪表检定装置以及标准表提出技术要求和试验验证方法。交流电能计量相关国内标准梳理情况如表

7-7 所示。

现行国家标准 GB/T 17215.211—2021《电测量设备（交流）通用要求、试验和试验条件　第 11 部分：测量设备》、GB/T 17215.321—2021《电测量设备（交流）　特殊要求　第 21 部分：静止式有功电能表（A 级、B 级、C 级、D 级和 E 级）》、GB/T 17215.831—2017《交流电测量设备　验收检验　第 31 部分：静止式有功电能表的特殊要求（0.2S 级、0.5S 级、1 级和 2 级）》、GB/T 17215.304—2017《交流电测量设备　特殊要求　第 4 部分：经电子互感器接入的静止式电能表》等系列标准为目前国内最新的交流电测量设备技术标准，其针对交流电能表的机械和电气要求及试验、功能和标识要求、计量性能、气候和电磁环境要求及试验、抗外部影响试验，以及嵌入式软件等提出要求和试验方法。Q/GDW 10354—2020《智能电能表功能规范》、Q/GDW 10355—2020《单相智能电能表型式规范》、Q/GDW 10356—2020《三相智能电能表型式规范》、Q/GDW 10364—2020《单相智能电能表技术规范》、Q/GDW 10827—2020《三相智能电能表技术规范》、Q/GDW 10365—2020《智能电能表信息交换安全认证技术规范》、Q/GDW 12175—2021《单相智能物联电能表技术规范》、Q/GDW 12178—2021《三相智能物联电能表技术规范》、Q/GDW 12179—2021《智能物联电能表安全防护技术规范》、Q/GDW 12180—2021《智能物联电能表功能及软件规范》、Q/GDW 1574—2014《电能表自动化检定系统技术规范》、Q/GDW 11854—2018《电能表自动化检定系统校准规范》等则是根据国家标准结合电网企业实际使用需求，编制的交流电能表及其检定装置企业标准。DL/T 1491—2015《智能电能表信息交换安全认证技术规范》、DL/T 1490—2015《智能电能表功能规范》、DL/T 1489—2015《三相智能电能表型式规范》、DL/T 1488—2015《单相智能电能表型式规范》、DL/T 1487—2015《单相智能电能表技术规范》、DL/T 1486—2015《单相静止式多费率电能表技术规范》、DL/T 1485—2015《三相智能电能表技术规范》、DL/T 1478—2015《电子式交流电能表现场检验规程》等是在国家标准 GB/T 17215.211—2021《电测量设备（交流）通用要求、试验和试验条件　第 11 部分：测量设备》、GB/T 17215.321—2021《电测量设备（交流）　特殊要求　第 21 部分：静止式有功电能表（A 级、B 级、C 级、D 级和 E 级）》制定前编制并发布的一系列电力行业标准，由于其技术条件和现行国家标准不一致，因此已规划并开展修订工作。

表 7-7　　　　　　　　　交流电能计量相关国内标准

序号	标准号	标准名称
1	GB/T 17215.301—2007	多功能电能表　特殊要求
2	GB/T 17215.311—2008	交流电测量设备　特殊要求　第 11 部分：机电式有功电能表（0.5、1 和 2 级）

续表

序号	标准号	标准名称
3	GB/T 17215.421—2008	交流测量 费率和负荷控制 第21部分：时间开关的特殊要求
4	GB/T 17215.352—2009	交流电测量设备 特殊要求 第52部分：符号
5	GB/T 17215.911—2011	电测量设备 可信性 第11部分：一般概念
6	GB/T 17215.701—2011	标准电能表
7	GB/T 17215.941—2012	电测量设备 可信性 第41部分：可靠性预测
8	GB/T 17215.921—2012	电测量设备 可信性 第21部分：现场仪表可信性数据收集
9	GB/T 17215.302—2024	电测量设备（交流） 特殊要求 第2部分：静止式谐波有功电能表
10	GB/T 17215.9321—2016	电测量设备 可信性 第321部分：耐久性–高温下的计量特性稳定性试验
11	GB/T 17215.304—2017	交流电测量设备 特殊要求 第4部分：经电子互感器接入的静止式电能表
12	GB/T 17215.9311—2017	电测量设备 可信性 第311部分：温度和湿度加速可靠性试验
13	GB/T 17215.831—2017	交流电测量设备 验收检验 第31部分：静止式有功电能表的特殊要求（0.2S级、0.5S级、1级和2级）
14	GB/T 17215.821—2017	交流电测量设备 验收检验 第21部分：机电式有功电能表的特殊要求（0.5级、1级和2级）
15	GB/T 17215.811—2017	交流电测量设备 验收检验 第11部分：通用验收检验方法
16	GB/T 17215.221—2021	电测量设备（交流） 通用要求、试验和试验条件 第21部分：费率和负荷控制设备
17	GB/T 17215.321—2021	电测量设备（交流） 特殊要求 第21部分：静止式有功电能表（A级、B级、C级、D级和E级）
18	GB/T 17215.211—2021	电测量设备（交流）通用要求、试验和试验条件 第11部分：测量设备
19	GB/T 17215.231—2021	电测量设备（交流） 通用要求、试验和试验条件 第31部分：产品安全要求和试验
20	GB/T 17215.303—2022	交流电测量设备 特殊要求 第3部分：数字化电能表
21	GB/T 17215.324—2022	电测量设备（交流） 特殊要求 第24部分：静止式基波分量无功电能表（0.5S级、1S级、1级、2级和3级）
22	GB/T 17215.323—2022	电测量设备（交流） 特殊要求 第23部分：静止式无功电能表（2级和3级）

序号	标准号	标准名称
23	GB/T 38317.11—2019	智能电能表外形结构和安装尺寸　第 11 部分：通用要求
24	GB/T 38317.31—2019	智能电能表外形结构和安装尺寸　第 31 部分：电气接口
25	GB/T 38317.21—2019	智能电能表外形结构和安装尺寸　第 21 部分：结构 A 型
26	GB/T 38317.22—2019	智能电能表外形结构和安装尺寸　第 22 部分：结构 B 型
27	DL/T 829—2002	单相交流感应式有功电能表使用导则
28	DL/T 830—2002	静止式单相交流有功电能表使用导则
29	DL/T 828—2002	单相交流感应式长寿命技术电能表使用导则
30	DL/T 645—2007	多功能电能表通信协议
31	DL/T 614—2007	多功能电能表
32	DL/T 1369—2014	标准谐波有功电能表
33	DL/T 1491—2015	智能电能表信息交换安全认证技术规范
34	DL/T 1490—2015	智能电能表功能规范
35	DL/T 1489—2015	三相智能电能表型式规范
36	DL/T 1488—2015	单相智能电能表型式规范
37	DL/T 1487—2015	单相智能电能表技术规范
38	DL/T 1486—2015	单相静止式多费率电能表技术规范
39	DL/T 1485—2015	三相智能电能表技术规范
40	DL/T 1478—2015	电子式交流电能表现场检验规程
41	DL/T 448—2016	电能计量装置技术管理规程
42	DL/T 1496—2016	电能计量封印技术规范
43	DL/T 1497—2016	电能计量用电子标签技术规范
44	DL/T 460—2016	智能电能表检验装置检定规程
45	DL/T 1664—2016	电能计量装置现场检验规程
46	DL/T 1763—2017	电能表检测抽样要求
47	Q/GDW 11116—2013	智能电能表检测装置软件设计技术规范
48	Q/GDW 1206—2013	电能表抽样技术规范

续表

序号	标准号	标准名称
49	Q/GDW 1574—2014	电能表自动化检定系统技术规范
50	Q/GDW 11525—2016	智能电能表软件备案与比对技术规范
51	Q/GDW 11680—2017	智能电能表软件可靠性技术规范
52	Q/GDW 11776—2017	拆回电能表分拣装置技术规范
53	Q/GDW 11851—2018	三相谐波智能电能表技术规范
54	Q/GDW 11854—2018	电能表自动化检定系统校准规范
55	Q/GDW 10354—2020	智能电能表功能规范
56	Q/GDW 10355—2020	单相智能电能表型式规范
57	Q/GDW 10356—2020	三相智能电能表型式规范
58	Q/GDW 10364—2020	单相智能电能表技术规范
59	Q/GDW 10827—2020	三相智能电能表技术规范
60	Q/GDW 10893—2018	计量用电子标签技术规范
61	Q/GDW 11009—2021	电能计量封印技术规范
62	Q/GDW 12175—2021	单相智能物联电能表技术规范
63	Q/GDW 12178—2021	三相智能物联电能表技术规范
64	Q/GDW 12179—2021	智能物联电能表安全防护技术规范
65	Q/GDW 12180—2021	智能物联电能表功能及软件规范
66	Q/GDW 12181.1—2021	智能物联电能表扩展模组技术规范　第1部分：高速载波通信单元
67	Q/GDW 12181.2—2021	智能物联电能表扩展模组技术规范　第2部分：非介入式负荷辨识模组
68	Q/GDW 12181.3—2021	智能物联电能表扩展模组技术规范　第3部分：电能质量模组

（2）国际标准。2020年，国际电工委员会（IEC）发布了电能表标准IEC 62052-11:2020《电力计量设备　一般要求、试验和试验条件　第11部分：计量设备》，规定了交直流电能表型式试验的要求，详细介绍了电能表功能、机械、电气和标识要求、电磁和气候环境等测试方法和测试条件。同年，发布了IEC 62053-21:2020 EN-FR《电能计量装置　特殊要求　第21部分：交流有功电能的静止式电能表（0.5、1和2级）》、IEC 62053-22:2020《电能计量设备　特殊要求　第22部分：交流静止式有功电能表（0.1S、

0.2S 和 0.5S 级）》、IEC 62053-23:2020《电力计量设备　特殊要求　第 23 部分：无功电能静态表（2 和 3 级）》、IEC 62053-24:2020 EN-FR《电力计量设备　特殊要求　第 24 部分：基本元件无功能量（0.5S、1S、1、2 和 3 级）静态电能表》等系列标准，规定了不同等级有功和无功电能表的型式试验。

2023 年，IEC 发布了电能表测试标准 IEC 62057-1:2023《电能表　试验设备、技术和程序　第 1 部分：固定式仪表试验装置（MTU）》，此标准主要用于电能表试验装置的技术要求和试验方法。IEC 62057-3:2024《电能表　试验设备、技术和程序　第 3 部分：自动仪表试验系统（AMTS）》规定了电能表自动化检定系统的技术要求和试验方法。

交流电能计量相关国际标准梳理情况如表 7-8 所示。

表 7-8　　　　　　　　　　交流电能计量相关国际标准

序号	标准号	标准名称
1	IEC TR 62051:1999	电力计量术语表
2	IEC TR 62051-1 CORR 1:2005	电力计量　抄表、电价和负荷控制的数据交换　术语汇编　第 1 部分：使用 DLMS/COSEM CORRIGENDUM 1 与计量设备进行数据交换的相关术语
3	IEC 62052-11:2020	电力计量设备　一般要求、试验和试验条件　第 11 部分：计量设备
4	IEC 62052-21:2004	电力计量设备（交流）　一般要求、试验和试验条件　第 21 部分：资费和负荷控制设备
5	IEC 62052-31:2015	电力计量设备（交流）　通用要求、试验和试验条件　第 31 部分：产品安全要求和试验
6	IEC 62053-11 AMD 1:2016	电力计量设备（交流）　特殊要求　第 11 部分：机电电度表（0.5、1 和 2 级）　修改件 1
7	IEC 62053-21:2020 EN-FR	电力计量设备　特殊要求　第 21 部分：交流有功电能的静止式电能表（0.5、1 和 2 级）
8	IEC 62053-22:2020	电力计量设备　特殊要求　第 22 部分：交流静止式有功电能表(0.1S、0.2S 和 0.5S 级)
9	IEC 62053-23:2020	电力计量设备　特殊要求　第 23 部分：无功电能静态表（2 和 3 级）
10	IEC 62053-24:2020 EN-FR	电力计量设备　特殊要求　第 24 部分：基本元件无功能量（0.5S、1S、1、2 和 3 级）静态电能表
11	IEC 62053-52:2005	电力计量设备（交流电）　特殊要求　第 52 部分：符号
12	IEC 62053-61:1998	电力计量设备（交流）　特殊要求　第 61 部分：功耗和电压要求
13	IEC 62054-11 AMD 1:2016	电量测量（交流）　税费和负载控制　第 11 部分：电子脉动控制接收器的特殊要求　修改件 1

续表

序号	标准号	标准名称
14	IEC 62054-21:2004	电表（交流） 收费和负荷控制 第 21 部分：时间开关的特殊要求
15	IEC TR 62055-21:2005	电力计量 支付系统 第 21 部分：标准化框架
16	IEC 62055-31（REDLINE + STANDARD）:2022	电力计量 支付系统 第 31 部分：特殊要求 有功电能静态支付表（0.5、1 和 2 级）
17	IEC 62055-41（REDLINE + STANDARD）:2018	电力计量 支付系统 第 41 部分：标准传输规范（STS） 单向令牌载体系统的应用层协议
18	IEC 62055-42:2022	电力计量 支付系统 第 42 部分：交易参考号（TRN）
19	IEC 62055-51:2007	电量测量 付费系统 第 51 部分：标准传输规范（STS） 单程数字卡和磁卡令牌载波的物理层协议
20	IEC 62055-52:2008	电量测量 付费系统 第 52 部分：标准传输规范（STS） 直接本地连接用双向有效令牌载波的应用层协议
21	IEC 62058-11:2008	电力计量设备（交流） 验收检验 第 11 部分：通用验收检验方法
22	IEC 62058-21:2008	电力计量设备（交流） 验收检验 第 21 部分：有功电能用机电电度表的特殊要求（0.5、1 和 2 级）
23	IEC 62058-31:2008	电力计量设备（交流） 验收检验 第 31 部分：有功电能用静态计量仪的特殊要求（0.2S、0.5S、1 和 2 级）
24	IEC TR 62059-11:2002	电力计量设备 可靠性 第 11 部分：一般概念
25	IEC TR 62059-21:2002	电力计量设备 可靠性 第 21 部分：现场电表可靠性数据的收集
26	IEC 62059-31-1 CORR 1:2008	电力计量设备 可靠性 第 31-1 部分：增加可靠性测试 提高温度和湿度
27	IEC 62059-32-1:2011	电力计量设备 可靠性 第 32-1 部分：耐久性 通过提高温度测试计量特性的稳定性
28	IEC 62059-41:2006	电力计量设备 可靠性 第 41 部分：可靠性预测
29	IEC 62057-1:2023	电能表 试验设备、技术和程序 第 1 部分：固定式仪表试验装置（MTU）
30	IEC 62052-31 ED2	电力计量设备（交流） 一般要求、试验和试验条件 第 31 部分：产品安全要求和试验

序号	标准号	标准名称
31	IEC 62052-41 ED1	电力计量设备　一般要求、试验和试验条件　第 41 部分：多能量和多速率表的能量登记方法和要求
32	IEC 62057-3:2024	电能表　试验设备、技术和程序　第 3 部分：自动仪表试验系统（AMTS）
33	IEC TS 62053-25 ED1	电力数字收入计量

（3）标准差异分析。国内交流电能测量设备现行标准与国际标准相比较主要有以下差异：一是国家标准 GB/T 17215.211—2021《电测量设备（交流）　通用要求、试验和试验条件　第 11 部分：测量设备》、GB/T 17215.321—2021《电测量设备（交流）　特殊要求　第 21 部分：静止式有功电能表（A 级、B 级、C 级、D 级和 E 级）》在修改采用国际标准 IEC 62052-11:2020《电力计量设备　一般要求、试验和试验条件　第 11 部分：计量设备》、IEC 62053-21:2020 EN-FR《电力计量设备　特殊要求　第 21 部分：交流有功电能的静止式电能表（0.5、1 和 2 级）》基础上，将 OIML R46-1/-2:Edition 2012（E）、IEC 62052-11:2020《电力计量设备　一般要求、试验和试验条件　第 11 部分：计量设备》、IEC 62053-21:2020 EN-FR《电力计量设备　特殊要求　第 21 部分：交流有功电能的静止式电能表（0.5、1 和 2 级）》所没有的要求和试验，以及经我国智能电网建设数亿只电能表较长期的现场运行实践证明的先进适用的用户技术要求，纳入了国家标准中；但是国内行业标准 DL/T 1491—2015《智能电能表信息交换安全认证技术规范》、DL/T 1490—2015《智能电能表功能规范》等还没有修订。二是国际标准 IEC 62057-1:2023《电能表　试验设备、技术和程序　第 1 部分：固定式仪表试验装置（MTU）》刚刚发布，国家标准 GB/T 11150—2001《电能表检验装置》有待修编。

7.4.2.2　标准化需求分析

通过标准差异分析可知，国内最新的交流电测量设备技术国家标准 GB/T 17215.211—2021《电测量设备（交流）　通用要求、试验和试验条件　第 11 部分：测量设备》、GB/T 17215.321—2021《电测量设备（交流）　特殊要求　第 21 部分：静止式有功电能表（A 级、B 级、C 级、D 级和 E 级）》基于最新国际标准已经完成了修订。但是相关行业标准，DL/T 1491—2015《智能电能表信息交换安全认证技术规范》、DL/T 1490—2015《智能电能表功能规范》、DL/T 1489—2015《三相智能电能表型式规范》、DL/T 1488—2015《单相智能电能表型式规范》、DL/T 1487—2015《单相智能电能表技术规范》、DL/T 1486—2015《单相静止式多费率电能表技术规范》、DL/T 1485—2015《三相智能电能表技术规范》、DL/T 1478—2015《电子式交流电能表现场检验规程》，由于其技术条件和现行国家标准不一致，需要开展修订工作，消除行业标准不符合最新国家标准的内容。

国际标准 IEC 62057-1:2023《电能表　试验设备、技术和程序　第 1 部分：固定式仪表试验装置（MTU）》还没有进行国内相应标准的修订。IEC 62057-1:2023《电能表　试验设备、技术和程序　第 1 部分：固定式仪表试验装置（MTU）》标准是关于电能表测试设备、技术和程序的最新标准，主要改动包括以下内容：要求测试设备具备更高的精度、更大的功率容量，以及更先进的计时和数据记录功能；引入或更新了各种测试技术，如功能测试、性能测试、环境适应性测试、安全性和电磁兼容性测试等，以确保测试结果的准确性和可靠性；优化测试步骤和顺序，减少不必要的重复测试，并确保测试过程的一致性；规定更详细的数据记录和报告要求，以便更好地记录和分析测试结果，并为后续的电能表校准和维修提供依据；针对智能电能表特有的功能（如通信、数据处理等），该标准引入或更新相应的测试方法和要求；增加对特殊系统电压的支持或提供相应的指南，增加了对远程测试技术的支持和规定。有必要根据国际标准开展电能表检验装置相关标准，进行测试技术更新、测试程序优化、完善智能电能表测试项目等。

7.4.2.3　标准规划

针对上述差异化分析的结论，交流电能测量设备标准的规划可以从三个维度展开：

在电能表检验方面，结合现行国际标准 IEC 62057-1:2023《电能表　试验设备、技术和程序　第 1 部分：固定式仪表试验装置（MTU）》，对现行国家标准 GB/T 11150—2001《电能表检验装置》开展修编。

在电能表行业标准方面，结合电力行业使用需求，参考国家标准对现行 DL/T 1491—2015《智能电能表信息交换安全认证技术规范》、DL/T 1490—2015《智能电能表功能规范》、DL/T 1489—2015《三相智能电能表型式规范》、DL/T 1488—2015《单相智能电能表型式规范》、DL/T 1487—2015《单相智能电能表技术规范》、DL/T 1486—2015《单相静止式多费率电能表技术规范》、DL/T 1485—2015《三相智能电能表技术规范》、DL/T 1478—2015《电子式交流电能表现场检验规程》等行业标准进行修订，制定新的智能电能表、智能物联电能表相关行业标准。

在国家电网使用需求方面，侧重于国家电网系统的特定需求和运行环境，例如电碳计量、潮流频繁换向、高防护特性等，对电能表在国家电网系统中的功能配置、适应性、可靠性、安全性等方面进行修订，完善交流电能仪表的技术要求、型式要求。

交流电能计量标准规划路线如图 7-5 所示。

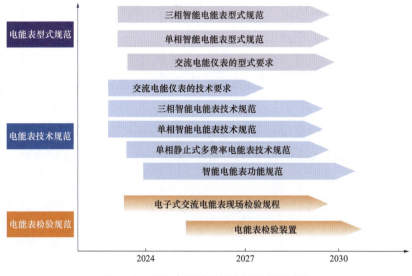

图 7-5　交流电能计量相关标准规划路线

7.4.3　数字化电能计量

7.4.3.1　标准化现状

（1）国内标准。国内数字化电能的标准体系由国家标准、行业标准、企业标准，以及团体标准组成。2009 年，以电子式互感器为代表的数字化计量设备在电网中开始试点应用，2013 年底建成投运了 6 座新一代智能变电站试验示范站，2015 年又规划建设了 50 座扩大示范站，2017 年公司组织第三代智能变电站（智慧变电站）试点，2019 年公司组织二次系统优化工作，打造自主可控的智能变电站。

随着智能变电站的大力建设，国家电网营销部于 2016 年专门成立了数字化计量工作组，制定了《国家电网公司数字计量体系建设研究工作方案》，通过 8 年的努力，先后制定了 21 项标准（包括 9 项企业标准、7 项行业标准、5 项国家计量校准规范），并且还有 5 项标准正在起草中（包括 2 项企业标准、3 项国家计量校准规范）。

在数字化计量标准体系建设企业标准方面，制定了 Q/GDW 12005—2019《数字化计量系统　通用技术导则》、Q/GDW 11846—2018《数字化计量系统一般技术要求》、Q/GDW 10347—2021《电能计量装置通用设计规范》等企业标准，明确了数字化计量系统整体要求，从系统层面对整体功能进行了规定和优化；编制了 Q/GDW 11018.10—2017《数字化计量系统技术条件　第 10 部分：数字化电能表》、Q/GDW 11018.9—2018《数字化计量系统技术条件　第 9 部分：多功能测控装置》，提出了核心计量设备技术要求，支撑公司智能站建设；制定了 Q/GDW 11847.1—2018《数字化计量系统　设备检测规范　第 1 部分：互感器合并单元》、Q/GDW 11777—2017《数字化电能计量装置现场检验技术规范》等检测规范，规范了数字化计量设备检测方法，指导各级计量人员质量监督工作；制定了 Q/GDW 12003—2019《数字化计量系统　安装调试验收运维规范》，规定了数字化计量系统现场调试验收方法、规范验收环节。

全国高电压试验技术和绝缘配合标准化技术委员会成立数字化计量体系框架，组织南方电网、设计院相关厂家编写了《数字化计量系统 一般技术要求（报批稿）》、DL/T 1507—2016《数字化电能表校准规范》、DL/T 1515—2016《电子式互感器接口技术规范》、DL/T 1955—2018《计量用合并单元测试仪通用技术条件》、DL/T 2187—2020《直流互感器校验仪通用技术条件》、DL/T 2182—2020《直流互感器用合并单元通用技术条件》。

在国家标准和计量技术法规方面，分别编制了 JJF 1617—2017《电子式互感器校准规范》、JJF 1879—2020《互感器合并单元校准规范》、GB/T 37006—2018《数字化电能表检验装置》等标准。

数字化电能计量国内标准如表 7-9 所示，相关标准的制定为数字化计量系统建设和数字化计量设备的应用提供了技术支撑和方向指引。

表 7-9 数字化电能计量国内标准

序号	标准号	标准名称
1	JJF 1617—2017	电子式互感器校准规范
2	JJF 1879—2020	互感器合并单元校准规范
3	GB/T 37006—2018	数字化电能表检验装置
4	GB/T 17215.303—2022	交流电测量设备　特殊要求　第3部分：数字化电能表
5	GB/T 15837—2008	数字同步网络接口要求
6	GB/T 24734.1—2009	技术产品文件　数字化产品定义数据通则　第1部分：术语和定义
7	GB/T 14913—2008	直流数字电压表及直流模数转换器
8	GB/T 14731—2008	同步数字体系（SDH）的比特率
9	GB/T 16712—2008	同步数字体系（SDH）设备功能块特性
10	GB/T 40601—2021	电力系统实时数字仿真技术要求
11	DL/T 1507—2016	数字化电能表校准规范
12	DL/T 1515—2016	电子式互感器接口技术规范
13	DL/T 1955—2018	计量用合并单元测试仪通用技术条件
14	DL/T 1665—2016	数字化电能计量装置现场检测规范
15	DL/T 2187—2020	直流互感器校验仪通用技术条件

续表

序号	标准号	标准名称
16	DL/T 2182—2020	直流互感器用合并单元通用技术条件
17	DL/T 1944—2018	智能变电站手持式光数字信号试验装置技术规范
18	DL/T 5202—2022	电能量计量系统设计规程
19	DL/T 1391—2014	数字式自动电压调节器涉网性能检测导则
20	DL/T 980—2005	数字多用表检定规程
21	DL/T 973—2005	数字高压表检定规程
22	T/CEC 116—2016	数字化电能表技术规范
23	Q/GDW 11111—2013	数字化电能表校准规范
24	Q/GDW 12005—2019	数字化计量系统　通用技术导则
25	Q/GDW 11846—2018	数字化计量系统一般技术要求
26	Q/GDW 10347—2016	电能计量装置通用设计规范
27	Q/GDW 11018.9—2018	数字化计量系统技术条件　第 9 部分：多功能测控装置
28	Q/GDW 11018.10—2017	数字化计量系统技术条件　第 10 部分：数字化电能表
29	Q/GDW 11018.21—2018	数字化计量系统技术条件　第 21 部分：数字化电能表型式规范
30	Q/GDW 11362.47—2020	数字化计量系统　第 4-7 部分：互感器合并单元技术条件
31	Q/GDW 11847.1—2018	数字化计量系统　设备检测规范　第 1 部分：互感器合并单元
32	Q/GDW 11777—2017	数字化电能计量装置现场检验技术规范
33	Q/GDW 11054—2013	智能变电站数字化相位核准技术规范

（2）国际标准。与数字化电能计量相关的国际标准主要涉及包括 IEC 61850《电力自动化通信网络与系统》系列标准和 IEC 61869《仪表变压器》系列标准，标准梳理情况如表 7-10 所示。

表 7-10　　　　　　　　　　　　　数字化电能计量国际标准

序号	标准号	标准名称
1	IEC TR 61850-1:2013	电力设施自动化通信网络和系统　第 1 部分：简介和概述
2	IEC TS 61850-1-2:2022	电力设施自动化通信网络和系统　第 1-2 部分：IEC 61850 扩展指南

序号	标准号	标准名称
3	IEC TS 61850–2:2019	电力设施自动化通信网络和系统　第 2 部分：术语表
4	IEC 61850–3:2013	电力设施自动化通信网络和系统　第 3 部分：通用要求
5	IEC 61850–4 AMD 1:2020	电力设施自动化通信网络和系统　第 4 部分：系统和项目管理　修改件 1
6	IEC 61850–5 AMD 1:2022	电力设施自动化通信网络和系统　第 5 部分：功能和设备型号的通信要求　修正案 1
7	IEC 61850–6 AMD 1:2018	电力设施自动化通信网络和系统　第 6 部分：电力系统自动化相关的智能电子装置（IEDs）通信用配置描述语言　修改件 1
8	IEC 61850–7–1 AMD 1:2020	电力设施自动化通信网络和系统　第 7–1 部分：基本通信结构　原理和模型　修改件 1
9	IEC 61850–7–2 AMD 1:2020	电力设施自动化通信网络和系统　第 7–2 部分：基本信息和通信架构　抽象通信服务接口（ACSI）　修改件 1
10	IEC 61850–7–3 AMD 1:2020	电力设施自动化通信网络和系统　第 7–3 部分：基本通信结构　公用数据类别　修改件 1
11	IEC 61850–7–4 AMD 1:2020	电力设施自动化通信网络和系统　第 7–4 部分：基本通信结构　兼容逻辑节点种类和数据对象种类　修改件 1
12	IEC TR 61850–7–6:2019	电力设施自动化通信网络和系统　第 7–6 部分：使用 IEC 61850 的基本应用概况（BAP）定义指南
13	IEC TS 61850–7–7:2023	电力设施自动化通信网络和系统　第 7–7 部分：IEC 61850 相关工具数据模型的机器可处理格式
14	IEC 61850–7–410 AMD 1:2015	电力设施自动化通信网络和系统　第 7–410 部分：基本通信结构　水力发电站　监测和控制用通信　修改件 1
15	IEC 61850–7–420:2021	电力设施自动化通信网络和系统　第 7–420 部分：基本通信结构　分布式能源和配电自动化逻辑网点
16	IEC TR 61850–7–500:2017	电力设施自动化通信网络和系统　第 7–500 部分：基本信息和通信结构　变电站应用功能和相关概念和指南建模用逻辑节点的使用
17	IEC TR 61850–7–510:2021	电力设施自动化通信网络和系统　第 7–510 部分：基本通信结构　水力发电厂、蒸汽轮机和燃气轮机　建模概念和指南
18	IEC 61850–8–1 AMD 1:2020	电力设施自动化通信网络和系统　第 8–1 部分：专用通信设施映射（SCSM）　多媒体短信服务（MMS）（ISO 9506–1 和 ISO 9506–2）和 ISO/IEC 8802–3 上的映像　修改件 1

序号	标准号	标准名称
19	IEC 61850-8-2:2018	电力设施自动化通信网络和系统 第8-2部分：专用通信服务映射（SCSM）到可扩展消息存在协议（XMPP）的映射
20	IEC 61850-9-2 AMD 1:2020	电力设施自动化通信网络和系统 第9-2部分：专用通信服务映射（SCSM）通过 ISO/IEC 8802-3 的抽样值 修改件 1
21	IEC/IEEE 61850-9-3:2016	电力设施自动化通信网络和系统 第9-3部分：电力事业自动化的精确时间协议配置文件
22	IEC 61850-10:2012	电力设施自动化通信网络和系统 第 10 部分：一致性测试
23	IEC TS 61850-80-1:2016	电力设施自动化通信网络和系统 第 80-1 部分：使用 IEC 60870-5-101 或 IEC 60870-5-104 从基于 CDC 的数据模型交换信息的指南
24	IEC TR 61850-80-3:2015	电力设施自动化通信网络和系统 第 80-3 部分：网络协议映射要求和技术选择
25	IEC TS 61850-80-4:2016	电力设施自动化通信网络和系统 第 80-4 部分：从 COSEM 对象模型（IEC 62056）到 IEC 61850 数据模型的转换
26	IEC TR 61850-90-1:2010	电力设施自动化通信网络和系统 第 90-1 部分：变电站间通信 IEC 61850 的使用
27	IEC TR 61850-90-2:2016	电力设施自动化通信网络和系统 第 90-2 部分：变电站和控制中心之间的通信使用 IEC 61850
28	IEC TR 61850-90-3 CORR 1:2020	电力设施自动化通信网络和系统 第 90-3 部分：使用 IEC 61850 进行状态监测、诊断和分析
29	IEC TR 61850-90-4:2020	电力设施自动化通信网络和系统 第 90-4 部分：网络工程指南
30	IEC TR 61850-90-5:2012	电力设施自动化通信网络和系统 第 90-5 部分：根据 IEEE C37.118 使用 IEC 61850 传输同步相量信息
31	IEC TR 61850-90-6 CORR 1:2020	电力设施自动化通信网络和系统 第 90-6 部分：IEC 61850 在配电自动化系统中的应用
32	IEC TR 61850-90-7.2013	电力设施自动化通信网络和系统 第 90-7 部分：分布式能源资源（DER）系统中功率转换器的对象模型
33	IEC TR 61850-90-8:2016	电力设施自动化通信网络和系统 第 90-8 部分：电子移动的对象模型
34	IEC TR 61850-90-9:2020	电力设施自动化通信网络和系统 第 90-9 部分：IEC 61850 在电能存储系统中的应用

序号	标准号	标准名称
35	IEC TR 61850-90-10:2017	电力设施自动化通信网络和系统 第90-10部分：调度模型
36	IEC TR 61850-90-11:2020	电力设施自动化通信网络和系统 第90-11部分：基于IEC 61850的应用逻辑建模方法
37	IEC TR 61850-90-12:2020	电力设施自动化通信网络和系统 第90-12部分：广域网工程指南
38	IEC TR 61850-90-13:2021	电力设施自动化通信网络和系统 第90-13部分：确定性网络技术
39	IEC TR 61850-90-17:2017	电力设施自动化通信网络和系统 第90-17部分：使用IEC 61850传输电能质量数据
40	IEC 61869-1:2023	仪表变压器 第1部分：一般要求
41	IEC 61869-2 INT 1:2012	仪表变压器 第2部分：电流变压器的附加要求解释表1
42	IEC 61869-3:2011	仪表变压器 第3部分：感应式电压互感器用附加要求
43	IEC 61869-4 CORR 1:2014	仪表变压器 第4部分：组合式变压器的附加要求 勘误表1
44	IEC 61869-5 CORR 1:2015	仪表变压器 第5部分：电容电压互感器附加要求 勘误1
45	IEC 61869-6:2016	仪表变压器 第6部分：低功率仪表变压器的通用额外要求
46	IEC 61869-9:2016	仪表变压器 第9部分：仪表用变压器的数字接口
47	IEC 61869-10:2017	仪表变压器 第10部分：低功率无源电流互感器的附加要求
48	IEC 61869-11 INT 1:2021	仪表变压器 第11部分：低功率无源电压互感器的附加要求
49	IEC 61869-13:2021	仪表变压器 第13部分：独立合并装置（SAMU）
50	IEC 61869-14:2018	仪表变压器 第14部分：直流应用电流互感器的附加要求
51	IEC 61869-15:2018	仪表变压器 第15部分：直流应用电压变压器的附加要求
52	IEC TR 61869-100:2017	仪表变压器 第100部分：电流互感器在电力系统保护中的应用指南
53	IEC TR 61869-102:2014	仪表变压器 第102部分：带感应电压互感器的变电站中的铁磁共振振荡
54	IEC TR 61869-103:2012	仪表变压器 电能质量测量用仪表变压器的使用

1）IEC 61850《电力设施自动化通信网络和系统》系列标准。IEC 61850 系列标准（国内 DL/T 860《变电站通信网络和系统》系列标准为对应等同采用的系列标准）是电力系统自动化领域唯一的全球通用标准。它通过标准实现了智能变电站的工程运作标准化。使得智能变电站的工程实施变得规范、统一和透明。不论是哪个系统集成商建立的智能变电站工程都可以通过系统配置（SCD）文件了解整个变电站的结构和布局，对于智能化变电站发展具有不可替代的作用。IEC 61850 系列标准采用分层架构构建了电力自动化的通信网络和系统，更具体地说是子系统的通信架构，如电厂自动化、变电站自动化系统、馈线自动化系统和分布式能源的 SCADA。

2）IEC 61869《仪表变压器》系列标准。IEC 61869 系列标准（对应国内 GB/T 20840《互感器》系列标准）适用于额定频率在 15～100Hz 的电网使用的模拟输出或数字输出电力互感器，其输出接入测量或保护设备，涵盖了 IEC 60044《互感器》系列标准相关标准。

（3）标准差异分析。随着智能变电站的大力建设，我国于 2016 年专门成立了数字化计量工作组，制定了《国家电网公司数字计量体系建设研究工作方案》，通过 5 年的努力，依托国家 863 项目《新型数字化计量仪器的溯源与量传技术》等重点项目，开展了数字化计量量值溯源和数字化计量设备关键技术攻关，并组织了智慧变电站计量系统等试点工程，已经初步建立了数字化计量设备的标准体系和质量监督体系，提升了数字化计量设备的技术和管理水平。

国外电网数字化计量起步晚，但近些年来，以欧洲为代表的数字化计量技术正在突飞猛进地发展，有逐步推广应用的趋势，数字化计量方面与我国差距正进一步缩小。

7.4.3.2　标准化需求分析

数字化计量系统经过多年的专业检测和运行经验的积累，研发不断投入，制造水平不断提高，标准体系不断完善，产品可靠性得到了很大的提升。但是在规范标准、二次回路测量、试验检测、设备管理和业务应用方面还存在一定问题，亟须开展标准化研究工作。

（1）在法规方面。数字化电能表的国家校准规范已经发布，数字化电能表的检定规程正在制定中，但数字化电能表的型评大纲等法制化管理文件尚未出台。电子式互感器和互感器合并单元的国家校准规范已经发布，检定规程和型评大纲等法制化管理文件尚未出台，数字化设备未按照计量用标准设备进行质量监督、管理，制约了数字化计量设备作为法制化计量器具用于贸易结算。

（2）在二次回路方面。数字化计量系统的二次回路作为计量信息传输的重要一个环节，根据法制化要求必须与其他系统独立。但在实际执行过程中，电子式互感器和互感器合并单元回路与保护、测控专业共用，计量回路无法独立，在设备运维工作中经常出现相关专业"谁都要管"或者"谁都不管"现象，导致计量工作开展较为被动，严重阻碍了数字化计量系统的法制化进程。

（3）在试验检测方面。省公司具备数字化计量设备试验能力，具体包含数字化电能表校准试验能力、电子式互感器校准试验能力、合并单元校准试验能力，可开展相关试验检测业务。但是随着新型电力系统数字化电磁测量业务需求的增长，需要修订完善相关检测标准。

（4）在设备管理方面。经过多年发展，公司如今已建成 3587 座智能变电站，调研发现各省公司对智能变电站数字化计量设备资产管理质量参差不齐，部分省公司没有及时掌握数字化计量设备资产数据，为提升数字化计量设备运维管理效率，建议加强数字化电能计量设备资产管理，开展计量资产普查，记录计量设备的关键参数，完成数字化计量系统整体建档。

7.4.3.3 标准规划

针对上述数字化电能计量需求分析，数字化电能计量相关领域可规划数字化电能表系列标准 3 项，数字化电能表二次回路技术要求标准 1 项，数字化测量设备标准装置及相关检测设备技术要求标准 2 项，数字化电能测量设备标识管理技术规范 1 项，标准规划路线如图 7-6 所示。

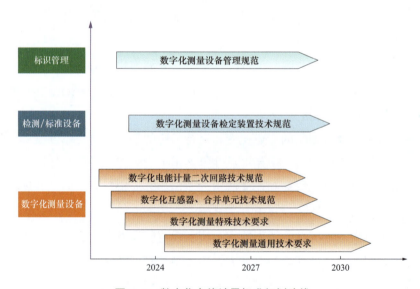

图 7-6　数字化电能计量标准规划路线

7.5　电压电流比例测量标准

7.5.1　标准化现状

7.5.1.1　国内标准

在中国，电压电流比例标准属于国家计量技术法规管辖范畴，是贯彻实施计量法律法规的重要技术支持。电压电流比例标准主要分为三大类，一是工频电压电流比例标准，二是直流电压电流比例标准，三是冲击电压电流比例标准，由此形成了国内标准化现状。

国家计量技术法规主要包括四类文件。一是包括国家计量检定系统表，用于明确国家计量基准与各级计量标准之间的量值传递关系，确保量值溯源的准确性和可靠性；二是包括国家计量检定规程，用于规定计量器具的计量性能、检定项目、检定条件、检定方法、检定周期，以及检定数据处理，是计量器具进行检定的法定依据；三是包括国家计量器具型式评价大纲，用于指导对计量器具新产品或改进后的产品进行型式评价的技术文件，确保计量器具的设计、制造和性能符合法定要求；四是包括国家计量校准规范，用于规定校准工作的内容，阐述计量学原理、测量方法和计量器具的计量特性，并给出校准结果测量不确定度的评定指南，是计量校准工作的技术依据。

国内电压电流比例标准布局分为工频、直流、冲击等，工频电压电流比例标准如表7-11 所示，包括了计量检定系统表、计量检定规程、计量器具型式评价大纲、计量校准规范等。

表 7-11　　　　　　　工频电压电流比例标准国内现状

序号	标准号	标准名称
1	MTC18/SC1 2018（1）	工频电压比例计量器具检定系统表
2	MTC18/SC1 2021（1） JJG 2082—1990	工频电流比例计量器具检定系统表
3	JJF 1701.3—2019	测量用互感器型式评价大纲　第 3 部分：电磁式电压互感器
4	JJF 1701.4　2019	测量用互感器型式评价大纲　第 4 部分：电流互感器
5	JJF 1701.5—2019	测量用互感器型式评价大纲　第 5 部分：电容式电压互感器
6	JJF 1701.6—2019	测量用互感器型式评价大纲　第 6 部分：三相组合互感器
7	MTC18/SC1 2022（3）	测量用互感器型式评价大纲　宽量程电流互感器
8	MTC18/SC1 2022（3）	测量用互感器型式评价大纲　抗直流电流互感器

续表

序号	标准号	标准名称
9	MTC18/SC1 2018（2）修订 JJG 1021—2007	测量用互感器检定规程　电力电流互感器
10	MTC18/SC1 2018（2）修订 JJG 1021—2007	测量用互感器检定规程　电力电压互感器
11	JJG 1165—2019	三相组合互感器
12	JJG 1177—2021	谐波电压互感器
13	JJG 1176—2021	谐波电流互感器
14	MTC18/SC1 2021	测量用互感器检定规程　宽量程电流互感器
15	MTC18/SC1 2021（2）	测量用互感器检定规程　抗直流电流互感器
16	JJG 1156—2018	直流电压互感器
17	JJG 1157—2018	直流电流互感器
18	JJG 1069—2011	直流分流器检定规程
19	DL/T 1788—2017	高压直流互感器现场校验规范
20	MTC18/SC1 2018（6）	测量用互感器校准规范　霍尔交直流大电流传感器在线校准规范
21	MTC18/SC1 2018（5）	测量用互感器校准规范　光纤直流大电流测量仪校准规范
22	MTC18 SC1 2013（2）	高压电能表校准规范
23	DL/T 1517—2016 MTC18/SC1 2018（8）	互感器二次压降及二次负荷现场测试方法
24	MTC18/SC1 2019（1）	配电网线损测试方法
25	DL/T 2185—2020	工频电压互感器现场校验成套装置技术条件
26	DL/T 2186—2020	工频电流互感器现场校验成套装置技术条件
27	JJG 1139—2017	计量用低压电流互感器自动化检定系统
28	DL/T 1258—2013	互感器校验仪通用技术条件
29	DL/T 1152—2012	电压互感器二次回路电压降测试仪通用技术条件
30	DL/T 1196—2012	互感器负荷箱通用技术条件
31	DL/T 1221—2013	互感器综合特性测试仪通用技术条件
32	DL/T 2181—2020	高压费控装置通用技术条件

续表

序号	标准号	标准名称
33	DL/T 2180—2020	配电网同期线损测量装置通用技术条件
34	T/CEC 412—2020	同期线损用高压电能测量装置通用技术条件
35	JJG 169—2010	互感器校验仪检定规程
36	MTC18/SC1 2021（6）	互感器测试仪检定规程　数字比较式电流互感器校验仪
37	JJF 1619—2017	互感器二次压降及负荷测试仪校准规范
38	JJF 1264—2010	互感器负荷箱校准规范
39	JJF 1584—2016	电流互感器伏安特性测试仪校准规范
40	MTC18/SC1 2020（1）修订 JJG 314—010	测量用互感器检定规程 标准电流互感器
41	MTC18/SC1 2020（2）修订 JJG 314—2010	测量用互感器检定规程 标准电压互感器
42	JJG 496—2016	工频高压分压器
43	MTC18/SC1 2021（1）修订 JJF 1067—2014	工频电压比例标准装置校准规范
44	MTC18/SC1 2020（2）修订 JJF 1068—2000	工频电流比例基准装置自校准方法

直流电压电流比例标准如表 7-12 所示。

表 7-12　　　　　　　　　　　直流电压电流比例标准国内现状

序号	标准号	标准名称
1	DL/T 1789—2017	光纤电流互感器技术规范
2	JJG 1156—2018	直流电压互感器
3	JJG 1157　2018	直流电流互感器
4	JJG 1069—2011	直流分流器检定规程
5	DL/T 1788—2017	高压直流互感器现场校验规范
6	MTC18/SC1 2018（6）	测量用互感器校准规范　霍尔交直流大电流传感器在线校准规范
7	MTC18/SC1 2018（5）	测量用互感器校准规范　光纤直流大电流测量仪校准规范
8	DL/T 2183—2020	直流输电用直流电流互感器暂态试验导则

序号	标准号	标准名称
9	DL/T 2184—2020	直流输电用直流电压互感器暂态试验导则
10	DL/T 2187—2020	直流互感器校验仪通用技术条件
11	DL/T 2458—2021	直流互感器暂态校验仪通用技术条件
12	DL/T 2182—2020	直流互感器用合并单元通用技术条件
13	MTC18/SC1 2018（7）	直流测量装置测试仪校准规范　直流互感器校验仪
14	MTC18/SC1 2020（3）	直流测量装置测试仪校准规范　直流互感器暂态校验仪
15	T/CEC 413—2020	同期线损用高压电能测量装置校准规范
16	JJF 1701.1—2018	测量用互感器型式评价大纲　第1部分：标准电流互感器
17	JJF 1701.2—2018	测量用互感器型式评价大纲　第2部分：标准电压互感器

冲击电压电流比例标准如表7-13所示。

表7-13　　　　　　　　冲击电压电流比例标准国内现状

序号	标准号	标准名称
1	DL/T 848.5—2019	高压试验装置通用技术条件　第5部分：冲击电压发生器
2	DL/T 846.2—2004	高电压测试设备通用技术条件　第2部分：冲击电压测量系统
3	GB/T 16896.1—2005	高电压冲击测量仪器和软件　第1部分：对仪器的要求
4	MTC18/SC1 2019	冲击电压、电流测量技术校准规范　冲击电压分压器
5	MTC18/SC1 2020	冲击电压、电流测量技术校准规范　冲击电压测量系统校准规范
6	MTC18/SC1 2020	冲击电压、电流测量技术校准规范　冲击用数字记录仪
7	JJG 1168—2019	交流峰值电压表
8	JJG 588—2018	冲击峰值电压表
9	DL/T 992—2006	冲击电压测量实施细则
10	DL/T 2063—2019	冲击电流测量实施导则

7.5.1.2　国外标准

国际电工委员会（IEC）在电压电流互感器比例标准方面扮演着至关重要的角色。随着电力系统的发展和智能化水平的提升，对互感器比例标准的精度和可靠性提出了更高要求。当前，IEC 发布的电压电流互感器比例标准，如 IEC 60044《互感器》系列标准和逐步替代该系列的 IEC 61869《仪表变压器》系列标准，已成为全球范围内互感器设计、制造、检测和校准的基准。

其中 IEC 61869《仪表变压器》系列标准具体如表 7-14 所示，IEC 60044《互感器》系列标准目前发布的 IEC 60044-2《互感器　第 2 部分：电感式电压互感器》等涉及相关。

表 7-14　　　　　　　　　　IEC 61869 系列标准国外现状

序号	标准号	标准名称
1	IEC 61869-2 INT 1:2012	仪表变压器　第 2 部分：电流变压器的附加要求　解释表 1
2	IEC 61869-3:2011	仪表变压器　第 3 部分：感应式电压互感器用附加要求
3	IEC 61869-4 CORR 1:2014	仪表变压器　第 4 部分：组合式变压器的附加要求　勘误表 1
4	IEC 61869-5 CORR 1:2015	仪表变压器　第 5 部分：电容电压互感器附加要求　勘误 1
5	IEC 61869-7	电子式电压互感器的补充要求
6	IEC 61869-8	电子式电流互感器的补充要求
7	IEC 61869-9:2016	仪表变压器　第 9 部分：仪表变压器的数字接口
8	IEC 61869-10:2017	仪表变压器　第 10 部分：低功率无源电流互感器的附加要求
9	IEC 61869-11 INT 1:2021	仪表变压器　第 11 部分：低功率无源电压互感器的附加要求
10	IEC 61869-12	组合电子式互感器和组合独立传感器的补充要求
11	IEC 61869-13:2021	仪表变压器　第 13 部分：独立合并装置（SAMU）
12	IEC 61869-14:2018	仪表变压器　第 14 部分：直流应用电流互感器的附加要求
13	IEC 61869-15:2018	仪表变压器　第 15 部分：直流应用电压变压器的附加要求

7.5.1.3　标准差异分析

国内外电压电流溯源体系，以及国家标准建设在多个方面存在显著的差异性，这些差异主要体现在历史沿革、技术标准、管理体系及国际化程度等方面。

在技术参数方面，北美地区普遍采用 120V 电压和 60Hz 的标准，而欧洲则普遍采用 220～240V 电压和 50Hz 的标准。这种历史遗留问题导致了国内外溯源体系的初始差异。随着科技技术发展，一些发达国家在量子技术、现代计量学等领域取得了显著进展，开始研发基于量子效应的交流电压电流溯源系统，提高了溯源的精确度和可靠性，而一些发展中国家还在使用较为传统的溯源方法和技术标准。同时，国际化程度的不同也是国内外电压电流溯源体系及国家标准建设差异的一个重要方面。随着全球化的发展，国际电工委员会等国际组织在推动全球电压电流标准统一方面发挥了重要作用。然而，各国在参与国际标准制定、采用国际标准，以及跨国互联互通等方面存在不同程度的差异，这影响了国内外溯源体系的国际化程度。

在标准化方面，中国电压电流比例标准布局更加完善，按频率变化从直流、工频、冲击等方面制定了相关标准。而国外主要是 IEC 组织牵头编制了系列标准，在其中提及了相关信息。例如，IEC 60942:2017《电声学　音响校准器》标准涉及电气测量仪器的校准和测试方法，为电压电流计量仪器的校准提供了指导。除了具体的标准外，IEC 还发布了一系列导则和报告，为电压电流计量量值的溯源提供了理论支持和技术指导。

7.5.2　标准化需求分析

随着电力系统的不断发展和复杂化，对电压电流互感器的精度和可靠性要求越来越高。标准化工作能够确保互感器比例标准的统一和准确，提高电力系统的测量精度和稳定性，从而保障电力系统的安全运行。

随着智能电网和物联网技术的发展，电压电流互感器作为电力系统中的重要组成部分，其数字化、智能化水平也在不断提升。标准化工作可以推动互感器与智能电网技术的融合，实现更高效的数据采集、传输和处理，为电力系统的智能化运行提供有力支撑。

因此电压电流比例标准在数智化、准确度等级、量子化方面需要进一步开展标准化工作。

在数智化能力方面，电压电流互感器需要适应智能电网的发展趋势，实现与数字化、信息化技术的深度融合。可以推动互感器与物联网、大数据、云计算等先进技术的结合，实现互感器的远程监控、数据实时传输与分析等功能。这将有助于提高电力系统的自动化和智能化水平，使得互感器能够更好地适应复杂多变的电网运行环境。同时，数智化能力的提升还将有助于实现互感器的自我诊断与预警，及时发现并解决潜在问题，提高设备的可靠性和使用寿命。

在准确度等级方面，电压电流互感器的测量精度直接关系到电力系统的稳定性和安全性。需制定更为严格的准确度等级标准，并推动互感器制造商按照这些标准进行生产。具体而言，可以通过引入先进的校准技术和测试方法，确保互感器的测量精度满足高标准要求。此外，还可以建立互感器准确度等级的定期评估机制，对在运的互感器进行定期检测和校准，确保其测量精度始终保持在较高水平。

在量子化方面，源于电力系统对高精度、高稳定性测量的追求，以及智能电网的发展需求。随着量子技术的不断进步，电压电流比例标准的量子化成为提升测量精度和稳定性的重要途径。量子化能够提供更精细、更准确的测量刻度，使得电压电流比例标准的测量结果更加精确可靠。同时，智能电网的发展对电压电流测量提出了更高的要求，需要能够实现实时、远程、高精度的测量，而量子化技术正是满足这些需求的关键。因此，电压电流比例标准在量子化方面的需求日益迫切，需要不断研究和探索量子技术在电压电流测量中的应用，以推动电力系统测量技术的进一步发展，提升智能电网的运行效率和可靠性。

7.5.3　标准规划

电压电流互感器作为电力系统中的关键测量设备，其比例标准的数智化能力与准确度等级对于保障电力系统的稳定运行和高效管理具有至关重要的作用。为了进一步提升电压电流互感器的性能，需要从数智化能力、准确度等级提升、量子化三个方面进行规划，规划路线如图 7-7 所示。

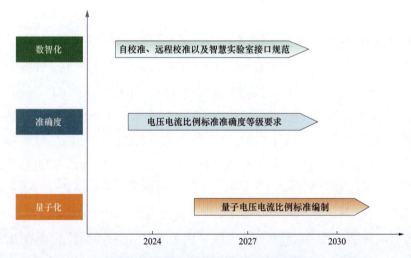

图 7-7　电压电流比例标准规划路线图

在数智化方面，电压电流比例标准将从自校准、远程校准，以及智慧实验室等方面规划。自校准可确保设备内置的自校准功能稳定可靠，能够自动调整并修正测量偏差，提高测量准确度，可规划标准 6 篇。远程校准是适应现代测量需求的重要方向，通过网络技术实现远程监控与校准，不仅可以提高校准效率，还能降低维护成本，可规划标准 1 篇。智慧实验室将集成数据分析、自动化测试与校准等功能，为电压电流比例标准提供更加全面、智能的支撑，推动标准化工作迈向新高度，可规划标准 1～2 项。

在准确度等级提升方面，将持续对现有的设备进行技术升级，采用更先进的测量原理和技术，以提高测量的分辨率和稳定性。加强对测量环境的控制，减少外界因素如温度、湿度等对测量结果的影响。通过引入智能算法和数据处理技术，对测量结果进行自动修正和优化，进一步提升电压电流比例标准的准确度等级。可根据技术发展不断自修订现有标准。

在量子化方面，电压电流比例标准的提升与量子化发展的结合，是当前电气测量领域的重要趋势。为了实现更高精度的测量，需不断探索和引入量子化技术，将其应用于电压电流比例标准中。需要不断提升相关技术参数，如提高测量的分辨率、稳定性和动态范围，以确保测量结果更加准确可靠。此外，结合量子化发展的电压电流比例标准还应具备智能化和自适应能力，能够根据测量需求和环境变化自动调整参数，实现最优测量效果。随着量子技术的成熟发展，预计2025年后可开始制定量子电压电流比例标准2项。

7.6 新型量值测量

7.6.1 时间频率测量

7.6.1.1 标准化现状

（1）国内标准。国内方面，主要发布了GB/T 39724—2020《铯原子钟技术要求及测试方法》、JJF 1956—2021《氢原子频率标准校准规范》、JJF 1958—2021《铯原子频率标准校准规范》、JJF 1957—2021《铷原子频率标准校准规范》、GB/T 39411—2020《北斗卫星共视时间传递技术要求》、DL/T 1100.4—2018《电力系统的时间同步系统　第4部分：测试仪技术规范》等一系列计量技术标准和规范性文件，对原子钟、共视技术、时间同步系统等性能指标和测试方法提出了具体要求，初步满足了国家时频计量体系建立和专业领域应用的需求。随着电力行业对高准确度、高同步性时间频率量值的需求不断提高，为解决电力时间频率实时溯源同步问题，同时满足用户对多种时间码形式输出及测量功能的使用需求，可实现时间频率实时远程溯源的时频标准和终端设备被逐步应用到电力行业的时间频率的检定校准、重要时间节点授时、各专业业务系统时间同步及产品研发中，需要制定该类产品的行业标准、企业标准，用于指导远程时间频率同步、测量装置的标准化生产和使用，统一技术标准、规范应用方法，推进电力行业时间频率计量标准远程溯源传递链条的构建，推动电力行业时间频率溯源及同步体系建设，确保电力行业内时间量值的一致、精准、可靠，支撑能源计量数字化转型发展。

国内时间频率相关标准梳理如表7-15所示。

表 7-15　　　　　　　　　　　　　　时间频率相关国内标准

序号	标准号	标准名称
1	JJG 1004—2005	氢原子频率标准检定规程
2	JJG 603—2018	频率表
3	JJF 1956—2021	氢原子频率标准校准规范
4	JJF 1957—2021	铷原子频率标准校准规范
5	JJF 1958—2021	铯原子频率标准校准规范
6	GB/T 1980—2005	标准频率
7	GB 3102.1—1993	空间和时间的量和单位
8	GB/T 26866—2022	电力时间同步系统检测规范
9	GB/T 36050—2018	电力系统时间同步基本规定
10	GB/T 1094.18—2016	电力变压器　第 18 部分：频率响应测量
11	GB/T 33591—2017	智能变电站时间同步系统及设备技术规范
12	GB/T 39724—2020	铯原子钟技术要求及测试方法
13	GB/T 39411—2020	北斗卫星共视时间传递技术要求
14	DL/T 1100.1—2018	电力系统的时间同步系统　第 1 部分：技术规范
15	DL/T 1100.2—2021	电力系统的时间同步系统　第 2 部分：基于局域网的精确时间同步
16	DL/T 1100.3—2018	电力系统的时间同步系统　第 3 部分：基于数字同步网的时间同步技术规范
17	DL/T 1100.4—2018	电力系统的时间同步系统　第 4 部分：测试仪技术规范
18	DL/T 1100.5—2019	电力系统的时间同步系统　第 5 部分：防欺骗和抗干扰技术要求
19	DL/T 1100.6—2018	电力系统的时间同步系统　第 6 部分：监测规范
20	YD/T 2550—2013	时间同步设备测试方法
21	YD/T 2022—2009	时间同步设备技术要求
22	YD/T 2375—2019	高精度时间同步技术要求
23	Q/GDW 11202.5—2018	智能变电站自动化设备检测规范　第 5 部分：时间同步系统
24	Q/GDW 11394.2—2015	国网公司频率同步网技术基础　第 2 部分：同步网节点时钟设备技术要求
25	Q/GDW 11394.3—2016	国网公司频率同步网技术基础　第 3 部分：同步网节点时钟设备测试方法

续表

序号	标准号	标准名称
26	Q/GDW 11394.4—2016	国网公司频率同步网技术基础　第4部分：频率承载设备时钟技术要求
27	Q/GDW 11394.5—2016	国网公司频率同步网技术基础　第5部分：频率承载设备时钟测试方法
28	Q/GDW 11394.6—2018	频率同步网技术基础　第6部分：同步网网管技术要求
29	Q/GDW 11539—2016	电力系统时间同步及监测技术规范
30	Q/GDW 1919—2013	基于数字同步网频率信号的时间同步技术规范

（2）国际标准。国际方面，未见正式发布时间频率标准相关的标准化文件。

7.6.1.2　标准化需求分析

国际方面，未见正式发布时间频率标准相关的标准化文件。国内方面，发布了GB/T 39724—2020《铯原子钟技术要求及测试方法》、JJG 1004—2005《氢原子频率标准检定规程》、JJF 1956—2021《氢原子频率标准校准规范》、JJF 1958—2021《铯原子频率标准校准规范》、JJF 1957—2021《铷原子频率标准校准规范》、GB/T 39411—2020《北斗卫星共视时间传递技术要求》、DL/T 1100.4—2018《电力系统的时间同步系统　第4部分：测试仪技术规范》等一系列计量技术标准和规范性文件，对原子钟、共视技术、时间同步系统等性能指标和测试方法提出了具体要求，初步满足了国家时频计量体系建立和专业领域应用的需求。随着电力行业对高准确度、高同步性时间频率量值的需求不断提高，为解决电力时间频率实时溯源同步问题，同时满足用户对多种时间码形式输出及测量功能的使用需求，可实现时间频率实时远程溯源的时频标准和终端设备被逐步应用到电力行业的时间频率的检定校准、重要时间节点授时、各专业业务系统时间同步及产品研发中，需要制定该类产品的行业标准、企业标准，用于指导远程时间频率同步、测量装置的标准化生产和使用，统一技术标准、规范应用方法，推进电力行业时间频率计量标准远程溯源传递链条的构建，推动电力行业时间频率溯源及同步体系建设，确保电力行业内时间量值的一致、精准、可靠，支撑能源计量数字化转型发展。

7.6.1.3　标准规划

随着电力行业对精准同步时间频率的需求逐步提高，为解决时间频率实时溯源同步问题，需加快相关设备的标准制定，统一规范技术要求和性能指标。按照电力时间频率溯源及同步体系中各层级应用需求制定时频相关标准，包括时间频率计量标准、现场用高准确度时间频率标准、具备时频量值远程溯源功能的单相智能电能表等内容。

因此，重点布局行业标准布局电力行业标准3项标准：远程时间频率同步及测量装置技术规范，用于指导远程时间频率同步及测量装置的研制、生产、使用和检验检测等工作，统一电力行业远程时间频率同步及测量的技术要求，为电力行业时间频率计量标准的建立提供技术依据；基于卫星共视的可信时间溯源终端技术要求，作为电力用基于卫星共视的可信时间溯源终端的技术要求指导性文件，拟规定基于卫星共视的可信时间溯源终端的技术要求、测试方法和检验规则，适用于基于卫星共视的可信时间溯源终端研制、生产与验收；具备时频量值远程溯源功能的单相智能电能表设计规范，用于指导具备时频量值远程溯源功能的单相智能电能表的研制、生产、使用和检验检测工作。标准规划路线如图 7-8 所示。

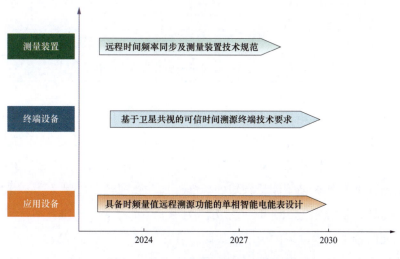

图 7-8　时间频率计量标准规划路线

7.6.2　量子化传感测量

在量子测量的标准化方面，目前中国和国际上权威的标准组织也在积极布局相关领域标准体系。

7.6.2.1　标准化现状

（1）国内标准。在国内，TC 578 主要负责全国量子计算与测量领域标准化技术的归口工作。其工作范围包括量子计算与测量术语和分类、量子计算与测量硬件、量子计算与测量软件、体系结构、应用平台等技术领域的标准化工作。TC 578 近年来组织开展了多项具有基础共性的量子测量和计量等技术的标准化研究，在量子重力测量、惯性测量、时频基准等方面，初步形成标准工作体系化布局。正在牵头起草《量子测量术语》《基于氮—空位色心的微弱静磁场成像测量方法》《量子测量中里德堡原子制备方法》《光钟性能表征及测量方法》《原子重力仪性能评估方法》和《单光子源特性表征及测量方法》等量子测量相关的国家标准计划，如表 7-16 所示。

表 7-16   量子传感测量相关国内标准

序号	标准类型	标准名称	备注
1	国家标准	精密光频测量中光学频率梳性能参数测试方法	起草
2	国家标准	量子测量术语	征求意见
3	国家标准	量子测量中里德堡原子制备方法	征求意见
4	国家标准	光钟性能表征及测量方法	征求意见
5	国家标准	原子重力仪性能要求和测试方法	征求意见
6	国家标准	单光子源性能表征及测量方法	征求意见
7	国家标准	基于氮—空位色心的微弱静磁场成像测量方法	起草
8	国家标准	器件无关量子随机数产生器通用要求	起草

（2）国际标准。国际电工委员会（IEC）和国际标准化组织（ISO）在 2024 年 1 月联合成立了量子技术联合技术委员会 IEC/ISO JTC 3（量子技术），主要工作范围是制定量子计算、量子模拟、量子源、量子计量学、量子探测器和量子通信等量子技术领域的标准，目前尚未公布其在量子测量领域的标准计划。欧洲标准化委员会（CEN）和欧洲电工标准化委员会（CENELEC）于 2023 年 3 月联合发布了德国标准化协会（DIN）牵头的全球首个面向量子技术领域的标准路线图，旨在引导量子技术领域的标准化工作。这个量子技术综合标准化路线图为欧洲的量子计算、量子通信与安全、量子测量等领域提供了一个全面的视野。美国国家科学和技术委员会（NSTC）的量子信息科学小组委员会（SCQIS）在推动量子测量标准计划方面已经取得了一些进展。2022 年 4 月，SCQIS 发布了一份名为《将量子传感器付诸实践》的报告，旨在通过扩展量子信息科学（QIS）国家战略概述中的政策主题，推动量子传感器的发展与应用。

（3）标准差异分析。国内外量子技术标准更多的是聚焦在通用的量子基础器件或基础方法方面。例如，量子通信与安全领域的量子密钥分发（QKD）标准涉及单光子探测器、随机数发生器、QKD 系统、网络管理系统和应用程序接口等方面，量子测量的相关标准则涉及里德堡原子、单光子源等基础器件的制备方法和测量方法。现有量子技术标准并未针对电力应用具体场景，在电力行业推广应用方面可能存在一些限制，还有待于进一步研究和探索。

7.6.2.2　标准化需求分析

在量子传感术语与定义方面，目前现有国家标准计划 20214288-T-469《量子测量术语》，该标准界定了量子测量领域常用术语。适用于量子测量及其相关领域科研、应用、标准化等工作。随着电力量子传感技术的不断发展，针对电力行业实际需求和应用，为保证量子传感专业领域和电力领域之间术语的一致性和逻辑上的完整性，以及在电力行业使用相关术语的适用性，通过统一的术语体系，更加精准地描述电力量子传感技术中的关键概念，从而提高交流效率、降低误解风险，促进量子传感技术在电力行业的发展和应用。

在量子传感通用器件方面，目前现有国家标准计划 20214293-T-469《量子精密测量中里德堡原子制备方法》。随着量子传感技术的不断发展，其技术路线和技术方案逐步完善，在里德堡原子外，还存在其他通用器件，包括约瑟夫森结、金刚石色心、量子霍尔棒、单电子隧道管等量子传感通用器件，包括制备方法、环境适应性条件、噪声水平、稳定性和可重复性评价。

在量子传感精密仪器方面，目前没有相关标准，随着量子传感技术的不断发展，量子传感精密仪器的技术不断成熟和完善，包括超导量子干涉仪、原子磁力计、量子电压源、冷原子干涉仪、量子霍尔电阻、量子电流源、低温电流比较仪，需要对相关设备的技术进行规范。

在量子传感网络架构方面，目前没有相关标准。未来建立在量子传感技术的量子精密测量网络，将会覆盖电力系统的各个环节，辅助先进测量体系建设，需要建立相应的标准，规范化量子传感网络。

7.6.2.3　标准规划

根据对量子传感与测量主要标准的梳理分析，结合电力能源网络的业务属性和发展需求，主要在量子测量和计量领域开展标准化工作。在电力量子标准化顶层设计、电力量子应用场景、电力量子基础器件和量子计量标准等四个方面进行电力量子传感与测量技术标准布局，涵盖电力量子测量、量子通信与安全，以及量子计算三个领域，建立电力量子技术标准体系。在电力量子信息技术标准顶层设计方面，布局了导则和总体要求两部分标准，其中包括电力量子信息技术导则、电力量子信息技术术语、电力量子测量、电力量子通信与安全，以及电力量子计算的通用技术要求，为电力量子信息技术标准体系的建立提供总体指导思路。在电力量子应用场景方面，重点围绕电力系统"源、网、荷、储、市场"五个场景布局一批电力量子测量设备、量子通信与安全，以及量子计算模型相关标准，推动电力量子设备的产业化和标准化应用，解决当前和未来电力系统在计算能力、信息安全传输、精密测量和传感等领域的重大挑战。在电力量子基础器件方面，围绕电力量子应用场景中的电力量子设备，在上游的量子器件方面提前布局相关标准，加强量子基础器件生产及制备的标准化和规范化，例如金刚石 NV 色心、里德堡原子、约瑟夫森量子电压芯片、离子阱、原子钟等量子测量领域的基础量子器件的制备方法和技术条件，此外，还包含量子计算的随机数发生器和量子通信的量子密钥分发等相关标准。在量子计量标准方面，结合当前量子测量技术在电力计量领域的溯源应用，重点围绕电压、电流、电阻、电能、时频、温度等领域的电力量子设备，布局一批基于量子技术的计量标准测试方法及校准规范等标准，保证电力量子设备及传统计量标准装置溯源的准确可靠，标准规划路线如图 7-9 所示。

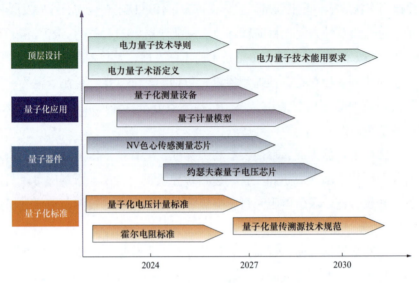

图 7-9　量子化传感测量标准规划路线

7.6.3　宽频动态测量

7.6.3.1　标准化现状

（1）国内标准。国内宽频动态测量相关标准主要涉及电磁兼容性（EMC）、电能质量、电力系统频率响应、谐波测量与治理，以及电能质量评估等方面，国内宽频动态测量相关标准梳理如表 7-17 所示。

在电磁兼容方面，GB/T 21419—2021《变压器、电源装置、电抗器及其类似产品　电磁兼容（EMC）要求》、GB/T 21560.3—2008《低压直流电源　第 3 部分：电磁兼容性（EMC）》、GB/T 15153.1—2024《远动设备及系统　第 2 部分：工作条件　第 1 篇：电源和电磁兼容性》等标准体系分别规定了变压器、电抗器、电源装置及其组合、低压直流电源、远动设备及系统等电力系统关键设备的安全电磁兼容（EMC）要求；GB/T 17625《电磁兼容　限值》系列标准规定了电磁兼容通用标准，包括工业环境、居住商业环境等的抗扰度和发射要求；GB/T 18268《测量、控制和实验室用的电设备　电磁兼容性要求》系列标准规定了测量、控制和实验室用的电设备电磁兼容性要求；此外，电信行业根据实际需求编制了 YD/T 2190—2010《通信电磁兼容名词术语》和 YD 968—2023《电信终端设备电磁兼容性要求及测量方法》系列标准，分别明确了通信电磁兼容名词术语、电信终端设备电磁兼容性要求及测量方法等技术指标和要求。

在电能质量标准方面，GB/T 1980—2005《标准频率》明确了标准频率技术指标、技术要求和试验方法等内容；GB/T 14598.181—2021《量度继电器和保护装置 第 181 部分：频率保护功能要求》、GB/T 1094.18—2016《电力变压器 第 18 部分：频率响应测量》、GB/T 7676.4—2017《直接作用模拟指示电测量仪表及其附件 第 4 部分：频率表的特殊要求》和 GB/T 26870—2011《滤波器和并联电容器在受谐波影响的工业交流电网中的应用》等国家标准，分别明确了继电器、保护装置、直接作用模拟指示电测量仪表及其附件、滤波器和并联电容器等关键设备频率保护功能、频率测量要求及方法；国家标准 GB/T 14549—1993《电能质量 公用电网谐波》、GB/T 24337—2009《电能质量 公用电网间谐波》和 GB/T 35711—2017《高压直流输电系统直流侧谐波分析、抑制与测量导则》分别明确了电能质量公用电网谐波、间谐波定义、技术要求、测量方法，以及高压直流输电系统直流侧谐波分析、抑制与测量等内容。针对新型电力系统典型应用场景，分别编制了 DL/T 1208—2013《电能质量评估技术导则 供电电压偏差》、DL/T 1375—2014《电能质量评估技术导则 三相电压不平衡》和 DL/T 1724—2017《电能质量评估技术导则 电压波动和闪变》等标准，明确了供电电压偏差、三相电压不平衡、电压波动和闪变等工况下的电能质量评估技术。

在电力系统频率响应和宽频测量技术测量方面，针对电力系统特定应用场景，分别制定了 DL/T 2195—2020《新能源和小水电供电系统频率稳定计算导则》、DL/T 911—2016《电力变压器绕组变形的频率响应分析法》等技术标准，规定了新能源、小水电供电系统、电力变压器、输电线路频率稳定计算导则及其分析方法。

这些标准构成了国内宽频动态测量的标准体系，涵盖了从设备设计、生产、测试到系统运行和维护的各个环节，确保了电力系统和通信设备的电磁兼容性和电能质量，保障了电力系统的稳定运行和通信设备的可靠性。这些标准不仅为相关行业的产品开发和质量控制提供了技术依据，也为监管机构提供了监管和评估的参考。

表 7-17 国内宽频动态测量相关标准

序号	标准号	标准名称
1	GB/T 21419—2021	变压器、电源装置、电抗器及其类似产品 电磁兼容（EMC）要求
2	GB/Z 37150—2018	电磁兼容可靠性风险评估导则
3	GB/T 21560.3—2008	低压直流电源 第 3 部分：电磁兼容性（EMC）
4	GB/T 15153.1—2024	远动设备及系统 第 2 部分：工作条件 第 1 篇：电源和电磁兼容性
5	Q/GDW 755—2012	电网通信设备电磁兼容通用技术规范
6	GB/T 15540—2006	陆地移动通信设备 电磁兼容技术要求和测量方法
7	YD/T 2190—2010	通信电磁兼容名词术语

序号	标准号	标准名称
8	YD 968—2023	电信终端设备电磁兼容性要求及测量方法
9	YDB 086.1—2012	LTE 数字移动通信系统电磁兼容性要求和测量方法　第1部分：移动台及其辅助设备
10	YDB 086.2—2012	LTE 数字移动通信系统电磁兼容性要求和测量方法　第2部分：基站及其辅助设备
11	GB/Z 17624.2—2013	电磁兼容　综述　与电磁现象相关设备的电气和电子系统实现功能安全的方法
12	GB/T 17625.2—2007	电磁兼容　限值　对每相额定电流≤16A 且无条件接入的设备在公用低压供电系统中产生的电压变化、电压波动和闪烁的限制
13	GB/Z 17625.3—2000	电磁兼容　限值　对额定电流大于16A 的设备在低压供电系统中产生的电压波动和闪烁的限制
14	GB/Z 17625.4—2000	电磁兼容　限值　中、高压电力系统中畸变负荷发射限值的评估
15	GB/Z 17625.5—2000	电磁兼容　限值　中、高压电力系统中波动负荷发射限值的评估
16	GB/Z 17625.6—2003	电磁兼容　限值　对额定电流大于16A 的设备在低压供电系统中产生的谐波电流的限制
17	GB/T 17625.7—2013	电磁兼容　限值　对额定电流≤75A 且有条件接入的设备在公用低压供电系统中产生的电压变化、电压波动和闪烁的限制
18	GB/T 17625.8—2015	电磁兼容　限值　每相输入电流大于16A 小于等于75A 连接到公用低压系统的设备产生的谐波电流限值
19	GB/T 17625.9—2016	电磁兼容　限值　低压电气设施上的信号传输　发射电平、频段和电磁骚扰电平
20	GB 17625.1—2022	电磁兼容　限值　第1部分：谐波电流发射限值（设备每相输入电流≤16A）
21	GB/T 17626.1—2006	电磁兼容　试验和测量技术　抗扰度试验总论
22	GB/T 17626.2—2018	电磁兼容　试验和测量技术　静电放电抗扰度试验
23	GB/T 17626.3—2023	电磁兼容　试验和测量技术　第3部分：射频电磁场辐射抗扰度试验
24	GB/T 17626.4—2018	电磁兼容　试验和测量技术　电快速瞬变脉冲群抗扰度试验
25	GB/T 17626.5—2019	电磁兼容　试验和测量技术　浪涌（冲击）抗扰度试验
26	GB/T 17626.6—2017	电磁兼容　试验和测量技术　射频场感应的传导骚扰抗扰度
27	GB/T 17626.7—2017	电磁兼容　试验和测量技术　供电系统及所连设备谐波、间谐波的测量和测量仪器导则

序号	标准号	标准名称
28	GB/T 17626.8—2006	电磁兼容　试验和测量技术　工频磁场抗扰度试验
29	GB/T 17626.9—2011	电磁兼容　试验和测量技术　脉冲磁场抗扰度试验
30	GB/T 17626.10—2017	电磁兼容　试验和测量技术　阻尼振荡磁场抗扰度试验
31	GB/T 17626.11—2023	电磁兼容　试验和测量技术　第 11 部分：对每相输入电流小于或等于 16A 设备的电压暂降、短时中断和电压变化抗扰度试验
32	GB/T 17626.12—2023	电磁兼容　试验和测量技术　第 12 部分：振铃波抗扰度试验
33	GB/T 17626.13—2006	电磁兼容　试验和测量技术　交流电源端口谐波、谐间波及电网信号的低频抗扰度试验
34	GB/T 17626.14—2005	电磁兼容　试验和测量技术　电压波动抗扰度试验
35	GB/T 17626.15—2011	电磁兼容　试验和测量技术　闪烁仪功能和设计规范
36	GB/T 17626.16—2007	电磁兼容　试验和测量技术　0Hz～150kHz 共模传导骚扰抗扰度试验
37	GB/T 17626.17—2005	电磁兼容　试验和测量技术　直流电源输入端口纹波抗扰度试验
38	GB/T 17626.18—2016	电磁兼容　试验和测量技术　阻尼振荡波抗扰度试验
39	GB/T 17626.19—2022	电磁兼容　试验和测量技术　第 19 部分：交流电源端口 2kHz～150kHz 差模传导骚扰和通信信号抗扰度试验
40	GB/T 17626.20—2014	电磁兼容　试验和测量技术　横电磁波（TEM）波导中的发射和抗扰度试验
41	GB/T 17626.22—2017	电磁兼容　试验和测量技术　全电波暗室中的辐射发射和抗扰度测量
42	GB/T 17626.24—2012	电磁兼容　试验和测量技术　HEMP 传导骚扰保护装置的试验方法
43	GB/T 17626.27—2006	电磁兼容　试验和测量技术　三相电压不平衡抗扰度试验
44	GB/T 17626.28—2006	电磁兼容　试验和测量技术　工频频率变化抗扰度试验
45	GB/T 17626.29—2006	电磁兼容　试验和测量技术　直流电源输入端口电压暂降、短时中断和电压变化的抗扰度试验
46	GB/T 17626.30—2023	电磁兼容　试验和测量技术　第 30 部分：电能质量测量方法
47	GB/Z 17626.33—2023	电磁兼容　试验和测量技术　第 33 部分：高功率瞬态参数测量方法

序号	标准号	标准名称
48	GB/T 17626.34—2012	电磁兼容　试验和测量技术　主电源每相电流大于 16A 的设备的电压暂降、短时中断和电压变化抗扰度试验
49	GB/T 17799.2—2023	电磁兼容　通用标准　第 2 部分：工业环境中的抗扰度标准
50	GB 17799.3—2012	电磁兼容　通用标准　第 3 部分：居住环境中设备的发射
51	GB 17799.4—2022	电磁兼容　通用标准　第 4 部分：工业环境中的发射
52	GB/T 17799.5—2012	电磁兼容　通用标准　室内设备高空电磁脉冲（HEMP）抗扰度
53	GB/T 17799.7—2022	电磁兼容　通用标准　第 7 部分：工业场所中用于执行安全相关系统功能（功能安全）设备的抗扰度要求
54	GB/Z 18039.2—2000	电磁兼容　环境　工业设备电源低频传导骚扰发射水平的评估
55	GB/T 18039.3—2017	电磁兼容　环境　公用低压供电系统低频传导骚扰及信号传输的兼容水平
56	GB/T 18039.4—2017	电磁兼容　环境　工厂低频传导骚扰的兼容水平
57	GB/Z 18039.5—2003	电磁兼容　环境　公用供电系统低频传导骚扰及信号传输的电磁环境
58	GB/Z 18039.6—2005	电磁兼容　环境　各种环境中的低频磁场
59	GB/Z 18039.7—2011	电磁兼容　环境　公用供电系统中的电压暂降、短时中断及其测量统计结果
60	GB/T 18039.8—2012	电磁兼容　环境　高空核电磁脉冲（HEMP）环境描述　传导骚扰
61	GB/T 18039.9—2013	电磁兼容　环境　公用中压供电系统低频传导骚扰及信号传输的兼容水平
62	GB/T 18039.10—2018	电磁兼容　环境　HEMP 环境描述 辐射骚扰
63	GB/T 18268.1—2010	测量、控制和实验室用的电设备　电磁兼容性要求　第 1 部分：通用要求
64	GB/T 18268.21—2010	测量、控制和实验室用的电设备　电磁兼容性要求　第 21 部分：特殊要求　无电磁兼容防护场合用敏感性试验和测量设备的试验配置、工作条件和性能判据
65	GB/T 18268.22—2010	测量、控制和实验室用的电设备　电磁兼容性要求　第 22 部分：特殊要求　低压配电系统用便携式试验、测量和监控设备的试验配置、工作条件和性能判据
66	GB/T 18268.23—2010	测量、控制和实验室用的电设备　电磁兼容性要求　第 23 部分：特殊要求　带集成或远程信号调理变送器的试验配置、工作条件和性能判据

续表

序号	标准号	标准名称
67	GB/T 18268.24—2010	测量、控制和实验室用的电设备 电磁兼容性要求 第 24 部分：特殊要求 符合 IEC 61557-8 的绝缘监控装置和符合 IEC 61557-9 的绝缘故障定位设备的试验配置、工作条件和性能判据
68	GB/T 18268.25—2010	测量、控制和实验室用的电设备 电磁兼容性要求 第 25 部分：特殊要求 接口符合 IEC 61784-1，CP3/2 的现场装置的试验配置、工作条件和性能判据
69	GB/T 18268.26—2010	测量、控制和实验室用的电设备 电磁兼容性要求 第 26 部分：特殊要求 体外诊断（IVD）医疗设备
70	GB/Z 30556.1—2017	电磁兼容 安装和减缓导则 一般要求
71	GB/Z 30556.2—2017	电磁兼容 安装和减缓导则 接地和布线
72	GB/T 30556.7—2014	电磁兼容 安装和减缓导则 外壳的电磁骚扰防护等级（EM 编码）
73	GB/Z 17624.3—2021	电磁兼容 综述 第 3 部分：高空电磁脉冲（HEMP）对民用设备和系统的效应
74	GB/Z 17625.13—2020	电磁兼容 限值 接入中压、高压、超高压电力系统的不平衡设施发射限值的评估
75	GB/Z 17625.14—2017	电磁兼容 限值 骚扰装置接入低压电力系统的谐波、间谐波、电压波动和不平衡的发射限值评估
76	GB/T 17626.21—2014	电磁兼容 试验和测量技术 混波室试验方法
77	GB/T 17799.1—2017	电磁兼容 通用标准 居住、商业和轻工业环境中的抗扰度
78	GB/Z 17625.15—2017	电磁兼容 限值 低压电网中分布式发电系统低频电磁抗扰度和发射要求的评估
79	GB/T 18487.2—2017	电动汽车传导充电系统 第 2 部分：非车载传导供电设备电磁兼容要求
80	GB/T 38775.5—2021	电动汽车无线充电系统 第 5 部分：电磁兼容性要求和试验方法
81	GB/T 40428—2021	电动汽车传导充电电磁兼容性要求和试验方法
82	GB/T 37132—2018	无线充电设备的电磁兼容性通用要求和测试方法
83	NB/T 32033—2016	光伏发电站逆变器电磁兼容性检测技术要求
84	GB/T 14598.181—2021	量度继电器和保护装置 第 181 部分：频率保护功能要求
85	GB/T 1094.18—2016	电力变压器 第 18 部分：频率响应测量
86	GB/T 7676.4—2017	直接作用模拟指示电测量仪表及其附件 第 4 部分：频率表的特殊要求

序号	标准号	标准名称
87	GB/T 1980—2005	标准频率
88	GB/T 15945—2008	电能质量　电力系统频率偏差
89	NB/T 32009—2013	光伏发电站逆变器电压与频率响应检测技术规程
90	NB/T 32013—2013	光伏发电站电压与频率响应检测规程
91	DL/T 2195—2020	新能源和小水电供电系统频率稳定计算导则
92	DL/T 911—2016	电力变压器绕组变形的频率响应分析法
93	DL/T 1323—2014	现场宽频率交流耐压试验电压测量导则
94	T/CSEE 0230—2021	变压器绕组变形的脉冲频率响应法　检测技术现场应用导则
95	Q/GDW 11090—2013	输电线路参数频率特性测量导则
96	Q/GDW 11054—2013	智能变电站数字化相位核准技术规范
97	GB/T 14549—1993	电能质量　公用电网谐波
98	GB/T 24337—2009	电能质量　公用电网间谐波
99	GB/T 26870—2011	滤波器和并联电容器在受谐波影响的工业交流电网中的应用
100	GB/T 35711—2017	高压直流输电系统直流侧谐波分析、抑制与测量导则
101	GB/T 17215.302—2024	电测量设备（交流）　特殊要求　第2部分：静止式谐波有功电能表
102	DL/T 1369—2014	标准谐波有功电能表
103	DL/T 2044—2019	输电系统谐波引发谐振过电压计算导则
104	NB/T 10818—2021	无功补偿和谐波治理装置　术语
105	Q/GDW 11938—2018	电能质量　谐波限值与评价
106	Q/GDW 12315—2023	电能质量谐波扰动溯源技术导则
107	Q/GDW 12133.6—2021	互感器技术规范　第6部分：具备谐波测量功能的电容式电压互感器
108	Q/GDW 12230.1—2022	无功补偿及谐波治理装置技术规范　第1部分：通用
109	GB/T 22582—2023	电力电容器　低压功率因数校正装置

续表

序号	标准号	标准名称
110	GB/T 7676.5—2017	直接作用模拟指示电测量仪表及其附件　第 5 部分：相位表、功率因数表和同步指示器的特殊要求
111	GB/T 12325—2008	电能质量　供电电压偏差
112	GB/T 12326—2008	电能质量　电压波动和闪变
113	GB/T 15543—2008	电能质量　三相电压不平衡
114	GB/T 18481—2001	电能质量　暂时过电压和瞬态过电压
115	GB/T 30137—2013	电能质量　电压暂降与短时中断
116	DL/T 1208—2013	电能质量评估技术导则　供电电压偏差
117	DL/T 1375—2014	电能质量评估技术导则　三相电压不平衡
118	DL/T 1724—2017	电能质量评估技术导则　电压波动和闪变

（2）国际标准。国际上宽频动态测量相关标准主要涉及电磁兼容性（EMC）方面，包括安装和调节导则、环境描述、限值评估、试验和测量技术等。在频率测量、谐波、纹波测量方面，专项标准编制的并不多，相关技术主要涵盖在电测量设备相关标准中。国际上宽频动态测量相关标准梳理如表 7–18 所示。

在电磁兼容性（EMC）通用标准方面，IEC 61000–6《电磁兼容性（EMC）　第 6 部分》系列标准分别制定了包括居住、商业和轻工业环境在内的抗扰性标准，以及排放标准。在电磁兼容性（EMC）环境相关方面，IEC TR 61000–2《电磁兼容性（EMC）　第 2 部分：环境》系列标准分别明确了电磁兼容环境分类方法及电磁兼容相关技术要求和评估方法；在电磁兼容性（EMC）限值评估方面，IEC TR 61000–3《电磁兼容性（EMC）　第 3 部分：限值》系列标准分别规定了涉及公用低压系统连接的设备产生的谐波电流限值，以及不平衡装置对中压（MV）、高压（HV）和超高压（EHV）动力系统的连接用排放限值相关技术要求和评估方法。在电磁兼容性（EMC）试验和测量方面，涵盖了从综述到具体试验方法的一系列标准，如辐射、射频和电磁场抗扰试验、快速瞬变脉冲 / 脉冲串抗扰性试验、工频磁场抗扰度试验等。

这些国际标准构成了一个全面的电磁兼容性（EMC）标准体系，旨在确保电气和电子设备在各种电磁环境下的兼容性和可靠性。不仅为设备制造商提供了设计和测试的指导，也为监管机构和认证机构提供了评估和认证的依据。

表 7-18　　　　　　　　　　国际上宽频动态测量相关标准梳理情况

序号	标准号	标准名称
1	IEC/TR 61000-5-6:2002	电磁兼容性（EMC）　第 5-6 部分：安装和调节导则　外部电磁感应的调节
2	IEC/TR 61000-3-13 CORR 1:2010	电磁兼容性（EMC）　第 3-13 部分：限值　不平衡装置对 MV、HV 和 EHV 动力系统的连接用排放限值的评估
3	IEC/TR 61000-3-15:2011	电磁兼容性（EMC）　第 3-15 部分：限值　对低电压电网中分散发电系统发出低频电磁和抗低频电磁干扰性能要求
4	IEC 61000-1-2:2016	电磁兼容性（EMC）　第 1-2 部分：总则　达到电气和电子设备在电磁现象方面功能安全的方法
5	IEC TR 61000-1-6　CORR 1:2014	电磁兼容性（EMC）　第 1-6 部分：总则　测量不确定度评估指南
6	IEC TR 61000-2-5:2017	电磁兼容性（EMC）　第 2-5 部分：环境　电磁环境的描述和分类
7	IEC 61000-2-13:2005	电磁兼容性（EMC）　第 2-13 部分：环境　辐射和传导的大功率电磁（HEMP）环境
8	IEC TR 61000-3-6:2008	电磁兼容性（EMC）　第 3-6 部分：限值　连接到中压、高压和特高压电力系统产生畸变的设备的辐射限值的评估
9	IEC TR 61000-3-7:2008	电磁兼容性（EMC）　第 3-7 部分：限值　波动装置与中压、高压和超高压电力系统连接的排放限值
10	IEC 61000-3-12 AMD 1:2021	电磁兼容性（EMC）　第 3-12 部分：限值　与每相输入电流 16A 和 75A 的公用低压系统连接的设备产生的谐波电流限值　修改件 1
11	IEC TR 61000-3-13 CORR 1:2010	电磁兼容性（EMC）　第 3-13 部分：限值　不平衡装置对 MV、HV 和 EHV 动力系统的连接用排放限值的评估
12	IEC TR 61000-3-14:2011	电磁兼容性（EMC）　第 3-14 部分：限值　干扰装置与低压电力系统连接的谐波、间谐波、电压波动和不平衡的发射限值评估
13	IEC TR 61000-4-1:2016	电磁兼容性（EMC）　第 4-1 部分：试验和测量技术　IEC 61000-4 系列概述
14	IEC 61000-4-3:2020	电磁兼容性（EMC）　第 4-3 部分：试验和测量技术　辐射、射频和电磁场抗扰试验
15	IEC 61000-4-4（REDLINE + STANDARD）:2012	电磁兼容性（EMC）　第 4-4 部分：试验和测量技术　电快速瞬态 / 突发抗扰度试验（3.0 版）
16	IEC 61000-4-6:2013	电磁兼容性（EMC）　第 4-6 部分：测试和测量技术　射频场感应的传导干扰抗扰性

序号	标准号	标准名称
17	IEC 61000-4-7 Edition 2.1:2009	电磁兼容性（EMC）　第 4-7 部分：试验和测量技术　电源系统及其连接设备的谐波和间谐波测量与仪表的一般指南
18	IEC 61000-4-8:2009	电磁兼容性（EMC）　第 4-8 部分：试验和测量技术　网络频率磁场抗扰度试验（第 2.0 版）
19	IEC 61000-4-11 （REDLINE + STANDARD）:2020	电磁兼容性（EMC）　第 4-11 部分：试验和测量技术　每相输入电流不超过 16A 的设备的电压骤降、短时中断和电压变化抗扰度试验
20	IEC 61000-4-12 （REDLINE + STANDARD）:2017	电磁兼容性（EMC）　第 4-12 部分：试验和测量技术　环波抗扰度试验
21	IEC 61000-4-13 Edition 1.2:2015	电磁兼容性（EMC）　第 4-13 部分：试验和测量技术　包括交流电端口电源信号的谐波和间谐波低频抗扰性试验
22	IEC 61000-4-14 Edition 1.2:2009	电磁兼容性（EMC）　第 4-14 部分：试验和测量技术　每相输入电流不超过 16A 的设备的电压波动抗扰性试验
23	IEC 61000-4-15 （REDLINE + STANDARD）:2010	电磁兼容性（EMC）　第 4-15 部分：试验和测量技术　闪烁计　功能与设计规范（第 2.0 版）
24	IEC 61000-4-16 （REDLINE + STANDARD）:2015	电磁兼容性（EMC）　第 4-16 部分：试验和测量技术　对 0Hz 至 150kHz 频率范围内传导共模干扰的抗扰度试验
25	IEC 61000-4-17 Edition 1.2:2009	电磁兼容性（EMC）　第 4-17 部分：试验和测量技术　直流电输入功率端口纹波抗扰度试验
26	IEC 61000-4-18 CORR 1:2019	电磁兼容性（EMC）　第 4-18 部分：试验和测量技术　阻尼振荡波抗扰度试验　勘误 1
27	IEC 61000-4-19:2014	电磁兼容性（EMC）　第 4-19 部分：试验和测量技术　交流电源端口处频率范围为 2kHz 至 150kHz 的差模扰动和信号传输所致抗干扰性的试验
28	IEC 61000-4-20:2022	电磁兼容性（EMC）　第 4-20 部分：测试和测量技术　横向电磁（TEM）波导的发射和抗扰度测试
29	IEC 61000-4-21:2011	电磁兼容性（EMC）　第 4-21 部分：试验和测量技术　混响室试验方法
30	IEC 61000-4-22:2010	电磁兼容性（EMC）　第 4-22 部分：试验和测量技术　完全消声室（FARs）内辐射排放和免疫测量
31	IEC 61000-4-27 AMD 1:2009	电磁兼容性（EMC）　第 4-27 部分：试验和测量技术　输入电流不超过每相 16A 的设备用不平衡抗扰度试验　修改件 1

序号	标准号	标准名称
32	IEC 61000-4-28 Edition 1.2:2009	电磁兼容性（EMC） 第 4-28 部分：试验和测量技术 输入电流不超过每相 16A 的设备用电源频率变化抗扰度试验
33	IEC 61000-4-30（REDLINE + STANDARD）:2015	电磁兼容性（EMC） 第 4-30 部分：试验和测量技 电能质量测量方法（3.0 版）
34	IEC 61000-4-34 AMD 1:2009	电磁兼容性（EMC） 第 4-34 部分：试验和测量技术 每相输入电流不超过 16A 设备的电压骤降、短时中断及电压波动抗扰试验 修改件 1
35	IEC 61000-4-36:2020	电磁兼容性（EMC） 第 4-36 部分：试验和测量技术 设备和系统的 IEMI 抗扰度试验方法
36	IEC 61000-6-1（REDLINE + STANDARD）:2016	电磁兼容性（EMC） 第 6-1 部分：通用标准 住宅、商业和轻工业环境的抗扰度标准
37	IEC 61000-6-3:2020	电磁兼容性（EMC） 第 6-3 部分：通用标准 住宅环境设备排放标准
38	IEC 61000-6-4（REDLINE + STANDARD）:2018	电磁兼容性（EMC） 第 6-4 部分：通用标准 工业环境排放标准
39	IEC 61000-6-7:2014	电磁兼容性（EMC） 第 6-7 部分：通用标准 旨在工业场所中的安全相关系统（功能安全）中行使功能的设备的抗干扰要求
40	IEC 61326-2-4（REDLINE + STANDARD）:2020	测量、控制和实验室用电气设备 电磁兼容性要求 第 2-4 部分：特殊要求 IEC 61557-8 绝缘监测装置和 IEC 61557-9 绝缘故障定位设备的试验配置、操作条件和性能标准
41	IEC 61326-3-2（REDLINE + STANDARD）:2017	测量、控制和实验室用电气设备 EMC 要求 第 3-2 部分：安全相关系统和执行安全相关功能（功能安全）的设备的抗扰度要求 具有特定电磁环境的工业应用
42	IEC 62433-1 CORR 1:2020	电磁兼容（EMC） 集成电路（IC）模型 第 1 部分：一般模型结构 勘误 1
43	IEC 60050-561 AMD 1:2016	国际电工词汇 第 561 部分：频率控制、选择和检测用压电、介电和静电装置以及相关材料 修改件 1

（3）标准差异分析。国内宽频动态测量相关标准主要涉及电磁兼容性（EMC）、电能质量、电力系统频率响应、谐波测量与治理，以及电能质量评估等方面，国际宽频动态测量相关标准主要涉及电磁电容相关标准，而测量设备的电能质量、频率响应、纹波、

谐波测量和波形分析主要涵盖到了电测量相关标准中。具体分析如下：

1）标准体系和覆盖范围。宽频测量相关国内标准通常更侧重于具体的应用场景和技术要求，涵盖了从电磁兼容性（EMC）到电能质量、电力系统频率响应、谐波测量与治理等多个方面。这些标准往往针对特定的设备或系统，如变压器、电抗器、电源装置、电网通信设备等，以及它们在特定环境下的性能要求。国际标准（如 IEC 系列）则更倾向于提供一个全球统一的技术框架，强调通用性和兼容性。IEC 标准主要包括了电磁兼容性（EMC）的通用要求、试验和测量技术、环境描述，以及特定应用场景的抗扰度要求等。

2）技术要求和测试方法。宽频测量相关国内标准在技术要求和测试方法上可能更具体，更贴近国内的实际应用和工业实践。例如，对于电网通信设备的电磁兼容性要求，国内标准详细地规定测试条件、测试方法和性能判据等内容。国际标准则更注重标准化和统一化，以便于不同国家和地区的设备和系统能够在全球范围内互操作。例如，IEC 61000《电磁兼容性（EMC）》系列标准提供了一套完整的 EMC 测试和评估方法，这些方法在国际上被广泛接受和应用。

3）应用领域。宽频测量相关国内标准可能更专注于特定行业或领域，如电力系统、通信设备等，而国际标准则试图覆盖更广泛的应用领域，包括居住、商业、工业环境等。

总体来说，国内标准在宽频动态测量方面更注重具体应用和技术细节，而国际标准则更强调通用性、兼容性和全球统一性。在实际应用中，企业和产品开发者需要根据目标市场和应用场景，结合国内外标准来设计和测试产品，确保其性能和质量满足相关要求。

7.6.3.2　标准化需求分析

新型电力系统动态测量涉及的技术领域：智能电网技术，包括智能变电站、智能配电网等，对电能进行实时监测和控制；电能测量技术——对电能进行测量、采集、处理、显示的技术，主要有电能动态测量技术应用与标准化，主要从应用领域和工业应用、标准制定和统一规范、仪器校准和性能评价、数据处理和分析、人机交互和标识传递等多个方面进行研究，为动态测量领域提供更加精确、稳定、标准化的技术方法和服务支持；分布式能源技术，包括微型电网、分布式发电、储能、供能等，实现对能源进行分布式测量和集中管理；新能源技术，包括太阳能、风能、水能、地热能等，对新能源的生产、测量和接入进行动态测量，应用范围和需求非常广阔。

针对新型电力系统动态测量的技术和应用，我国已制定系列标准和规范，包括电力系统测量控制设备技术条件、交流电能表、三相无功电能表、有功功率测量规程等标准。国际电工委员会（IEC）也制定了一系列适用于电力系统中动态测量技术的标准，如 IEC 62053《电力计量设备（交流）》系列标准、IEC 61557《1000V（交流）和 1500V（直流）以下低压配电系统中的电气安全性　防护措施的试验、测量和监控设备》系列标准等。

各国电力行业和专业组织还制定了一系列适用于本地区和领域的标准和规范，例如美国国家标准协会（ANSI）、欧洲电力组织（ENTSO-E）等。

然而，新型电力系统是高度集成和智能化的，标准化需求具有强的实施性和可操作性，但其技术复杂度也随之增加。尤其是以光伏发电和风力发电为主的分布式电源并网、多样化的直流负载应用都会对电网电能质量产生诸多影响，诸如注入直流纹波，产生电压偏差、电压波动和闪变及电压不平衡等，对电能测量方法及测量器具的准确性、可靠性提出了新的考验，相关标准制定难度明显加大。

新型电力系统动态测量技术涉及诸多分支领域，如电机、电气、测量、数据通信等。但其动态测量标准体系研究还相对滞后，基于极端量、复杂量的动态电能测量方法及设备相关标准尚为空白，部分标准还不完善，重视程度也不同，导致标准之间存在一定的矛盾和冲突。因此，需针对新型电力系统"双高"和"双随机"特征和实际动态测量需求制定相关标准。

7.6.3.3 标准规划

针对新型电力系统"双高"特性和新型电力系统精准监控需求，主要从电网动态监控、电能精准测量、分布式能源动态监控等维度布局宽频动态测量标准体系。在电网动态监控方面，编制新一代智能变电站动态监测技术规范和智能配电网动态监测技术规范2项标准；在电能精准测量方面，编制全域功率因数电能表技术规范和直流电能表动态测量技术规范2项标准；在分布式能源监控方面，制定分布式能源并网电能测量技术规范和新能源动态监测技术规范2项。标准规划路线如图7-10所示。

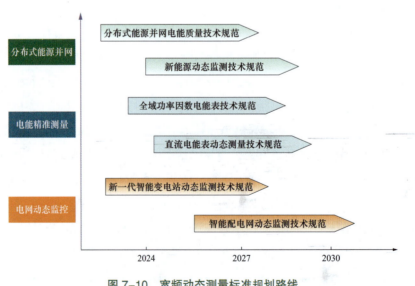

图7-10 宽频动态测量标准规划路线

第8章 信息采集类技术标准体系布局

8.1 范围

信息采集类标准在新型电力系统电磁测量标准体系中占据着重要的地位和作用。这些标准确保了电力系统中电磁测量的准确性、可靠性和一致性，对于电力系统的稳定运行和优化管理至关重要。信息采集类标准为电力系统中的电磁测量数据传输和交互提供了统一的规范和方法。

在新型电力系统电磁测量标准体系中，信息采集类标准主要包括信息交互终端、信息交互网络和信息交互协议等3部分，如图8-1所示。通过这些标准，可以确保不同制造商和运营商使用的测量设备和方法具有兼容性和互操作性，有助于实现数据的准确采集和处理，从而为电力系统的监控、控制和优化提供可靠的基础。

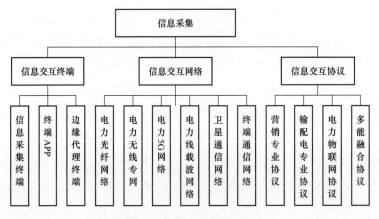

图 8-1 信息采集类标准体系

8.1.1 信息交互终端标准

信息交互终端类标准主要包括采集终端、集中器、能源路由器等信息交互终端的技术规范、功能规范等标准。此外，还包括采集终端统一操作系统、APP等功能模块相关技术要求、应用要求等规范和标准。边缘代理终端类标准主要包括代理终端、安全防护网络等设备技术规范、功能规范、应用规范等标准。

8.1.2 信息交互网络标准

信息交互网络类标准主要包括电力光纤网络、电力无线专网、电力 5G 通信网络、中压电力线载波网络、卫星通信网络和终端通信网络等标准体系。其中，电力光纤网络作为电力系统最大的专用通信网，也将发挥更重要的作用，主要包括电力光纤选型、终端接入技术、波分复用系统、通信网络规划设计、运营管理等方面的标准。电力无线专网主要包括专网运营、维护、网络优化，以及 SIM 卡安全等方面的标准。电力 5G 通信网络主要包括 5G 网络架构设计、应用开发技术、终端技术要求等标准。中压电力线载波网络主要包括中压电力线载波的规划、技术、运行、验收、维护等方面的标准。卫星通信网络主要包括电力卫星窄带物联通信、星地网络切换、适配感知终端数据传输卫星及其他通信的互备应用等方面的标准。终端通信网络主要包括本地通信网的网络规划、带宽技术要求、灵活组网等标准。

8.1.3 信息交互协议标准

信息交互协议类标准主要包括电力营销专业通信协议、配电专业通信协议、电力物联网通信协议和多能源融合信息交互协议等。其中，电力营销专业通信协议主要包括 DL/T 645—2007《多功能电能表通信协议》、Q/GDW 1376.1—2012《电力用户用电信息采集系统通信协议 第 1 部分：主站与采集终端通信协议》、Q/GDW 1376.2—2013《电力用户用电信息采集系统通信协议 第 2 部分：集中器本地通信模块接口协议》和 DL/T 698.45—2017《电能信息采集与管理系统 第 4-5 部分：通信协议—面向对象的数据交换协议》。配电专业通信协议主要包括 DL/T 719—2000《远动设备及系统 第 5 部分：传输规约 第 102 篇：电力系统电能累计量传输配套标准》、DL/T 667—1999《远动设备及系统 第 5 部分：传输规约 第 103 篇：继电保护设备信息接口配套标准》和 DL/T 860《变电站通信网络和系统》系列标准等通信协议。物联网通信协议主要包括 POP3、FTP、HTTP、TELNET、SMTP、NFS、DHCP、TFTP、SNMP、DNS、REST/HTTP、MQTT、CoAP、DDS、AMQP、XMPP、JMS。多能源融合信息交互协议主要包括 IEC 61850《电力自动化通信网络与系统》系列标准和 DL/T 698.45—2017《电能信息采集与管理系统 第 4-5 部分：通信协议—面向对象的数据交换协议》等。

8.2 信息交互终端

8.2.1 标准化现状

8.2.1.1 国内标准化现状

信息交互终端是对各信息采集点数据采集的设备，可以实现测量数据的采集、数据管理、数据双向传输，以及转发或执行控制命令的设备。信息交互终端按应用场所分为专用变压器终端（模组化）、专用变压器采集终端、公用变压器采集终端、集中抄表终端（包括集中器、采集器）、分布式能源监控终端、现场手持设备等类型。目前涉及 1 项行业标准 DL/T 698《电能信息采集与管理系统》系列标准，以及《信息采集系统技术规范》《信息采集系统型式规范》《信息采集系统检测规范》等 21 项国家电网企业标准。

此外，信息交互终端支持统一操作系统，改变过去操作系统不统一带来的功能软件不可靠、系统性能不协调、安全防护不完善的问题，保障终端软件应用的可靠性。能源控制器（专用变压器）、台区智能融合终端支持功能模块按需配置，采用全分离式模块化结构设计，提升终端高度扩展能力，支持功能模块的替代，实现互联互通，提升现场应用能力和运维水平。随着新型电力系统的发展，信息交互终端的数据规模和功能日益增多，装载许多 APP 应用服务，后台管理需要更高的性能、更强的可扩展性、更低的维护成本，以及更好的兼容性，APP 互联互通设计能大大提高开发效率，更利于各类终端的APP 相互兼容，有利于支撑分布式光伏接入、新型储能接入、充电桩资产建档及监测等新型业务。国内信息交互终端相关标准梳理如表 8-1 所示。

表 8-1　　　　　　　　　　　　　信息交互终端相关国内标准

序号	标准号	标准名称
1	GB/T 19882.212—2012	自动抄表系统　第 212 部分：低压电力线载波抄表系统　载波集中器
2	GB/T 19882.213—2012	自动抄表系统　第 213 部分：低压电力线载波抄表系统　载波采集器
3	DL/T 698.31—2010	电能信息采集与管理系统　第 3-1 部分：电能信息采集终端技术规范　通用要求
4	DL/T 698.32—2010	电能信息采集与管理系统　第 3-2 部分：电能信息采集终端技术规范　厂站采集终端特殊要求
5	DL/T 698.33—2010	电能信息采集与管理系统　第 3-3 部分：电能信息采集终端技术规范　专变采集终端特殊要求
6	DL/T 698.34—2010	电能信息采集与管理系统　第 3-4 部分：电能信息采集终端技术规范　公变采集终端特殊要求
7	DL/T 698.35—2010	电能信息采集与管理系统　第 3-5 部分：电能信息采集终端技术规范　低压集中抄表终端特殊要求
8	DL/T 698.36—2013	电能信息采集与管理系统　第 3-6 部分：电能信息采集终端技术规范　通信单元要求

序号	标准号	标准名称
9	DL/T 698.61—2021	电能信息采集与管理系统　第6-1部分：软件要求　终端软件升级技术要求
10	DL/T 743—2001	电能量远方终端
11	DL/T 1747—2017	电力营销现场移动作业终端技术规范
12	DL/T 1528—2016	电能计量现场手持设备技术规范
13	DL/T 2047—2019	基于一次侧电流监测反窃电设备技术规范
14	T/CEC 122.31—2016	电、水、气、热能源计量管理系统　第3-1部分：集中器技术规范
15	T/CEC 122.32—2016	电、水、气、热能源计量管理系统　第3-2部分：采集器技术规范
16	Q/GDW 10373—2019	用电信息采集系统功能规范
17	Q/GDW 10374.1—2019	用电信息采集系统技术规范　第1部分：专变采集终端
18	Q/GDW 10374.2—2019	用电信息采集系统技术规范　第2部分：集中抄表终端
19	Q/GDW 10374.3—2019	用电信息采集系统技术规范　第3部分：通信单元
20	Q/GDW 10375.1—2019	用电信息采集系统型式规范　第1部分：专变采集终端
21	Q/GDW 10375.2—2019	用电信息采集系统型式规范　第2部分：集中器
22	Q/GDW 10375.3—2019	用电信息采集系统型式规范　第3部分：采集器
23	Q/GDW 10376.1—2019	用电信息采集系统通信协议　第1部分：主站与采集终端
24	Q/GDW 10376.2—2019	用电信息采集系统通信协议　第2部分：集中器本地通信模块接口
25	Q/GDW 11117—2017	计量现场作业终端技术规范
26	Q/GDW 12176—2021	反窃电监测终端技术规范

8.2.1.2　国际标准化现状

在信息交互终端及其互操作方面，IEC 发布了 IEC 61850《电力自动化通信网络与系统》、IEC 62361《电力系统管理和相关的信息交换　长期交互性》、IEC 60870《远动设备和系统》和 IEC 63119《电动汽车充电漫游服务的信息交换》等系列标准。这些标准广泛应用于电力系统的自动化和监控，包括变电站自动化、配电自动化、能源管理系统等。通过遵循上述系列标准，可以确保电力系统设备之间的兼容性和有效通信，从而提高电力系统的可靠性和效率。然而，针对信息交互终端，国际上尚未制定专门的技术要求和功能规范。

8.2.1.3　标准差异性分析

在信息交互终端相关标准方面，国内针对信息交互终端的标准体系较为全面，覆盖了自动抄表系统、电能信息采集与管理系统、电力营销现场移动作业终端、电能计量现场手持设备、反窃电设备等多个方面。这表明国内在信息交互终端领域的标准化工作非常系统，旨在确保不同应用场景下的设备性能和数据准确性。国内标准技术规范比较详细，例如 GB/T 19882《自动抄表系统》系列标准针对低压电力线载波抄表系统，包括载波集中器和载波采集器，这些标准有助于实现远程自动抄表，提高电力系统管理的自动化水平。DL/T 698《电能信息采集与管理系统》系列标准规定了电能信息采集终端的技术规范，包括通用要求和针对不同应用场景的特殊要求，如厂站采集、专用变压器采集、公用变压器采集和低压集中抄表终端等，以及通信单元要求，确保了电能信息的准确采集和传输。也涵盖了信息交互终端的软件与升级要求，DL/T 698.61—2021《电能信息采集与管理系统　第 6-1 部分：软件要求　终端软件升级技术要求》标准专门针对终端软件升级的技术要求，这表明国内标准在软件升级和维护方面也有明确的规范，以确保系统的稳定性和安全性。

国际标准主要侧重于通用性和全球适用性，如 IEC 61850《电力自动化通信网络与系统》系列标准，更多关注于电力系统自动化的通信网络和系统，为全球电力系统提供统一的通信和互操作性框架。国际标准并未规范具体的交互终端技术要求和功能规范，只是明确了信息交互终端的通信协议和交互框架，为不同国家和地区提供足够的灵活性来适应本地的具体情况。

8.2.2　需求分析

新型电力系统信息交互终端主要从抄表终端、终端软件、终端操作系统方面展开需求分析，具体如下：

在抄表终端方面，新型电力系统对抄表终端的需求趋向于智能化、网络化、安全化与高效化。目前 Q/GDW 10374.2—2019《用电信息采集系统技术规范　第 2 部分：集中抄表终端》、Q/GDW 10374.1—2019《用电信息采集系统技术规范　第 1 部分：专变采集终端》等标准对抄表终端的数据采集、数据传输与故障告警等传统业务功能做了规范，但对新型业务场景、边缘计算、物联管理等方面还未实现标准的全面覆盖，需要对相关标准进行修订和完善。

在终端软件方面，新型电力系统对信息交互终端提出了更高要求，软件的质量、可扩展性，以及性能的提升成为关键因素。随着业务复杂度的增加，终端软件不仅要支持传统数据采集与传输功能，还需支持如分布式光伏管理、新型负荷管理、有序充电管理等多样化的新型业务应用。具体需求有以下几点：软件需具备更高的处理速度和响应能力，以应对大规模数据的实时处理与分析，确保信息交互的时效性；终端软件架构需具备高度的灵活性与可扩展性，以便快速集成新的业务功能和技术升级；终端软件设计与实现需满足维护的便捷性和经济性，通过模块化、标准化的设计降低维护成本，提升运维效率；终端 APP 需具备互联互通能力，基于规范统一的接口标准和数据交换协议，简化开发流程，加速新应用的部署与集成，为新型业务提供技术支持；信息交互终端的各类 APP（包括基础 APP、边缘计算 APP、高级业务 APP）需具备可测试性，支持对 APP 接口、功能、性能、安全性和稳定性进行全面验证，确保软件质量符合高标准要求。综合上述，现有信息交互终端对于软件接口、APP 软件架构与通信方式、APP 交互流程等缺乏相应的规范，需制定相关的标准。

在终端操作系统方面，随着新型电力系统对信息交互终端的智能化、网络化、安全化要求提升，当前信息交互终端的操作系统在满足基本功能的同时，需要提升以下方面的能力：操作系统需内置多层次安全机制，包括但不限于数据加密技术、访问控制策略、恶意软件防护，以及安全审计功能，以确保系统免受内外部安全威胁；操作系统需具备智能化的资源调度算法，优化 CPU、内存，以及存储资源的分配，确保在高负载环境下仍能维持高效稳定运行；操作系统需确保信息交互终端运行在统一软件平台上，使得功能软件开发无须针对多种操作系统进行适配，减少软件兼容性问题，提高软件的稳定性和可靠性，有助于减少故障率，提升业务连续性；操作系统需具备良好的可扩展性，方便集成新技术和新应用；操作系统需支持远程监控、诊断和升级功能，降低运维成本，提高维护效率。基于以上需求，需要针对操作系统制定相关的技术标准和规范。

8.2.3　标准规划

国内标准编制主要侧重于信息交互终端的技术要求和功能规范等要求，随着新型电力系统建设和发展，信息交互终端的信息承载和传输需求日益旺盛，且呈多样性发展。为了保证信息交互终端的性能和功能满足新型电力系统建设需要，需要针对特定业务场景开展终端特殊要求、检验检测、可靠性验证、软件升级等方面的标准规划，规划路线如图 8-2 所示，具体规划如下：

（1）在抄表终端方面，拟规划《电能信息采集与管理系统　第 3-5 部分：电能信息采集终端技术规范　低压集中抄表终端特殊要求》和《电能信息采集与管理系统　第 3-3 部分：电能信息采集终端技术规范　专变采集终端特殊要求》国家标准 2 项，适用于集中器和专用变压器终端的制造、检验、使用，规定了其特殊要求、试验方法和检验规则。

（2）在终端软件方面，为进一步提高采集终端的软件质量水平，拟规划《信息采集

系统检验规范 第 5 部分：终端软件》企业标准 1 项，对信息交互终端检验操作系统软件、硬件接口及服务、基础 APP、边缘计算 APP、高级业务 APP 的方法做出规范性要求。

（3）在终端操作系统方面，拟规划《电能信息采集终端操作系统技术规范》企业标准 1 项，旨在统一和提升操作系统层面的技术要求与管理规范。此规范对操作系统的基本架构设计、安全防护机制、资源管理机制、系统可靠性、可扩展性做出规范性要求。此外还将明确操作系统升级策略与操作系统补丁管理流程，确保操作系统能够持续更新，以应对不断演变的安全需求和功能需求，从而支撑信息交互终端在新型电力系统中的高效、稳定、安全运行。

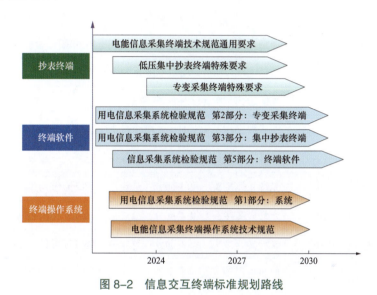

图 8-2 信息交互终端标准规划路线

8.3 信息交互网络

8.3.1 标准化现状

8.3.1.1 国内标准化现状

通信网络包括光缆网、传输网、数据网、终端通信网。光缆网主要包括电力特种光缆光纤复合架空地线（OPGW）、全介质自承式光缆（ADSS）为主的电力专用光缆网络。传输网主要包括 SDH、OTN 两种技术体制为主的电力专用传输网络。数据网主要包括综合数据网和调度数据网。终端通信网主要包括与远程通信和本地通信有关的标准。目前通信网络相关的技术标准总计约 286 项，其中国际标准 4 项、国家标准 67 项、电力行业标准 35 项、通信行业标准 76 项、国家电网企业标准 64 项、其他标准 40 项。现有标准体系重在规范骨干通信网络的发展要求，对接入网的规范能力较弱，在新型电力系统建设中，难以支撑海量终端设备灵活、可靠、安全、高效接入的需求，需要在接入网方面加大标准建设力度。同时在国际标准布局方面提前准备，提高核心标准的高质量建设。

光缆网以电力特种光缆 OPGW、ADSS 为主构建的电力专用光缆网络，包括一级光缆网、二级光缆网和三级光缆网。目前相关技术标准如表 8-2 所示。

表 8-2　　　　　　　　　　　　　　光缆网国内标准现状

序号	标准号	标准名称
1	GB/T 13993.1—2016	通信光缆　第 1 部分：总则
2	GB/T 13993.2—2014	通信光缆　第 2 部分：核心网用室外光缆
3	GB/T 13993.3—2014	通信光缆　第 3 部分：综合布线用室内光缆
4	GB/T 13993.4—2014	通信光缆　第 4 部分：接入网用室外光缆
5	GB/T 14760—1993	光缆通信系统传输性能测试方法
6	GB/T 15941—2008	同步数字体系（SDH）光缆线路系统进网要求
7	GB/T 16529.2—1997	光纤光缆接头　第 2 部分：分规范　光纤光缆接头盒和集纤盘
8	GB/T 16529.3—1997	光纤光缆接头　第 3 部分：分规范　光纤光缆熔接式接头
9	GB/T 16529.4—1997	光纤光缆接头　第 4 部分：分规范　光纤光缆机械式接头
10	GB/T 16529—1996	光纤光缆接头　第 1 部分：总规范　构件和配件
11	GB/T 17650.1—2021	取自电缆或光缆的材料燃烧时释出气体的试验方法　第 1 部分：卤酸气体总量的测定
12	GB/T 17650.2—2021	取自电缆或光缆的材料燃烧时释出气体的试验方法　第 2 部分：酸度（用 pH 测量）和电导率的测定
13	GB/T 17651.1—2021	电缆或光缆在特定条件下燃烧的烟密度测定　第 1 部分：试验装置
14	GB/T 17651.2—2021	电缆或光缆在特定条件下燃烧的烟密度测定　第 2 部分：试验程序和要求
15	GB/T 18380.11—2022	电缆和光缆在火焰条件下的燃烧试验　第 11 部分：单根绝缘电线电缆火焰垂直蔓延试验　试验装置
16	GB/T 18380.12—2022	电缆和光缆在火焰条件下的燃烧试验　第 12 部分：单根绝缘电线电缆火焰垂直蔓延试验　1kW 预混合型火焰试验方法
17	GB/T 18380.13—2022	电缆和光缆在火焰条件下的燃烧试验　第 13 部分：单根绝缘电线电缆火焰垂直蔓延试验　测定燃烧的滴落（物）/ 微粒的试验方法
18	GB/T 18380.21—2008	电缆和光缆在火焰条件下的燃烧试验　第 21 部分：单根绝缘细电线电缆火焰垂直蔓延试验　试验装置

序号	标准号	标准名称
19	GB/T 18380.22—2008	电缆和光缆在火焰条件下的燃烧试验　第 22 部分：单根绝缘细电线电缆火焰垂直蔓延试验　扩散型火焰试验方法
20	GB/T 18380.31—2022	电缆和光缆在火焰条件下的燃烧试验　第 31 部分：垂直安装的成束电线电缆火焰垂直蔓延试验　试验装置
21	GB/T 18380.32—2022	电缆和光缆在火焰条件下的燃烧试验　第 32 部分：垂直安装的成束电线电缆火焰垂直蔓延试验　A F/R 类
22	GB/T 18380.33—2022	电缆和光缆在火焰条件下的燃烧试验　第 33 部分：垂直安装的成束电线电缆火焰垂直蔓延试验　A 类
23	GB/T 18380.34—2022	电缆和光缆在火焰条件下的燃烧试验　第 34 部分：垂直安装的成束电线电缆火焰垂直蔓延试验　B 类
24	GB/T 18380.35—2022	电缆和光缆在火焰条件下的燃烧试验　第 35 部分：垂直安装的成束电线电缆火焰垂直蔓延试验　C 类
25	GB/T 18380.36—2022	电缆和光缆在火焰条件下的燃烧试验　第 36 部分：垂直安装的成束电线电缆火焰垂直蔓延试验　D 类
26	GB/T 19216.11—2003	在火焰条件下电缆或光缆的线路完整性试验　第 11 部分：试验装置　火焰温度不低于 750℃的单独供火
27	GB/T 19666—2019	阻燃和耐火电线电缆或光缆通则
28	GB/T 19856.1—2005	雷电防护　通信线路　第 1 部分：光缆
29	GB/T 2951.11—2008	电缆和光缆绝缘和护套材料通用试验方法　第 11 部分：通用试验方法　厚度和外形尺寸测量　机械性能试验
30	GB/T 2951.12—2008	电缆和光缆绝缘和护套材料通用试验方法　第 12 部分：通用试验方法　热老化试验方法
31	GB/T 2951.13—2008	电缆和光缆绝缘和护套材料通用试验方法　第 13 部分：通用试验方法　密度测定方法　吸水试验 – 收缩试验
32	GB/T 2951.14—2008	电缆和光缆绝缘和护套材料通用试验方法　第 14 部分：通用试验方法　低温试验
33	GB/T 2951.21—2008	电缆和光缆绝缘和护套材料通用试验方法　第 21 部分：弹性体混合料专用试验方法　耐臭氧试验 – 热延伸试验 – 浸矿物油试验
34	GB/T 2951.31—2008	电缆和光缆绝缘和护套材料通用试验方法　第 31 部分：聚氯乙烯混合料专用试验方法　高温压力试验 抗开裂试验

序号	标准号	标准名称
35	GB/T 2951.32—2008	电缆和光缆绝缘和护套材料通用试验方法　第 32 部分：聚氯乙烯混合料专用试验方法　失重试验　热稳定性试验
36	GB/T 2951.41—2008	电缆和光缆绝缘和护套材料通用试验方法　第 41 部分：聚乙烯和聚丙烯混合料专用试验方法　耐环境应力开裂试验　熔体指数测量方法　直接燃烧法测量聚乙烯中碳黑和（或）矿物质填料含量　热重分析法（TGA）测量碳黑含量　显微镜法评估聚乙烯中碳黑分散度
37	GB/T 2951.42—2008	电缆和光缆绝缘和护套材料通用试验方法　第 42 部分：聚乙烯和聚丙烯混合料专用试验方法　高温处理后抗张强度和断裂伸长率试验　高温处理后卷绕试验　空气热老化后的卷绕试验　测定质量的增加　长期热稳定性试验　铜催化氧化降解试验方法
38	GB/T 2951.51—2008	电缆和光缆绝缘和护套材料通用试验方法　第 51 部分：填充膏专用试验方法　滴点　油分离　低温脆性　总酸值　腐蚀性　23℃时的介电常数　23℃和100℃时的直流电阻率
39	GB/T 31248—2014	电缆或光缆在受火条件下火焰蔓延、热释放和产烟特性的试验方法
40	GB/T 7424.1—2003	光缆总规范　第 1 部分：总则
41	GB/T 7424.2—2008	光缆总规范　第 2 部分：光缆基本试验方法
42	GB/T 7424.3—2003	光缆　第 3 部分：分规范　室外光缆
43	GB/T 7424.4—2003	光缆　第 4 部分：分规范　光纤复合架空地线
44	GB/T 7424.5—2012	光缆　第 5 部分：分规范　用于气吹安装的微型光缆和光纤单元
45	DL/T 1623—2016	智能变电站预制光缆技术规范
46	DL/T 1733—2017	电力通信光缆安装技术要求
47	DL/T 1899.1—2018	电力架空光缆接头盒　第 1 部分：光纤复合架空地线接头盒
48	DL/T 1899.2—2018	电力架空光缆接头盒　第 2 部分：全介质自承式光缆接头盒
49	DL/T 1899.3—2018	电力架空光缆接头盒　第 3 部分：光纤复合架空相线接头盒
50	DL/T 1933.4—2018	塑料光纤信息传输技术实施规范　第 4 部分：塑料光缆
51	DL/T 1933.5—2018	塑料光纤信息传输技术实施规范　第 5 部分：光缆布线要求
52	DL/T 5404—2007	电力系统同步数字系列（SDH）光缆通信工程设计技术规定
53	DL/T 5518—2016	电力工程厂站内通信光缆设计规程
54	DL/T 767—2013	全介质自承式光缆（ADSS）用预绞式金具技术条件和试验方法

序号	标准号	标准名称
55	DL/T 788—2016	全介质自承式光缆
56	IEC 60794-3-21—2015	光缆　第 3-21 部分：室外光缆　房屋布线用自立式架空通信光缆的产品规范
57	Q/GDW 10758—2018	电力系统通信光缆安装工艺规范
58	Q/GDW 11155—2014	智能变电站预制光缆技术规范
59	Q/GDW 11435.1—2016	电网独立二次项目可行性研究　内容深度规定　第 1 部分：光缆通信工程
60	Q/GDW 11590—2016	电力架空光缆缆路设计技术规定
61	Q/GDW 11832—2018	全介质自承式光缆安全技术要求
62	T/CEC 237—2019	电力光缆标示牌设计规范
63	YD/T 1258.1—2015	室内光缆　第 1 部分：总则
64	YD/T 1588.1—2020	光缆线路性能测量方法　第 1 部分：链路衰减
65	YD/T 1588.2—2020	光缆线路性能测量方法　第 2 部分：光纤接头损耗
66	YD/T 1588.3—2009	光缆线路性能测量方法　第 3 部分：链路偏振模色散
67	YD/T 1588.4—2010	光缆线路性能测量方法　第 4 部分：链路色散
68	YD/T 1668—2007	STM-64 光缆线路系统技术要求
69	YD/T 2758—2014	通信光缆检验规程
70	YD/T 2795.3—2015	智能光分配网络　光配线设施　第 3 部分：智能光缆分纤箱
71	YD/T 2796.1—2015	并行传输有源光缆光模块　第 1 部分：4×10Gbit/s　AOC
72	YD/T 3021.1—2016	通信光缆电气性能试验方法　第 1 部分：金属元构件的电气连续性
73	YD/T 3022.1—2016	通信光缆机械性能试验方法　第 1 部分：护套拔出力
74	YD/T 3022.2—2016	通信光缆机械性能试验方法　第 2 部分：接插线光缆中被覆光纤的压缩位移
75	YD/T 3022.3—2016	通信光缆机械性能试验方法　第 3 部分：撕裂绳功能
76	YD/T 3022.4—2016	通信光缆机械性能试验方法　第 4 部分：舞动
77	YD/T 3022.5—2016	通信光缆机械性能试验方法　第 5 部分：机械可靠性
78	YD/T 3537—2019	通信有源光缆（AOC）用线缆

序号	标准号	标准名称
79	YD/T 3714.1—2020	光缆在线监测 OTDR 模块　第 1 部分：DWDM 系统用
80	YD/T 5066—2017	光缆线路自动监测系统工程设计规范
81	YD/T 5093—2017	光缆线路自动监测系统工程验收规范
82	YD/T 5151—2007	光缆进线室设计规定
83	YD/T 814.1—2013	光缆接头盒　第 1 部分：室外光缆接头盒
84	YD/T 814.4—2007	光缆接头盒　第 4 部分：微型光缆接头盒
85	YD/T 815—2015	通信用光缆线路监测尾缆
86	YD/T 908—2020	光缆型号命名方法
87	YD/T 925—2009	光缆终端盒
88	YD/T 981.2—2009	接入网用光纤带光缆　第 2 部分：中心管式
89	YD/T 981.3—2009	接入网用光纤带光缆　第 3 部分：松套层绞式
90	YD/T 988—2015	通信光缆交接箱

传输网以 SDH、OTN 两种技术体制为主构建的电力专用传输网络，包括省际 SDH/OTN 和省内 SDH/OTN 网络。目前相关技术标准如表 8-3 所示。

表 8-3　　　　　　　　　　　　传输网标准现状

序号	标准号	标准名称
1	DL/T 1509—2016	电力系统光传送网（OTN）技术要求
2	DL/T 1510—2016	电力系统光传送网（OTN）测试规范
3	DL/T 5404—2007	电力系统同步数字系列（SDH）光缆通信工程设计技术规定
4	DL/T 5524—2017	电力系统光传送网（OTN）设计规程
5	GB/T 14731—2008	同步数字体系（SDH）的比特率
6	GB/T 15941—2008	同步数字体系（SDH）光缆线路系统进网要求
7	GB/T 16712—2008	同步数字体系（SDH）设备功能块特性
8	GB/T 24367.1—2009	自动交换光网络（ASON）节点设备技术要求　第 1 部分：基于 SDH 的 ASON 节点设备技术要求

序号	标准号	标准名称
9	GB/T 28498—2012	在同步数字体系（SDH）上传送以太网帧的技术要求
10	GB/T 51242—2017	同步数字体系（SDH）光纤传输系统工程设计规范
11	ITU-T G.870/Y.1352—2016	光传输网络的术语和定义
12	JJF 1237—2017	SDH/PDH 传输分析仪校准规范
13	Q/GDW 10872.6—2020	国家电网通信管理系统规划设计　第 6 部分：设备网管北向接口—SDH 部分
14	Q/GDW 10872.7—2020	国家电网通信管理系统规划设计　第 7 部分：设备网管北向接口—OTN 部分
15	Q/GDW 11349—2014	光传送网（OTN）通信工程验收规范
16	Q/GDW 11373—2015	光传送网（OTN）设计规范
17	Q/GDW 11435.2—2016	电网独立二次项目可行性研究　内容深度规定　第 2 部分：SDH 光通信系统
18	Q/GDW 11435.3—2016	电网独立二次项目可行性研究　内容深度规定　第 3 部分：OTN 光通信系统
19	Q/GDW 1872.6—2013	国家电网通信管理系统规划设计　第 6 部分：设备网管北向接口—SDH 部分
20	Q/GDW 1872.7—2014	国家电网通信管理系统规划设计　第 7 部分：设备网管北向接口—OTN 部分
21	YD 5044—2014	同步数字体系（SDH）光纤传输系统工程验收规范
22	YD 5095—2014	同步数字体系（SDH）光纤传输系统工程设计规范
23	YD 5209—2014	光传送网（OTN）工程验收暂行规定
24	YD/T 1017—2011	同步数字体系（SDH）网络节点接口
25	YD/T 1100—2013	同步数字体系（SDH）上传送 IP 的同步数字体系链路接入规程（LAPS）测试方法
26	YD/T 1289.6—2009	同步数字体系（SDH）传送网网络管理技术要求　第 6 部分：基于 IDL/IIOP 技术的网元管理系统（EMS）—网络管理系统（NMS）接口信息模型
27	YD/T 1299—2016	同步数字体系（SDH）网络性能技术要求　抖动和漂移
28	YD/T 1620.2—2007	基于同步数字体系（SDH）的多业务传送节点（MSTP）网络管理技术要求　第 2 部分：（NMS）系统功能

序号	标准号	标准名称
29	YD/T 1631—2007	同步数字体系（SDH）虚级联及链路容量调整方案技术要求
30	YD/T 1990—2019	光传送网（OTN）网络总体技术要求
31	YD/T 2148—2010	光传送网（OTN）测试方法
32	YD/T 2149.1—2010	光传送网（OTN）网络管理技术要求　第 1 部分：基本原则
33	YD/T 2149.2—2011	光传送网（OTN）网络管理技术要求　第 2 部分：NMS 系统功能
34	YD/T 2149.3—2011	光传送网（OTN）网络管理技术要求　第 3 部分：EMS–NMS 接口功能
35	YD/T 2149.4—2011	光传送网（OTN）网络管理技术要求　第 4 部分：EMS–NMS 接口通用信息模型
36	YD/T 2273—2011	同步数字体系（SDH）　STM–256 总体技术要求
37	YD/T 2376.1—2011	传送网设备安全技术要求　第 1 部分：SDH 设备
38	YD/T 2376.3—2011	传送网设备安全技术要求　第 3 部分：基于 SDH 的 MSTP 设备
39	YD/T 2376.5—2018	传送网设备安全技术要求　第 5 部分：OTN 设备
40	YD/T 2484—2013	分组增强型光传送网（OTN）设备技术要求
41	YD/T 2713—2014	光传送网（OTN）保护技术要求
42	YD/T 2754—2014	同步数字体系（SDH）网元管理功能验证和协议栈检测
43	YD/T 3686—2020	超 100Gbit/s 光传送网（OTN）网络技术要求
44	YD/T 3727.1—2020	分组增强型光传送网（OTN）网络管理技术要求　第 1 部分：基本原则
45	YDB 076—2012	光传送网（OTN）多业务承载技术要求
46	YDC 001—2000	SDH 上传送 IP（IP over SDH）的 LAPS 技术要求

　　数据网包括综合数据网和调度数据网，其中综合数据网采用骨干 + 接入两级扁平化架构，调度数据网采用国调、网调、省调、地调、县调五级架构。目前相关技术标准如表 8-4 所示。

表 8-4　　　　　　　　　　　　　　数据网标准现状

序号	标准号	标准名称
1	YD/T 3108—2016	数据网设备通用网管接口技术要求

续表

序号	标准号	标准名称
2	Q/GDW 1835.1—2013	调度数据设备网测试规范　第 1 部分：路由器
3	Q/GDW 114—2004	国家电力调度数据网骨干网运行管理规定
4	Q/GDW 11047—2013	国家电网调度数据网应用接入规范
5	DL/T 5560—2019	电力调度数据网络工程设计规程
6	DL/T 5364—2015	电力调度数据网络工程初步设计内容深度规定
7	DL/T 1379—2014	电力调度数据网设备测试规范
8	DL/T 1306—2013	电力调度数据网技术规范

　　远程通信包含电力光纤、电力无线专网、无线公网、卫星通信、北斗短报文通信等，目前相关技术标准如表 8-5 所示。

表 8-5　　　　　　　　　　　　　　远程通信网标准现状

序号	标准号	标准名称
1	GB/T 14733.12—2008	电信术语　光纤通信
2	GB/T 51242—2017	同步数字体系（SDH）光纤传输系统工程设计规范
3	GB/T 31990.5—2017	塑料光纤电力信息传输系统技术规范　第 5 部分：综合布线
4	GB/T 31990.1—2015	塑料光纤电力信息传输系统技术规范　第 1 部分：技术要求
5	GB/T 31990.2—2015	塑料光纤电力信息传输系统技术规范　第 2 部分：收发通信单元
6	GB/T 31990.3—2015	塑料光纤电力信息传输系统技术规范　第 3 部分：光电收发模块
7	DL/T 1378—2014	光纤复合架空地线（OPGW）防雷接地技术导则
8	DL/T 1573—2016	电力电缆分布式光纤测温系统技术规范
9	DL/T 5344—2018	电力光纤通信工程验收规范
10	DL/T 547　2020	电力系统光纤通信运行管理规程
11	Q/GDW 10542—2016	电力光纤到户运行管理规范
12	Q/GDW 1814—2013	电力电缆线路分布式光纤测温系统技术规范
13	Q/GDW 317—2009	特高压光纤复合架空地线（OPGW）工程施工及竣工验收技术规范
14	Q/GDW 521—2010	光纤复合低压电缆
15	Q/GDW 522—2010	光纤复合低压电缆附件技术条件

续表

序号	标准号	标准名称
16	Q/GDW 543—2010	电力光纤到户施工及验收规范
17	Q/GDW 582—2011	电力光纤到户终端安全接入规范
18	Q/GDW 761—2012	光纤复合架空地线（OPGW）标准类型技术规范
19	GB/T 31998—2015	电力软交换系统技术规范
20	YD/T 3409—2018	基于 LTE 技术的宽带集群通信（B-TrunC）系统终端设备技术要求（第一阶段）
21	DL/T 1931—2018	电力 LTE 无线通信网络安全防护要求
22	YD/T 3136—2016	无线接入网自组织网络（SON）管理技术要求
23	Q/GDW 11664—2017	电力无线专网规划设计技术导则
24	Q/GDW 11665—2017	电力无线专网可行性研究内容深度规定
25	Q/GDW 11803.1—2018	电力无线专网通用要求　第 1 部分：名词术语
26	Q/GDW 11803.2—2018	电力无线专网通用要求　第 2 部分：需求规范
27	Q/GDW 11803.3—2018	电力无线专网通用要求　第 3 部分：编号计划
28	Q/GDW 11804—2018	LTE-G 1800MHz 电力无线通信系统技术规范
29	Q/GDW 1872.4—2014	国家电网通信管理系统规划设计　第 4 部分：告警标准化及处理
30	Q/GDW 11805—2018	LTE-G 1800MHz 电力无线通信系统测试规范
31	Q/GDW 11806.1—2018	230MHz 离散多载波电力无线通信系统　第 1 部分：总体技术要求
32	Q/GDW 11806.2—2018	230MHz 离散多载波电力无线通信系统　第 2 部分：LTE-G230MHz 技术规范
33	Q/GDW 11806.3—2018	230MHz 离散多载波电力无线通信系统　第 3 部分：LTE-G230MHz 测试规范
34	T/RAC 023.1—2020	基于 LTE 技术的 230MHz 电力宽带无线通信系统　第 1 部分：总体技术要求
35	T/RAC 023.2—2020	基于 LTE 技术的 230MHz 电力宽带无线通信系统　第 2 部分：通信终端设备技术规范
36	T/RAC 023.3—2020	基于 LTE 技术的 230MHz 电力宽带无线通信系统　第 3 部分：基站设备技术规范
37	T/RAC 023.4—2020	基于 LTE 技术的 230MHz 电力宽带无线通信系统　第 4 部分：核心网设备技术规范

序号	标准号	标准名称
38	T/RAC 023.5—2020	基于 LTE 技术的 230MHz 电力宽带无线通信系统　第 5 部分：网元管理系统技术规范
39	T/RAC 023.6—2020	基于 LTE 技术的 230MHz 电力宽带无线通信系统　第 6 部分：业务终端与通信终端接口技术规范
40	T/RAC 023.7—2020	基于 LTE 技术的 230MHz 电力宽带无线通信系统　第 7 部分：通信终端与基站接口技术规范
41	T/RAC 023.8—2020	基于 LTE 技术的 230MHz 电力宽带无线通信系统　第 8 部分：基站与核心网接口技术规范
42	T/RAC 023.9—2020	基于 LTE 技术的 230MHz 电力宽带无线通信系统　第 9 部分：通信终端与核心网接口技术规范
43	T/RAC 023.10—2020	基于 LTE 技术的 230MHz 电力宽带无线通信系统　第 10 部分：核心网间接口技术规范
44	YD/T 2853—2015	LTE 无线网络安全网关技术要求
45	Q/GDW 11700—2017	国家电网公司电力无线公网技术要求
46	Q/GDW 11118—2013	基于无线 API 虚拟专网的电压监测装置信息安全接入规范
47	Q/GDW 1927—2013	智能电网移动作业 PDA 终端安全防护规范
48	3GPP TS 23.501	5G 系统的系统架构（System Architecture for the SG System）
49	3GPP TS 24.380	关键任务一键通媒体平面控制：协议［Mission Critical Push To Talk（MCPTT）media plane control；Protocol specification］
50	3GPP TS 27.007	用于用户设备（UE）的 AT 命令集 AT command set for user equipment（UE）
51	3GPP TS 33.401	3GPP 系统结构演进：安全架构［3GPP System Architecture Evolution（SAE）；Security architecture］
52	3GPP TS 38.101-1	新空口 NR；用户设备（UE）无线发射和接收；第一部分：频段范围 1 独立组网［NR；User Equipment（UE）radio transmission and reception；Part 1：Range 1 Standalone］
53	3GPP TS 38.508-1	5G 系统，用户设备（UE）一致性规范；第 1 部分：通用测试环境［5GS；User Equipment（UE）conformance specification；Part 1：Common test environment］
54	3GPP TS 38.521-1	新空口 NR；用户设备（UE）一致性规范；射频发射与接收：频段范围 1 独立组网［NR；User Equipment（UE）conformance specification；Radio transmission and reception；Part 1：Range 1 Standalone］

续表

序号	标准号	标准名称
55	ITU-T X.805—2003	端到端通信系统安全架构（Security architecture for systems providing end-to-end communications）
56	YD/T 3615—2019	5G 移动通信网　核心网总体技术要求
57	YD/T 3616—2019	5G 移动通信网　核心网网络功能技术要求
58	YD/T 3618—2019	5G 数字蜂窝移动通信网　无线接入网总体技术要求（第一阶段）
59	YD/T 3628—2019	5G 移动通信网　安全技术要求
60	YD/T 3929—2021	5G 数字蜂窝移动通信网　6GHz 以下频段基站设备技术要求（第一阶段）
61	GB/T 37937—2019	北斗卫星授时终端技术要求
62	GB/T 37943—2019	北斗卫星授时终端测试方法
63	GB/T 37911.1—2019	电力系统北斗卫星授时应用接口　第 1 部分：技术规范
64	GB/T 37911.2—2019	电力系统北斗卫星授时应用接口　第 2 部分：检测规范
65	GB/T 39267—2020	北斗卫星导航术语
66	GB/T 39473—2020	北斗卫星导航系统公开服务性能规范
67	GB/T 39787—2021	北斗卫星导航系统坐标系
68	YD/T 1479—2006	一级基准时钟设备技术要求及测试方法
69	DL/T 1614—2016	电力应急指挥通信车技术规范
70	DL/T 798—2002	电力系统卫星通信运行管理规程
71	YD/T 3908—2021	卫星移动通信终端通用技术要求和测试方法
72	YD/T 984—1998	卫星通信链路大气和降雨衰减计算方法
73	YD/T 3934—2021	Ka 频段移动中使用的车载卫星通信地球站通用技术要求
74	YD/T 3933—2021	Ka 频段静止中使用的车载卫星通信地球站通用技术要求
75	YD/T 3812—2020	卫星固定业务对地静止卫星网络地球站的偏轴等效全向辐射功率密度限值计算方法
76	Q/GDW 11394.2—2016	国家电网公司频率同步网技术基础　第 2 部分：同步网节点时钟设备技术要求
77	Q/GDW 11394.3—2016	国家电网公司频率同步网技术基础　第 3 部分：同步网节点时钟设备测试方法
78	BD 420006—2015	全球卫星导航系统（GNSS）定时单元性能要求及测试方法
79	BDJ 120004—2019	北斗卫星导航系统时间

序号	标准号	标准名称
80	BD 420007—2015	北斗用户终端 RDSS 单元性能要求及测试方法
81	GB/T 33845—2017	接入网技术要求　吉比特的无源光网络（GPON）

　　本地通信包含无源光网络、配电线载波、中压电力线载波、低压电力线载波、LoRa、微功率无线、Wi-Fi、蓝牙等，主要用于物联网感知层数据采集、移动作业等场景。目前本地通信相关技术标准如表 8-6 所示。

表 8-6　　　　　　　　　　　　　终端通信网标准现状

序号	标准号	标准名称
1	GB/T 33845—2017	接入网技术要求　吉比特的无源光网络（GPON）
2	Q/GDW/Z 1939—2013	电力无线传感器网络信息安全指南
3	Q/GDW 583—2011	电力以太网无源光网络（EPON）系统互联互通技术规范和测试方法
4	Q/GDW 582—2011	电力光纤到户终端安全接入规范
5	Q/GDW 543—2010	电力光纤到户施工及验收规范
6	Q/GDW 542—2010	电力光纤到户运行管理规范
7	Q/GDW 541—2010	电力光纤到户组网典型设计
8	Q/GDW 524—2010	吉比特无源光网络（GPON）系统及设备入网检测规范
9	Q/GDW 523—2010	吉比特无源光网络（GPON）技术条件
10	Q/GDW 1857—2013	无线传感器网络设备电磁电气基本特性规范
11	Q/GDW 12186—2021	输变电设备物联网通信安全规范
12	Q/GDW 12184—2021	输变电设备物联网传感器数据规范
13	Q/GDW 12101—2021	电力物联网本地通信网技术导则
14	Q/GDW 12087—2021	输变电设备物联网传感器安装及验收规范
15	Q/GDW 12084—2021	输变电设备物联网无线传感器通信模组　技术规范
16	Q/GDW 12083—2021	输变电设备物联网无线节点设备　技术规范
17	Q/GDW 12021—2019	输变电设备物联网节点设备无线组网协议
18	Q/GDW 12020—2019	输变电设备物联网微功率无线网通信协议

序号	标准号	标准名称
19	Q/GDW 11975—2019	电子标签通用技术要求与测试规范
20	Q/GDW 11939—2018	电子 RFID 标签应用接口技术规范
21	Q/GDW 11759—2017	电网一次设备电子标签技术规范
22	DL/T 1241—2013	电力工业以太网交换机技术规范
23	DL/T 1574—2016	基于以太网方式的无源光网络（EPON）系统技术条件
24	Q/GDW 11612—2016	低压电力线宽带载波通信互联互通技术规范
25	Q/GDW 11016—2013	电力用户用电信息采集系统通信协议　第4部分：基于微功率无线通信的数据传输协议
26	Q/GDW 10376.2—2019	用电信息采集系统通信协议　第2部分：集中器本地通信模块接口
27	DL/Z 790.11—2001（IDT IEC 61334-1:1995）	采用配电线载波的配电自动化　第1部分：总则　第1篇：配电自动化系统的体系结构
28	DL/T 790.3—2002（IDT IEC 61334-3:2001）	采用配电线载波的配电自动化　配电线载波信号传输要求
29	DL/T 790.4—2002（IDT IEC 61334-4:1996）	采用配电线载波的配电自动化　第4部分：数据通信协议
30	DL/Z 790.5—2002（IDT IEC 61334-5:2001）	采用配电线载波的配电自动化　第5部分：低层协议集
31	DL/T 790.6—2010（IDT IEC 61334-6:2000）	采用配电线载波的配电自动化　第6部分：A-XDR 编码规则
32	DL/T 1173—2012	电力线载波机接口技术要求
33	DL/T 546—2012	电力线载波通信运行管理规程
34	DL/T 5189—2004	电力线载波通信设计技术规程
35	DL/T 1124—2009	数字电力线载波机
36	GB/T 7329—2008	电力线载波结合设备
37	GB/T 19749—2005（IDT IEC 60358:1990，MOD）	耦合电容器及电容分压器
38	T/CEC 0318—2022	中压电力线载波通信技术规范

8.3.1.2　国际标准化现状

国际上针对信息交互网络的标准主要侧重于网络框架、网络交互协议和信息交互接口制定。

信息交互接口的标准主要有 IEC 62559《用例方法》、IEC 62913《通用智能电网要求》、IEC 62746《客户能源管理系统与动力管理系统之间的系统接口》、IEC 62939《智能电网用户界面》和 IEC 62872《工业过程测量、控制和自动化》、ISO/IEC 15067《信息技术　家用电子系统（HES）应用模型》和 CEI EN 50491《电子家庭和建筑系统（HBES）以及建筑自动化和控制系统（BACS）的一般要求》等系列标准，具体标准梳理如表 8-7 所示。

表 8-7　　　　　　　　　　　　　信息交互接口国际标准统计

序号	标准号	名称
1	IEC TR 62559-1:2019	用例方法学　第 1 部分：标准化中的概念和过程
2	IEC 62559-3:2017	用例方法学　第 3 部分：将用例模板工件定义为 XML 序列化格式
3	IEC SRD 62559-4:2020	用例方法学　第 4 部分：IEC 标准化过程用例开发中的最佳实践和标准化以外应用的一些示例
4	IEC SRD 62913-1:2019	通用智能电网要求　第 1 部分：根据 IEC 系统方法定义通用智能电网要求用例方法的具体应用
5	IEC SRD 62913-2-1:2019	通用智能电网要求　第 2-1 部分：与电网相关的领域
6	IEC SRD 62913-2-2:2019	通用智能电网要求　第 2-2 部分：市场相关领域
7	IEC SRD 62913-2-3:2019	通用智能电网要求　第 2-3 部分：连接到网格域的资源
8	IEC SRD 62913-2-4:2019	通用智能电网要求　第 2-4 部分：电力运输相关领域
9	IEC TR 63097:2017	智能电网标准化路线图
10	IEC TR 62746-2:2015	客户能源管理系统和电源管理系统之间的系统接口　第 2 部分：用例和要求
11	IEC TS 62746-3:2015	客户能源管理系统和电源管理系统之间的系统接口　第 3 部分：体系结构
12	IEC 62746-10-1:2018	客户能源管理系统和电源管理系统之间的系统接口　第 10-1 部分：开放式自动需求响应
13	IEC 62746-10-3:2018	客户能源管理系统和电力管理系统之间的系统接口　第 10-3 部分：开放式自动化需求响应　使智能电网用户接口适应 IEC 通用信息模型
14	IEC TR 62939-1:2014	智能电网用户界面　第 1 部分：界面概述和国家视角

续表

序号	标准号	名称
15	IEC TS 62939–2:2018	智能电网用户界面　第 2 部分：体系结构和要求
16	EC TS 62872–1:2019	工业过程测量、控制和自动化　第 1 部分：工业设备和智能电网之间的系统接口
17	IEC TR 61850–90–8:2016	电力设施自动化通信网络和系统　第 90–8 部分：电子移动的对象模型
18	EN 50491–11:2015/A1:2020	家用和建筑电子系统（HBES）和建筑自动化和控制系统（BACS）的一般要求　第 11 部分：智能计量　应用规范　简单外部消费显示器
19	EN 50491–12–1:2018	家庭和建筑电子系统（HBES）和建筑自动化和控制系统（BACS）的一般要求　智能电网　应用规范　客户接口和框架　第 12–1 部分：CEM 和家庭 / 建筑资源管理器之间的接口　一般要求和体系结构
20	ISO/IEC 15067–3:2012	信息技术　家用电子系统（HES）应用模型　第 3 部分：家用电子系统的需求响应能源管理系统模型
21	ISO/IEC TR 15067–3–2:2016	信息技术　家用电子系统（HES）应用模型　第 3–2 部分：GridWise. 互操作性环境设置框架
22	ISO/IEC 15067–3–3:2019	信息技术　家用电子系统（HES）应用模型　第 3–3 部分：需求响应能源管理用相互作用的能源管理代理（ema）系统模型

8.3.1.3　标准差异性分析

国内信息交互网络相关标准构成了一个全面的体系，涵盖了电力特种光缆（OPGW、ADSS）、同步数字系列（SDH）、光传送网（OTN）、数据网、远程通信、本地通信等多个方面。这些标准确保了通信网络的可靠性、安全性、互操作性和先进性。在标准的数量和层级方面，国内通信网络相关技术标准共计 90 项，其中包括国家标准、电力行业标准、国家电网企业标准、通信行业标准等，显示了标准的多样性和多层级结构。在标准的技术内容方面，标准内容涉及通信网络的设计、安装、测试、运行维护、安全防护等多个方面，确保了通信网络的全寿命周期管理。在标准的更新和维护方面，部分标准为近年来制定或修订，显示了国内通信网络标准的更新和维护工作正在积极进行中。在国际标准的采用方面，部分是采用国际标准（如 IEC 标准），这有助于提升国内标准的国际化水平和兼容性。在企业标准的参与程度方面，国家电网企业标准（Q/GDW）在通信网络标准中占据了一定比例，反映了企业在标准化工作中的积极参与和对行业需求的快速响应。

　　IEC 还制定了一系列关于电网与用户接口的标准。这些标准涵盖了智能电网的需求定义、用户界面、通信网络、电力计量、需求响应能源管理等多个方面。例如，IEC 62559《用例方法》系列标准涉及用例方法学，IEC 62913《通用智能电网要求》系列标准关注智能电网的通用需求，IEC 62746《客户能源管理系统与动力管理系统之间的系统接口》系列标准则专注于客户能源管理系统与电力管理系统之间的系统接口等。这些标准不仅在各自的技术委员会（TC）中完成，而且基于智能电网的核心标准和用户侧总线（如 KNX、工业现场总线）标准完成，确保电网与用户的无缝连接。在电网与用户接口标准的制定过程中，国家间的合作与协调是必不可少的。例如，美国的 OPENADR 2.0 标准已基本被 IEC 标准替代，部分内容转换为与 IEC 标准无缝连接的接口。此外，通信层的标准主要由国际电信联盟（ITU）和欧洲电信标准协会（ETSI）完成。

　　因此，国内通信网络标准更侧重于满足国内通信网络建设和运营的需求，而 IEC 系列标准则专注于为全球电力系统自动化提供一个统一的通信框架和通信接口。国内外标准在技术内容、适用范围和实施监管等方面各有侧重，但都对确保通信网络的可靠性和效率发挥着重要作用。

8.3.2　需求分析

　　在"双碳"目标驱动下，电网"双高"形态，"双峰"特征更加凸显，电网控制从发电侧、输变电向配电网、分布式电源和用户侧末端拓展。新形势下电力生产结构的变化，将极大改变电力通信网形态。新型电力系统对通信通道的需求不断增长，对通信网覆盖范围、运行可靠性、接入灵活性、网络性能指标要求更加严苛，为满足大电网安全稳定运行需要，通信网络在新型电力系统构建中所扮演的角色越来越重要，相关技术标准的需求如下：

　　（1）电力光纤方面，光纤通信网作为电力系统最大的专用通信网也将发挥更重要的作用，在电力光纤选型、终端接入技术、波分复用系统、通信网络规划设计、运营管理等方面尽快布局。

　　（2）电力无线专网方面，1.8G 电力无线专网能够对电力光纤进行补充覆盖，适合大容量、大带宽、高速率、高频谱利用率的无线接入业务。随着电网规模的扩大，电力无线专网的优势更加明显，在电力无线专网的运营、维护、网络优化，以及 SIM 卡安全方面应加快布局。

　　（3）电力 5G 方面，5G 通信网络相较于传统无线专用虚拟网络，具备更低的时延、更高的速率、更大终端接入数量、更高的稳定及安全性。随着分布式电源电力监控、配电自动化、用电负荷管理、综合能源管理等业务的推广并使用，5G 切片网络的应用将越来越广泛。通过 5G 网络切片技术，可以为电力行业定制业务专网服务，更好地满足电网业务差异化需求。5G 在电力行业的全面应用，还需在顶层架构设计、应用开发技术、终端技术要求等方面进行布局。

（4）中压电力线载波方面，中压电力线载波通信作为电力公司专有的有线通信方式，其带宽达到 500kbit/s 以上，端到端时延满足 5ms，在架空线、电缆线路，点对点传输距离分别达到 15、5km。中压载波能够承载电力调度自动化（负荷管理、分布式能源控制等）、配电自动化（二遥、三遥等）、用电信息采集等业务。结合国内中压载波的技术发展、电力业务的需求，建议在中压电力线载波的规划、技术、运行、验收、维护等方面进行标准布局，从而更好地发挥电力线这一专用通信特点。

（5）卫星通信方面，卫星通信具有覆盖面广、距离远、不受地理条件限制、性能稳定可靠、组网灵活等优点。同时随着北斗技术在电力领域的应用，卫星通信逐步在窄带物联通信方面展现出性能稳定可靠等优势，适配感知终端的数据传输，满足卫星及其他方式通信的互备需求，加快在卫星窄带物联通信、星地网络切换方面进行标准布局。

（6）终端通信网方面，光通信接入网、电力线载波，以及无线通信技术的应用，目前存在规划不足、标准不统一等问题，需在本地通信网的网络规划、带宽需求、灵活组网方面加大布局力度。

8.3.3 标准规划

针对新型电力系统中业务信息交互技术和标准需要，通信网络拟从电力业务应用、通信网络和数据交换格式三方面规划信息网络交互相关标准。从电力业务应用业务上，拟规划《5G 网络切片电力应用技术要求》行业标准，规范电力 5G 切片管理能力和电力业务应用方法，指导各类业务用好 5G 技术。规划《中压电力线载波技术规范》，规定中压电力线载波通信技术在不同电力业务的具体应用方法，结合行业实际需求用好电力线载波这一电力行业特有通信方式。无线通信方面，拟规划《变电站宽窄带融合无线通信网络技术规范》，规定变电站内无线通信网络的频谱规划、通信方式等，实现不同业务的灵活可靠接入。规划《电力移动作业终端无线通信技术规范》，规定适用于电力移动作业终端设备的无线通信技术要求和安全防护方法，实现移动作业设备与其他设备的可靠通信，做到互联互通。数据交换格式方面，拟规划《客户侧用电负荷暂态数据交换通用格式》，规定用电负荷暂态数据交换通用格式的文件要求，涉及配置文件、数据文件、标注文件。拟规划《工商业用户负荷数据交换通用要求》，规范工商业用户总表、分支路及设备末端表计的数据采集及存储要求，提供一种用于进行数据交换的数据格式。

信息交互网络相关标准规划路线如图 8-3 所示。

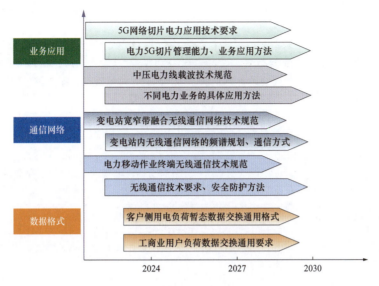

图 8-3　信息交互网络相关标准规划路线

8.4　信息交互协议

8.4.1　标准化现状

8.4.1.1　国内标准化现状

（1）电力营销专业。国内电力营销专业涉及的相关通信协议主要包括 DL/T 645—2007《多功能电能表通信协议》协议、Q/GDW 1376《电力用户用电信息采集系统通信协议》系列标准、DL/T 698.45-2017《电能信息采集与管理系统　第4-5部分：通信协议—面向对象的数据交换协议》协议、CJ/T 188—2018《户用计量仪表数据传输技术条件》协议。

国内电力营销专业信息交互协议相关标准梳理如表 8-8 所示。

表 8-8　　　　　　　　　国内电力营销专业信息交互协议相关标准

序号	标准号	标准名称
1	DL/T 645—2007	多功能电能表通信协议
2	CJ/T 188—2018	户用计量仪表数据传输技术条件
3	GB/T 18657.1—2002	远动设备与系统　第 5 部分：传输规约　第 1 篇：传输帧格式（IDT IEC 60870-5-1:1990）
4	GB/T 18657.2—2002	远动设备与系统　第 5 部分：传输规约　第 2 篇：链路传输规则（IDT IEC 60870-5-2:1992）

序号	标准号	标准名称
5	GB/T 18657.3—2002	远动设备与系统　第5部分：传输规约　第3篇：应用数据的一般结构（IDT IEC 60870-5-3:1992）
6	GB/T 18657.4—2002	远动设备与系统　第5部分：传输规约　第4篇：应用信息元素定义和编码（IDT IEC 60870-5-4:1992）
7	GB/T 18657.5—2002	远动设备与系统　第5部分：传输规约　第5篇：基本应用功能（IDT IEC 60870-5-5:1995）
8	Q/GDW 130—2005	电力负荷管理系统数据传输规约
9	Q/GDW 1376.1—2012	电力用户用电信息采集系统通信协议　第1协议：主站与采集终端通信协议
10	Q/GDW 1376.2—2013	电力用户用电信息采集系统通信协议　第2部分：集中器本地通信模块接口协议
11	Q/GDW 1376.3—2013	电力用户用电信息采集系统通信协议　第3部分：采集终端远程通信模块接口协议
12	DL/T 698.45—2017	电能信息采集与管理系统　第4-5部分：通信协议—面向对象的数据交换协议
13	Q/GDW 11778—2017	面向对象的用电信息数据交换协议
14	Q/GDW 11016—2014	电力用户用电信息采集系统通信协议　第4部分：基于微功率无线通信的数据传输协议
15	Q/GDW 11612.41—2018	低压电力线高速载波通信互联互通技术规范　第4-1部分：物理层通信协议
16	Q/GDW 11612.42—2018	低压电力线高速载波通信互联互通技术规范　第4-2部分：数据链路层通信协议
17	Q/GDW 11612.43—2018	低压电力线高速载波通信互联互通技术规范　第4-3部分：应用层通信协议
18	Q/CSG 10015—2007	负荷管理系统数据传输规约
19	Q/CSG 12101.8—2008	营销自动化系统负荷管理终端、配电变压器监测计量终端及低压抄表集中器通信协议

（2）输配电专业。在国内输配电专业领域，通信协议行业标准等同采用国际标准，整体情况如表8-9所示。

表 8-9   国内输配电专业领域通信协议标准

序号	标准号	标准名称
1	DL/T 634.5101—2022	远动设备及系统　第 5-101 部分：传输规约　基本远动任务配套标准
2	DL/T 719—2000	远动设备及系统　第 5 部分：传输规约　第 102 篇：电力系统电能累计量传输配套标准
3	DL/T 667—1999	远动设备及系统　第 5 部分：传输规约　第 103 篇：继电保护设备信息接口配套标准
4	DL/T 634.5104—2009	远动设备及系统　第 5-104 部分：传输规约　采用标准传输协议子集的 IEC 60870-5-101 网络访问
5	DL/Z 860.1—2018	电力自动化通信网络和系统　第 1 部分：概论
6	DL/Z 860.2—2006	变电站通信网络和系统　第 2 部分：术语
7	DL/T 860.3—2004	变电站通信网络和系统　第 3 部分：总体要求
8	DL/T 860.4—2018	电力自动化通信网络和系统　第 4 部分：系统和项目管理
9	DL/T 860.5—2006	变电站通信网络和系统　第 5 部分：功能的通信要求和装置模型
10	DL/T 860.6—2012	电力企业自动化通信网络和系统　第 6 部分：与智能电子设备有关的变电站内通信配置描述语言
11	DL/T 860.71—2014	电力自动化通信网络和系统　第 7-1 部分：基本通信结构原理和模型
12	DL/T 860.72—2013	电力自动化通信网络和系统　第 7-2 部分：基本信息和通信结构 - 抽象通信服务接口（ACSI）
13	DL/T 860.73—2013	电力自动化通信网络和系统　第 7-3 部分：基本通信结构公用数据类
14	DL/T 860.74—2014	电力自动化通信网络和系统　第 7-4 部分：基本通信结构　兼容逻辑节点类和数据类
15	DL/T 860.81—2016	电力自动化通信网络和系统　第 8-1 部分：特定通信服务映射（SCSM）- 映射到 MMS（ISO 9506-1 和 ISO 9506-2）及 ISO/IEC 8802-3
16	DL/T 860.92—2016	电力自动化通信网络和系统　第 9-2 部分：特定通信服务映射（SCSM）- 基于 ISO/IEC 8802-3 的采样值
17	DL/T 860.10—2018	电力自动化通信网络和系统　第 10 部分：一致性测试

8.4.1.2　国际标准化现状

（1）电力营销专业。国外电力营销专业通信协议以 IEC 62056《电能计量数据交换》系列标准为主，IEC 62056《电能计量数据交换》系列标准体系整体上分两大部分，即 COSEM 和 DLMS，一部分是与通信协议、介质无关的电能计量配套技术规范（COSEM），包括 IEC 62056-6-1（OBIS）和 IEC 62056-6-2（接口类）两部分；另一部分是依据 OSI 参考模型和 IEC 61334《采用配电线载波系统的配电自动化》系统标准制定的通信协议模型，即设备语言报文规范（DLMS）。该标准体系不仅适用于电能计量，而是集电、水、气、热统一定义的标准规范，支持多种通信介质接入方式，其良好的系统互连性和互操作性是迄今为止较为完善的计量仪表通信标准。

IEC 62056《电力计量数据交换》系列已发布标准如表 8-10 所示。

表 8-10　　　　　　　　　　　　国际电力营销专业系列标准

序号	标准号	标准名称
1	IEC 62056-1-0:2014	电力计量数据交换　DLMS/COSEM 套件　第 1-0 部分：智能计量标准框架
2	IEC 62056-6-1:2023	电力计量数据交换　DLMS/COSEM 套件　第 6-1 部分：目标识别系统（OBIS）
3	IEC 62056-6-2:2023	电力计量数据交换　DLMS/COSEM 套件　第 6-2 部分：COSEM 接口类
4	IEC TS 62056-6-9:2016	电力计量数据交换　DLMS/COSEM 套件　第 6-9 部分：通用信息模型消息配置文件（IEC 61968-9）和 DLMS/COSEM（IEC 62056）数据模型和协议之间的映射
5	IEC TS 62056-1-1:2016	电力计量数据交换　DLMS/COSEM 套件　第 1-1 部分：DLMS/COSEM 通信配置文件标准模板
6	IEC 62056-3-1（REDLINE + STANDARD）:2021	电力计量数据交换　DLMS/COSEM 套件　第 3-1 部分：带载波信号的双绞线局域网的使用
7	IEC 62056-4-7:2015	电力计量数据交换　DLMS/COSEM 套件　第 4-7 部分：IP 网络用 DLMS/COSEM 传输层
8	IEC 62056-5-3（REDLINE + STANDARD）:2016	电力计量数据交换　DLMS/COSEM 套件　第 5-3 部分：DLMS/COSEM 应用层
9	IEC 62056-7-3:2017	电力计量数据交换　DLMS/COSEM 套件　第 7-3 部分：局域网和临域网的有线和无线仪表总线通信配置文件
10	IEC 62056-7-5:2016	电力计量数据交换　DLMS/COSEM 套件　第 7-5 部分：本地网络（LN）的本地数据传输配置文件
11	IEC 62056-7-6:2013	电力计量数据交换　DLMS/COSEM 套件　第 7-6 部分：3 层面向连接的 HDLC 的基础通信配置文件

（2）输配电专业。国外输配电专业通信协议主要包括两大体系：IEC 60870-5《远动设备和系统　第 5 部分：传输规约》远动通信协议体系、IEC 61850-7《变电所的通信网络和系统　第 7 部分》变电站数据通信协议体系。

IEC 60870-5《远动设备和系统　第 5 部分：传输规约》、IEC 61850-7《变电所的通信网络和系统　第 7 部分》系列已发布标准如表 8-11 所示。

表 8-11　　　　　　　　　　　　　　国际输配电专业通信协议

序号	标准号	标准名称
1	IEC 60870-5-101 AMD 1:2015	远动设备和系统　第 5-101 部分：传输协议　基本远动任务的配套标准　修改件 1
2	IEC 60870-5-1:1990	远动设备和系统　第 5 部分：传输规约　第 1 节：传输帧格式
3	IEC 60870-5-2:1992	远动设备和系统　第 5 部分：传输规约　第 2 节：链路传输规程
4	IEC 60870-5-3:1992	远动设备和系统　第 5 部分：传输规约　第 3 节：应用数据的一般结构
5	IEC 60870-5-4:1993	远动设备和系统　第 5 部分：传输规约　第 4 节：应用信息元素的定义和编码
6	IEC 60870-5-5:1995	远动设备和系统　第 5 部分：传输规约　第 5 节：基本应用功能
7	IEC 60870-5-102:1996	远动设备和系统　第 5 部分：传输规约　第 102 节：电力系统中累计总量传输的配套标准
8	IEC 60870-5-103:1997	远动设备和系统　第 5 部分：传输规约　第 103 节：保护设备信息接口的配套标准
9	IEC 60870-5-104 AMD 1:2016	遥控设备和系统　第 5-104 部分：传输协议　使用标准传输轮廓的 IEC 60870-5-101 所列标准的网络存取　修改件 1
10	IEC 61850-7-2 AMD 1:2020	电源效用自动化控制用通信网络和系统　第 7-2 部分：基本信息和通信架构　抽象通信服务接口（ACSI）　修改件 1
11	IEC 61850-7-3 AMD 1:2020	功率效用自动控制用通信网络和系统　第 7-3 部分：基本通信结构　公用数据类别　修改件 1
12	IEC 61850-7-4 AMD 1:2020	变电所的通信网络和系统　第 7-4 部分：基本通信结构　兼容逻辑节点种类和数据对象种类　修改件 1

8.4.1.3　标准差异性分析

国内信息交互协议相关标准构成了一个全面的体系，涵盖了远程通信协议、本地通信协议、物联网通信协议、多能源融合信息交互协议等多个方面。在标准的技术内容方面，标准内容涉及通信协议的设计、测试、运行维护、等多个方面，确保了通信协议的全寿命周期管理。在标准的更新和维护方面，部分标准为近年来制定或修订，显示了国内信息交互协议的更新和维护工作正在积极进行中。在国际标准的采用方面，部分是采用国际标准（如 IEC 标准），这有助于提升国内标准的国际化水平和兼容性。在企业标准的参与程度方面，国家电网企业标准（Q/GDW）在通信网络标准中占据了一定比例，反映了企业在标准化工作中的积极参与和对行业需求的快速响应。

国际标准主要侧重于通用性和全球适用性，如 IEC 61850《电力自动化通信网络与系统》系列标准，更多关注于电力系统自动化的通信网络和系统，提供了一系列国际标准，以确保电力系统中智能电子设备（IED）之间的有效通信和数据交换。主要针对电力系统，特别是变电站自动化、配电自动化等领域，为电力系统提供一个统一的通信和互操作性框架。虽然在国际上具有广泛的认可度，但在不同国家的具体实施可能需要结合当地的法规和标准体系。并且，IEC 61850《电力自动化通信网络与系统》系列标准更新周期可能较长，需要在全球范围内达成共识，并考虑到不同国家和地区的接受程度。

8.4.2　需求分析

现有电力营销专业协议没有抽象出独立的、通用的传输层，也未定义更广泛业务的应用数据模型，且在行业中使用时间较短，较少被其他领域的末端传感设备采用。输配电专业协议既有同质化重复制定问题，又有相对孤立、功能缺失问题，导致协议之间配套性、体系性不强。现有协议的设计之初，未充分考虑到电网业务与物联网融合的趋势，因此在应用于泛在电力物联网场景时存在着诸多限制。其他应用于物联网的互联网协议仅是传输层协议，未统一定义，也难以定义广泛通用的应用数据模型，均不适合直接在电力物联网的业务场景中应用。同时，上述三方面协议之间也没有合理的配套关系，也没有规范化的运用原则。

在目前的通信协议中，物理量模型基本沿用 IEC 62056《电能计量数据交换》系列标准的定义模式，虽有一定的抽象性，但也都是事先在协议中根据业务模型定义的，只能以固定的形式存在，不能灵活定义。泛在电力物联网接入之后，需要采集的物理量将会产生未定义的类型，但目前的物理量已经不能产生新类型。随着业务的不断扩展，物理量的类型仍会进一步增加。以目前协议的定义方式，只能不断进行协议扩展，更新协议文本，同时进行采集终端的升级，耗费大量的资源。

在客户侧泛在电力物联网的建设方案中，边缘层的终端设备承载了一定的边缘计算的工作。在目前的协议体系中，针对边缘计算的支持相对较少。需要在协议中，增加与边缘计算相关的内容。

电力营销系统协议包含了部分已经固化的业务适配规则，但并不适用于其他业务，也不利于独立修改。输配电系统协议不包含业务适配规则，完全由使用者自定义，几乎没有通用性。互联网传输协议也完全没有业务适配规范，导致每个应用系统是各自自定义的 profile，没有通用性，不利于客户侧泛在电力物联网的建设。

8.4.3　标准规划

为推动构建新型电力系统电磁测量技术的发展，需要持续完善信息交互协议系列标准，制定应用数据模型、物理量模型、边缘计算规范、业务适配规范等标准，规范信息交互协议标准。在数据模型方面计划制定应用数据模型通用标准 1 项；在物理量模型方面计划制定物理量模型管理规范 1 项；在边缘计算方面计划制定边缘计算设计规范 1 项；在业务适配方面计划制定通用业务适配规范 1 项。

信息交互协议标准规划路线如图 8-4 所示。

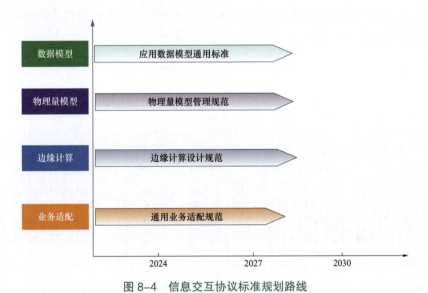

图 8-4　信息交互协议标准规划路线

第9章 业务应用类技术标准体系布局

9.1 范围

新型电力系统电磁测量业务应用领域划分根据实现数字化、信息化采集传输的传感量测数据的应用开展，主要可分为信息采集、需求侧管理、电能替代、新能源接入、综合能源管理等相关标准，如图 9-1 所示。

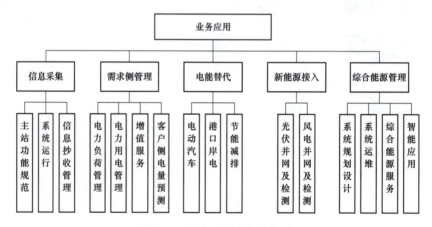

图 9-1 业务应用类标准体系

9.1.1 信息采集类标准

信息采集管理类标准主要包括主站功能规范类标准、系统运行类标准、信息采集类标准。这些标准旨在确保新型电力系统建设规范有序推进，实现信息采集系统的"全覆盖、全采集、全费控"建设目标。同时，也支持电能数据的自动采集、计量异常检测、电能质量检测，以及用电分析和管理等功能。其中，主站功能规范类标准主要包括信息采集系统的基本功能和性能指标，如数据采集、数据管理、控制、综合应用、运行维护管理、系统接口、技术指标等。系统运行类标准主要涉及信息采集系统的可靠性和可用性，确保系统稳定运行，满足新型电力系统要求相关标准。信息采集类标准主要包括分布式光伏、储能等新型电力系统数据抄收管理系统相关标准。

9.1.2　需求侧管理类标准

需求侧管理类标准主要涵盖新型电力负荷管理、市场化交易服务、电力客户用电管理、多能互补及增值服务、客户侧电力电量预测等五大部分的技术标准，旨在提升电力需求侧管理水平，提升客户侧电气化率，切实保障电力系统的安全稳定运行，促进能源高效经济利用。其中，新型电力负荷管理部分，主要研究并建立可控能力分析与管理、系统可靠性监测运维，以及智能需求响应等方面的标准。市场化交易服务部分，主要研究并建立支撑虚拟电厂、负荷聚合商、分布式电源、用户侧储能等作为重要市场主体，参与辅助服务市场、电能量市场和现货市场交易的技术和服务标准。电力客户用电管理部分，主要研究并建立重大活动保电、重要客户用电检查、负荷管理安全用电等方面的标准。多能互补及增值服务部分，主要研究并建立多能互补服务、能效评价等方面的标准。具体，多能互补服务包括智慧能源服务系统与综合能源服务两方面；能效评价包括用能数据结构与模型、智慧能效诊断、数据服务效果评价三方面。客户侧电力电量分析预测部分，主要研究并规范本方向内基础共性、客户侧用电数据质量提升、工作评价等电力需求侧业务管理方面的标准，以及规划多场景、多类别电力电量分析预测方法等基础性应用技术方面的标准。

9.1.3　电能替代类标准

电能替代类标准主要包括电动汽车、港口岸电和节能减排认定等方面的标准。其中，在电动汽车方面，主要涉及电动汽车电能补给设备、服务网络、建设与运行、车网互动终端、充换电设施运行监管平台等技术标准。在港口岸电方面主要包括港口岸电充电设备、系统、运行和验收的相关标准。在电制冷与制热方面，主要包括电制冷、制热装置本体或其热性能评价及试验方法，以及其运行监测平台的建设与运行等相关标准。在评价认定方面，主要包括节能与健康状态评价、电网侧的灵活互动能力评价、健康状态评价方法和替代项目认定与稽核等相关标准。

9.1.4　新能源接入类标准

新能源接入类标准主要包括光伏接入、风电接入类标准。其中，光伏接入类标准主要包括光伏发电机组场站接入、检测、运行评估、能量预测、电网适应性等标准。风电接入类标准主要包括海上风电场接入、风电机组测试、风电机组并网评价、能量预测评价等标准。新能源接入类标准共同构成了支持新能源健康、高效、安全并网的规范体系。

9.1.5 综合能源管理类标准

综合能源管理系统是以电热气多能源、源网荷储多供应环节间协同互动的能源系统，主要包括系统规划设计、系统运维、综合能源增值服务和智能应用四个方面。其中，规划设计相关标准涉及系统全寿命周期内多元能源需求和区域负荷情况下的优化运行相关标准，实现系统协同优化，降低用能成本，提高系统能效水平，高效消纳可再生能源目的。系统维护相关标准涉及综合能源系统运行管理与设备状态维护相关标准，满足与电网友好互动、能源交易等前提下，以系统降低用能成本、设备状态保持等为优化目标进行运行策略的制定与执行。综合能源增值服务标准涉及由能源产业结构转型和先进数字技术发展演化的能源产业结构重塑，打造虚拟电厂、绿色金融和能源交易等多形态能源增值服务等相关标准，实现能源流、信息流、价值流的友好交互，推动用能企业高效可持续性发展。智能应用主要涉及集群并网、高效运行、灵活互动等相关标准，提升源网荷储全环节、多主体的灵敏感知、智能决策、精准控制能力。

9.2 信息采集

9.2.1 标准化现状

9.2.1.1 国内标准化现状

信息采集相关标准涵盖电力系统管理、自动抄表系统、社区能源计量抄收系统、智慧城市数据融合、电能信息采集与管理、配电自动化、分布式电源接入配电网监控、微电网接入配电网、信息采集、电能服务管理、用户能源管理等多个标准类别。每个标准类别下的标准都划分为多个部分，如信息采集系统技术规范分为采集系统主站、专用变压器采集终端、集中抄表终端等部分。标准内容涵盖信息采集系统的各个方面，包括总则、功能、测试、运维等，形成了较为完整的技术体系。具体标准梳理情况如表 9-1 所示。

表 9-1 信息采集管理相关国内标准

序号	标准号	标准名称
1	GB/T 38853—2020	用于数据采集和分析的监测和测量系统的性能要求
2	GB/T 19882.211—2010	自动抄表系统　第 211 部分：低压电力线载波抄表系统　系统要求
3	GB/T 19882.212—2012	自动抄表系统　第 212 部分：低压电力线载波抄表系统　载波集中器

序号	标准号	标准名称
4	GB/T 19882.213—2012	自动抄表系统　第 213 部分：低压电力线载波抄表系统　载波采集器
5	GB/T 19882.214—2012	自动抄表系统　第 214 部分：低压电力线载波抄表系统　静止式载波电能表特殊要求
6	GB/T 26831.3—2012	社区能源计量抄收系统规范　第 3 部分：专用应用层
7	GB/T 36625.3—2021	智慧城市　数据融合　第 3 部分：数据采集规范
8	GB/T 36625.4—2021	智慧城市　数据融合　第 4 部分：开放共享要求
9	GB/T 28815—2012	电力系统实时动态监测主站技术规范
10	GB/T 31991.1—2015	电能服务管理平台技术规范　第 1 部分：总则
11	GB/T 31991.2—2015	电能服务管理平台技术规范　第 2 部分：功能规范
12	GB/T 31991.3—2015	电能服务管理平台技术规范　第 3 部分：接口规范
13	GB/T 31991.4—2015	电能服务管理平台技术规范　第 4 部分：设计规范
14	GB/T 31991.5—2015	电能服务管理平台技术规范　第 5 部分：安全防护规范
15	GB/T 31993—2015	电能服务管理平台管理规范
16	GB/T 35031.1—2018	用户端能源管理系统　第 1 部分：导则
17	GB/T 35031.2—2018	用户端能源管理系统　第 2 部分：主站功能规范
18	GB/T 35031.6—2019	用户端能源管理系统　第 6 部分：管理指标体系
19	GB/T 35031.7—2019	用户端能源管理系统　第 7 部分：功能分类和系统分级
20	GB/T 35031.301—2018	用户端能源管理系统　第 3-1 部分：子系统接口网关一般要求
21	GB/T 34923.1—2017	路灯控制管理系统　第 1 部分：总则
22	GB/T 34923.2—2017	路灯控制管理系统　第 2 部分：主站技术规范
23	GB/T 34923.3—2017	路灯控制管理系统　第 3 部分：路灯控制管理终端技术规范
24	GB/T 34923.4—2017	路灯控制管理系统　第 4 部分：路灯控制器技术规范
25	GB/T 34923.5—2017	路灯控制管理系统　第 5 部分：安全防护技术规范
26	DL/T 698.1—2021	电能信息采集与管理系统　第 1 部分：总则
27	DL/T 698.2—2021	电能信息采集与管理系统　第 2 部分：主站技术规范

序号	标准号	标准名称
28	DL/T 698.31—2010	电能信息采集与管理系统　第 3-1 部分：电能信息采集终端技术规范　通用要求
29	DL/T 698.32—2010	电能信息采集与管理系统　第 3-2 部分：电能信息采集终端技术规范　厂站采集终端特殊要求
30	DL/T 698.33—2010	电能信息采集与管理系统　第 3-3 部分：电能信息采集终端技术规范　专变采集终端特殊要求
31	DL/T 698.34—2010	电能信息采集与管理系统　第 3-4 部分：电能信息采集终端技术规范　公变采集终端特殊要求
32	DL/T 698.35—2010	电能信息采集与管理系统　第 3-5 部分：电能信息采集终端技术规范　低压集中抄表终端特殊要求
33	DL/T 698.51—2016	电能信息采集与管理系统　第 5-1 部分：测试技术规范—功能测试
34	DL/T 698.61—2021	电能信息采集与管理系统　第 6-1 部分：软件要求　终端软件升级技术要求
35	DL/T 814—2013	配电自动化系统技术规范
36	DL/T 1398.1—2014	智能家居系统　第 1 部分：总则
37	DL/T 1398.2—2014	智能家居系统　第 2 部分：功能规范
38	DL/T 1398.31—2014	智能家居系统　第 3-1 部分：家庭能源网关技术规范
39	DL/T 1398.32—2014	智能家居系统　第 3-2 部分：智能交互终端技术规范
40	DL/T 1398.33—2014	智能家居系统　第 3-3 部分：智能插座技术规范
41	DL/T 1398.34—2014	智能家居系统　第 3-4 部分：家电监控模块技术规范
42	NB/T 33013—2014	分布式电源孤岛运行控制规范
43	DL/T 1863—2018	独立型微电网运行管理规范
44	DL/T 1864—2018	独立型微电网监控系统技术规范
45	DL/T 1311—2013	电力系统实时动态监测主站应用要求及验收细则
46	DL/T 1883—2018	配电网运行控制技术导则
47	T/CEC 122.1—2016	电、水、气、热能源计量管理系统　第 1 部分：总则
48	T/CEC 122.2—2016	电、水、气、热能源计量管理系统　第 2 部分：系统功能规范
49	T/CEC 122.31—2016	电、水、气、热能源计量管理系统　第 3-1 部分：集中器技术规范

序号	标准号	标准名称
50	T/CEC 122.32—2016	电、水、气、热能源计量管理系统　第 3-2 部分：采集器技术规范
51	Q/GDW 12192—2021	信息采集数据接入配网调度技术支持系统技术规范
52	Q/GDW 1382—2013	配电自动化技术导则
53	Q/GDW 1850—2013	配电自动化系统信息集成规范
54	Q/GDW 513—2010	配电自动化主站系统功能规范
55	Q/GDW 677—2011	分布式电源接入配电网监控系统功能规范
56	GB/T 34129—2017	微电网接入配电网测试规范
57	GB/T 34930—2017	微电网接入配电网运行控制规范
58	Q/GDW 11343.1—2014	国家电网通信管理系统运行维护　第 1 部分：系统运维
59	Q/GDW 10373—2019	用电信息采集系统功能规范
60	Q/GDW 10374.1—2019	用电信息采集系统技术规范　第 1 部分：专变采集终端
61	Q/GDW 10374.2—2019	用电信息采集系统技术规范　第 2 部分：集中抄表终端
62	Q/GDW 10375.1—2019	用电信息采集系统型式规范　第 1 部分：专变采集终端
63	Q/GDW 10375.2—2019	用电信息采集系统型式规范　第 2 部分：集中器
64	Q/GDW 10375.3—2019	用电信息采集系统型式规范　第 3 部分：采集器
65	Q/GDW 10376.1—2019	用电信息采集系统通信协议　第 1 部分：主站与采集终端
66	Q/GDW 10379.1—2019	用电信息采集系统检验规范　第 1 部分：系统
67	Q/GDW 10379.2—2019	用电信息采集系统检验规范　第 2 部分：专变采集终端
68	Q/GDW 10379.3—2019	用电信息采集系统检验规范　第 3 部分：集中抄表终端
69	Q/GDW 1650.1—2014	电能质量监测技术规范　第 1 部分：电能质量监测主站

9.2.1.2　国际标准现状

信息采集业务相关的标准主要为 IEC 61850《电力设施自动化通信网络和系统》系列标准。IEC 61850《电力设施自动化通信网络和系统》系列标准通过采用领先的电子计算机、通信、电子和信息管理手段，旨在优化变电站系统二次电气设备的功能，包含继电维护、监测、监控、信息、故障记录、远距离监视和自动化等，以进一步提高系统的能力和可操作性，并测量、监测和控制变电站内所有设备的运行和调节。

　　IEC 61850《电力设施自动化通信网络和系统》系列标准主要侧重于互操作性、信息交互等方面标准的制定，信息采集业务相关 IEC 标准主要为 IEC 61850–4 AMD 1:2020《电力设施自动化通信网络和系统　第 4 部分：系统和项目管理　修改件 1》、IEC 61850–10:2012《电力设施自动化通信网络和系统　第 10 部分：一致性测试》和 IEC TR 61850–90《电力设施自动化通信网络和系统　第 90 部分》系列标准等标准。其中，IEC 61850–4 AMD 1:2020《电力设施自动化通信网络和系统　第 4 部分：系统和项目管理　修改件 1》标准具体规定了通信网络和电力公用事业自动化系统和项目管理具体要求。IEC 61850–10:2012《电力设施自动化通信网络和系统　第 10 部分：一致性测试》标准规定了信息采集符合性测试要求，以确保信息采集相关业务安全可靠运行。IEC TR 61850–90《电力设施自动化通信网络和系统　第 90 部分》系列标准提供了使用 IEC 61850《电力自动化通信网络与系统》系列标准进行状态监测、广域网工程、储能系统建模等方面的标准或指南。

　　信息采集相关 IEC 标准编制情况如表 9–2 所示。

表 9–2　　　　　　　　　　　　信息采集管理相关国际标准

序号	标准号	标准名称
1	IEC 61850–4 AMD 1:2020	电力设施自动化通信网络和系统　第 4 部分：系统和项目管理　修改件 1
2	IEC 61850–10:2012	电力设施自动化通信网络和系统　第 10 部分：一致性测试
3	IEC TR 61850–90–3 CORR 1:2020	电力设施自动化通信网络和系统　第 90–3 部分：使用 IEC 61850 进行状态监测、诊断和分析
4	IEC TR 61850–90–6 CORR 1:2020	电力设施自动化通信网络和系统　第 90–6 部分：IEC 61850 在配电自动化系统中的应用
5	IEC TR 61850–90–7:2013	电力设施自动化通信网络和系统　第 90–7 部分：分布式能源资源（DER）系统中功率转换器的对象模型
6	IEC TR 61850–90–8:2016	电力设施自动化通信网络和系统　第 90–8 部分：电子移动的对象模型
7	IEC TR 61850–90–9:2020	电力设施自动化通信网络和系统　第 90–9 部分：IEC 61850 在电能存储系统中的应用
8	IEC TR 61850–90–10:2017	电力设施自动化通信网络和系统　第 90–10 部分：调度模型
9	IEC TR 61850–90–11:2020	电力设施自动化通信网络和系统　第 90–11 部分：基于 IEC 61850 的应用逻辑建模方法
10	IEC TR 61850–90–12:2020	电力设施自动化通信网络和系统　第 90–12 部分：广域网工程指南

序号	标准号	标准名称
11	IEC TR 61850-90-17:2017	电力设施自动化通信网络和系统　第 90-17 部分：使用 IEC 61850 传输电能质量数据

9.2.1.3　标准差异性分析

中国国家标准化管理委员会（SAC）根据 IEC 61850《电力设施自动化通信网络和系统》系列标准，制定了相应的国家标准、行业标准和企业标准。IEC 61850《电力设施自动化通信网络和系统》系列标准在中国应用时，在国家标准层面主要体现为本地化标准的制定，而在具体实施中，存在术语翻译、安全防护、建模需求、测试认证等方面的差异。IEC 61850《电力设施自动化通信网络和系统》系列标准，提供了一个更广泛的框架，涵盖了电力公用事业自动化系统的所有部件，包括系统管理、功能和对象模型等。国内标准更侧重于特定应用领域，如电力系统管理、自动抄表系统、社区能源计量抄收系统等。国际标准可能更注重通用性和兼容性，如 IEC 61850《电力设施自动化通信网络和系统》系列标准提供了一个开放的系统框架，允许不同制造商的设备和系统之间的互操作性。国内标准可能更具体，针对特定的技术和应用，如低压电力线载波抄表系统等。

9.2.2　需求分析

"双碳"战略、新型电力系统建设、电力市场化改革等新形势、新任务，对主站的多能源设备接入、数据采集与调节控制能力提出了新的要求，不仅使得其定位发生了变化，其承载能力逐渐无法满足业务需求，因此相关单位均对主站开展了技术改造，整体架构随着各类新技术的引进而发生变化，业务应用功能大幅度拓展，各项性能指标显著提升，当前 DL/T 698.2—2021《电能信息采集与管理系统　第 2 部分：主站技术规范》标准已难以对主站的设计研发工作形成指导意义，亟须对标准进行修订升级，以满足未来量测采集业务发展需求。能源量测监控系统作为营销专业与公司重要的基础数据源之一，承载着能源数据采集与调节控制的重要职责，保障其主站的稳定可靠运行，具有重大的现实意义。因此需要制定主站运行可靠性试验规范，验证主站是否满足相关要求，规避因可靠性问题带来的问题和风险。此外，为保障上述功能测试与可靠性测试结果的稳定性与可靠性，消除实验过程中的误差，需要增设主站测试装置的相关技术标准，以满足对系统主站设计研发的质量监管需求。

9.2.3　标准规划

针对新型电力系统中用电信息采集业务需求，可布局用电信息主站、用电可靠性保障和能源监控三个标准系列。其中，用电信息主站方面主要布局新型电力系统主站设计导则和用电信息采集系统主站技术要求 2 项标准。在用电信息可靠性保障方面主要包括用电信息采集系统可靠性评价技术规范。在能源监控方面主要布局新型电力系统能源监控技术规范和能源监控设备系列技术规范 2 项。标准规划路线如图 9-2 所示。

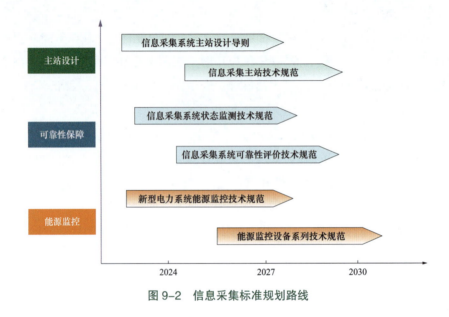

图 9-2　信息采集标准规划路线

9.3　需求侧管理

9.3.1　标准化现状

9.3.1.1　国内标准化现状

国内在需求侧管理（demand side management，DSM）领域已经制定了系列国家标准（GB/T）、电力行业标准（DL/T）、团体标准（T/CEC、T/CES、T/ZDL）和企业标准（Q/GDW），这些标准涵盖了需求侧管理的设备和系统、信息模型和数据交换、管理与评估、能源效率和节约等方面。在设备和系统方面，制定了户内智能用电显示终端、智能家用电器系统、电力需求响应系统终端等标准，确保了设备和系统的兼容性和互操作性。在信息模型和数据交换方面，主要涉及电力需求响应信息模型、数据和设备编码等，这些标准有助于实现不同系统和设备之间的有效通信。在管理与评估方面，分别编制了电力需求侧管理项目效果评估导则、电力需求响应系统检验规范、电力需求侧管理通用规范等标准，这些标准有助于评估和管理需求侧管理项目的效果。在能源效率和节约方面，涉及能源管理体系、电力用户需求响应节约电力测量与验证技术要求等标准；支持能源效率的提升和能源消耗的减少。在特定应用场景方面，分别编制了工业领域电力需求侧管理、微电网需求响应技术导则、工业园区电力需求响应系统技术规范等标准，这些标准考虑了不同应用场景的特殊需求。在接口和通信协议方面，智能家用电器系统互操作的服务平台间接口规范、控制终端接口规范等标准确保了不同系统和平台之间的顺畅连接。在负荷预测和调控方面，分别编制了电网短期和超短期负荷预测技术规范、电力需求响应负荷监测与效果评估技术要求等标准，助力提高电力系统的预测能力和调控能力。标准梳理情况如表 9-3 所示。

表 9-3　　　　　　　　　　　　　　　需求侧管理相关国内标准

序号	标准号	标准名称
1	GB/T 37727—2019	信息技术　面向需求侧变电站应用的传感器网络系统总体技术要求
2	GB/T 35681—2017	电力需求响应系统功能规范
3	GB/T 32672—2016	电力需求响应系统通用技术规范
4	GB/T 34067.1—2017	户内智能用电显示终端　第 1 部分：通用技术要求
5	GB/T 34067.2—2019	户内智能用电显示终端　第 2 部分：数据交换
6	GB/T 34116—2017	智能电网用户自动需求响应　分散式空调系统终端技术条件
7	GB/T 35134—2017	物联网智能家居　设备描述方法
8	GB/T 35136—2017	智能家居自动控制设备通用技术要求
9	GB/T 35143—2017	物联网智能家居　数据和设备编码
10	GB/T 36160.1—2018	分布式冷热电能源系统技术条件　第 1 部分：制冷和供热单元
11	GB/T 36160.2—2018	分布式冷热电能源系统技术条件　第 2 部分：动力单元
12	GB/T 36713—2018	能源管理体系　能源基准和能源绩效参数
13	GB/T 37016—2018	电力用户需求响应节约电力测量与验证技术要求
14	GB/T 38052.1—2019	智能家用电器系统互操作　第 1 部分：术语
15	GB/T 38052.2—2019	智能家用电器系统互操作　第 2 部分：通用要求
16	GB/T 38052.3—2019	智能家用电器系统互操作　第 3 部分：服务平台间接口规范
17	GB/T 38052.4—2019	智能家用电器系统互操作　第 4 部分：控制终端接口规范
18	GB/T 38332—2019	智能电网用户自动需求响应　集中式空调系统终端技术条件
19	GB/Z 42722—2023	工业领域电力需求侧管理实施指南

序号	标准号	标准名称
20	DL/T 1330—2014	电力需求侧管理项目效果评估导则
21	DL/T 1398.1—2014	智能家居系统　第1部分：总则
22	DL/T 1398.2—2014	智能家居系统　第2部分：功能规范
23	DL/T 1398.31—2014	智能家居系统　第3-1部分：家庭能源网关技术规范
24	DL/T 1398.32—2014	智能家居系统　第3-2部分：智能交互终端技术规范
25	DL/T 1398.33—2014	智能家居系统　第3-3部分：智能插座技术规范
26	DL/T 1398.34—2014	智能家居系统　第3-4部分：家电监控模块技术规范
27	DL/T 1398.41—2014	智能家居系统　第4-1部分：通信协议—服务中心主站与家庭能源网关通信
28	DL/T 1398.42—2014	智能家居系统　第4-2部分：通信协议—家庭能源网关下行通信
29	DL/T 1644—2016	电力企业合同能源管理技术导则
30	DL/T 1759—2017	电力负荷聚合服务商需求响应系统技术规范
31	DL/T 1764—2017	电力用户有序用电价值评估技术导则
32	DL/T 1765—2017	非生产性空调负荷柔性调控技术导则
33	DL/T 1867—2018	电力需求响应信息交换规范
34	DL/T 2116—2020	电力需求响应系统信息交换测试规范
35	DL/T 2117—2020	电力需求响应系统检验规范
36	DL/T 2162—2020	用户参与需求响应基线负荷评价方法
37	DL/T 2179—2020	电力源网荷互动终端技术规范
38	DL/T 2196—2020	电力需求侧辅助服务导则
39	DL/T 2404.1—2021	电力需求侧管理通用规范　第1部分：总则
40	DL/T 2404.2—2021	电力需求侧管理通用规范　第2部分：术语
41	DL/T 2405—2021	微电网需求响应技术导则
42	DL/T 526—2013	备用电源自动投入装置技术条件
43	DL/T 1711—2017	电网短期和超短期负荷预测技术规范
44	T/CEC 133—2017	工业园区电力需求响应系统技术规范
45	T/CEC 238—2019	电力需求响应系统与智能家电云平台接口规范

续表

序号	标准号	标准名称
46	T/CEC 239.1—2019	电力需求响应信息模型　第 1 部分：集中式空调系统
47	T/CEC 239.2—2019	电力需求响应信息模型　第 2 部分：分散式空调系统
48	T/CEC 239.3—2019	电力需求响应信息模型　第 3 部分：电热水器
49	T/CEC 239.4—2019	电力需求响应信息模型　第 4 部分：电热锅炉
50	T/CEC 239.5—2019	电力需求响应信息模型　第 5 部分：电冰箱
51	T/CEC 239.6—2019	电力需求响应信息模型　第 6 部分：用户侧分布式电源
52	T/CEC 239.7—2019	电力需求响应信息模型　第 7 部分：电动汽车
53	T/CEC 276—2019	电力需求侧管理项目节约电力测量技术规范
54	T/CEC 5009.1—2018	工业园区电力需求侧管理系统建设　第 1 部分：总则
55	T/CEC 5009.2—2018	工业园区电力需求侧管理系统建设　第 2 部分：设计要求
56	T/CEC 5009.3—2019	工业园区电力需求侧管理系统建设　第 3 部分：实施和验收规范
57	T/CEC 5009.4—2019	工业园区电力需求侧管理系统建设　第 4 部分：运维规范
58	T/CEC 5009.5—2019	工业园区电力需求侧管理系统建设　第 5 部分：评价规范
59	T/CEC 758.1—2023	需求侧可调节负荷潜力分析　第 1 部分：总则
60	T/CES 125—2022	负荷侧虚拟电厂管控平台功能导则
61	T/CES 126—2022	有序用电管控平台功能要求
62	T/CES 205—2023	新型电力负荷管理系统功能要求
63	T/ZDL 006.3—2023	重要活动场所电力保障规范　第 3 部分　临时负荷管理
64	Q/GDW 11852—2018	电力需求响应负荷监测与效果评估技术要求
65	Q/GDW 11853.2—2018	电力需求响应系统　第 2 部分：系统功能规范
66	Q/GDW 11568—2016	电力需求响应系统技术导则
67	Q/GDW 11569—2016	电力需求响应终端技术条件
68	Q/GDW 10675—2017	电力需求侧管理示范项目评价规范
69	Q/GDW 11040—2013	电力需求侧管理项目节约电力电量测量与验证通则
70	Q/GDW 11990—2019	配电网规划电力负荷预测技术规范
71	Q/GDW 552—2010	电网短期超短期负荷预测技术规范

9.3.1.2 国际标准现状

国际上，在需求侧管理领域，主要是与建筑物能源性能相关的标准，由欧洲标准化委员会（CEN）制定，并且以 British standards and European norms（BS EN）的形式被英国采纳和实施，标准梳理情况如表 9-4 所示。这些标准通常涉及能源需求的计算、能源效率、可再生能源和模块化应用等方面。

表 9-4　　　　　　　　　　　　　　需求侧管理相关国际标准

序号	标准号	标准名称
1	BS EN 15316-1:2017-TC	跟踪变化　建筑物的能源性能　系统能量需求和系统效率的计算方法　通用和能源性能表达式，模块 M3-1、M3-4、M3-9、M8-1、M8-4
2	BS EN 15316-4-3:2017	建筑物的能源性能　系统能量要求和系统功效的计算方法　发热系统、热太阳能和光伏系统，模块 M3-8-3、M8-8-3、M11-8-3

9.3.1.3 标准差异性分析

国内外需求侧管理相关标准的制定和标准化情况反映了各自的发展重点和行业特点。国内标准在智能化、信息化和具体技术规范方面表现出较强的特色，而国际标准则更侧重于建筑物整体能源性能的系统化评估和可再生能源的利用。这些差异可能与各自的能源政策、市场需求、技术发展水平和环境保护目标有关。国内标准更侧重于电力系统和智能家居的具体技术规范，而国际标准更侧重于建筑物整体的能源性能。国际标准主要采用模块化方法进行需求侧管理，而国内标准更倾向于具体的技术细节和实施。国内标准体系可能更加复杂，涵盖了从基础技术到应用实施的各个方面，而国际标准可能更侧重于通用性和普适性。

9.3.2　需求分析

在新型电力负荷管理方面，现阶段电力负荷管理系统标准的功能、性能指标缺乏先进性，很多关键内容难以适应当下负荷精准分类、实时监测、实时控制的需要，特别是电力负荷管理系统主站、负控终端及接入等方面的标准亟须更新，同时需围绕信道时延控制、量测功能设置、数据采集频度、负控终端与客户负荷开关的连接等，制定或修订相应标准。

在市场化交易服务方面，现阶段针对虚拟电厂等第三方新型经营主体参与市场化交易服务的标准体系暂未建立，与迅速发展的虚拟电厂技术相比，现存的虚拟电厂标准表现出了明显的滞后性，存在着较多空白，亟须在虚拟电厂资源与终端、信息与通信、运营与管理、系统与平台、规划与评估等方面制定技术标准，统一规范相关要求。

在电力客户用电管理方面，新型电力系统供需协同，需要以供用电安全可靠为前提，充分考虑网荷互动中的安全特征。在用户侧分布式光伏、电动汽车充电大量接入电网，以及电力电子设备大量使用的背景下，对供电可靠性产生较大影响，需充分防范网荷双向互动安全风险。同时，公司支撑和服务国家重大战略落地、重大活动保电任务增多，对保电质量、数字化支撑水平提出更高要求。

在多能互补及增值服务方面，综合能源智慧运维规定了电能替代设备性能要求、与电网互动功能及通信安全要求等内容，但未充分考虑如分布式能源、储能单元等多运行工况下供用能设备接入电网承载能力和互动潜力的技术参数和试验要求，以及在云边、边边、边端协同调控模式下的多接口设计、信息模型、通信规约要求，导致综合能源的系统安全性和设备可靠性相对下降，亟待进行相关标准的制定。能效评价规定了节能评估的基本原则、通用方法、一般程序、主要内容和技术要求，但是对于现场能效诊断方法、服务流程，以及多能互补分布式能源系统的能源托管方法、结算交易要求缺乏相关标准。

在客户侧电力电量预测方面，影响负荷、电量变化的因素愈发复杂，需求应用场景更为多样，新型电力系统背景下，供需双侧电力电量数据的随机性、波动性显著提升，传统的预测业务开展手段无法支撑用电需求的精准预测，亟须以技术规范推动业务开展的标准化发展，进而提升分析预测水平。

9.3.3　标准规划

需求侧管理类标准体系主要从新型电力负荷、市场化交易、电力客户用电管理、多能互补及增值服务和客户侧电力电量预测等方面开展标准规划和布局。

在新型电力负荷管理方面，完善标准是规范新型电力负荷管理系统行为、提高服务效益的重要手段，也是规范市场行为和秩序的重要措施，在推动新型电力负荷管理系统建设方面将会显示出重要作用。未来电力供需不平衡将呈现常态化趋势，缺电呈现出"量大、面宽、时间长"等特点，受电源结构、新能源资源禀赋和客户用能结构等多维影响的省市地区有电力供需严重不平衡的风险。为解决上述问题，亟须开展新型电力负荷管理系统标准适应性和体系完整性研究。

在市场化交易服务方面，虚拟电厂利用新一代信息通信、系统集成等技术，实现需求侧资源的聚合、协调、优化，针对资源与终端、信息与通信、运营与管理、系统与平台、规划与评估等方面的需求，开展相关标准的制定，服务虚拟电厂参与电力市场交易相关活动。

在电力客户用电管理方面，为贯彻落实国家发展改革委《电力可靠性管理办法（暂行）》，以及公司用电检查服务、通知、报告、督导"四到位"要求，结合客户安全隐患排查、用电安全平台建设、应急保障措施完善、负荷调控安全保障等新要求，从电力客户用电安全的全局出发，充分考虑电力客户用电安全的内涵、重点环节、技术手段及项目建设，针对用电检查、现场评估、在线监测、重大活动保电、负荷调控安全等方面的需求，开展相关标准的制定。

在多能互补及增值服务方面，为综合能源服务的发展改变了传统的供能方式和用能模式，综合能源服务正逐渐走向多元供应与多种能源融合的方向，相关的技术标准仍不够完善，亟待开展智慧运维、试验检测、能效评价等方面的标准制定工作。

在客户侧电力电量预测方面，为积极适应当前电力市场化快速发展，加快落实发改委及公司的相关重点要求，结合客户侧电力电量分析预测领域的相关业务需求，针对夏季降温及冬季取暖分析预测、代理购电、分布式光伏预测、充电负荷预测、区域重点行业用电需求预测等应用技术，以及导则、业务术语规范等基础共性，制定完善《客户侧电力电量分析预测技术规范》系列标准，以指导后续多场景下的行业级精细化分析预测工作，并进一步提升预测准确率。

重点布局企业标准 45 项、团体标准 6 项、行业标准 20 项、国家标准 4 项、国际标准 1 项。标准规划路线如图 9-3 所示。

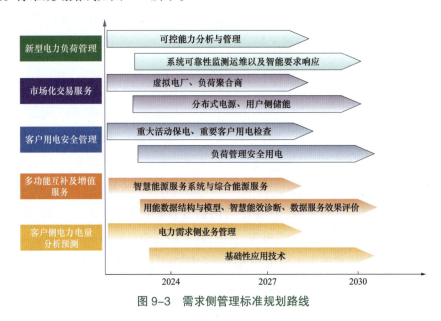

图 9-3　需求侧管理标准规划路线

9.4　电能替代

9.4.1　标准化现状

9.4.1.1　国内标准化现状

我国电能替代相关标准，覆盖了电动汽车充电设施、岸电系统、电采暖、节能减排等多个领域。经梳理，其国家、行业、企业标准制修订情况如表 9-5 所示。标准覆盖范围较广，主要涉及电能替代的术语定义（如 GB/T 24548—2009《燃料电池电动汽车　术语》）、充电站设计规范（如 GB 50966—2014《电动汽车充电站设计规范》）、充电设备技术要求（如 GB/T 29318—2012《电动汽车非车载充电机电能计量》）、电池管理系统（如 GB/T 27930—2023《非车载传导式充电机与电动汽车之间的数字通信协议》）、电能质量技术要求（如 GB/T 29316—2012《电动汽车充换电设施电能质量技术要求》）等。部分标准专注于安全性（如 GB 38031—2020《电动汽车用动力蓄电池安全要求》）和节能监测方法（如 GB/T 15911—2021《工业电热设备节能监测方法》），标准不仅涵盖了一般性的电能替代技术，还包括了特定应用场景的标准，如港口岸电系统（如 DL/T 2476.3—2022《港口岸电系统运营与运维技术规范　第 3 部分：运营服务平台》）、电能替代工程技术方案选择指南（如 T/CEC 314—2020《电能替代工程技术方案选择指南》）等。我国电能替代相关标准主要围绕充电设施及岸电系统的建设、功能、安全性能、与平台或监控系统的规约，以及检验检测展开，仍缺乏自身电能计量和检验设备相关标准。部分充电桩技术规范等标准只提到其应具备计量功能，未对计量性能及相关功能提出具体要求。其通信协议主要涉及设备与监控平台或车联网系统，尚无与营销 2.0 系统对接的通信接口及规约相关标准。此外，充电桩缺少型式规范，只有招标技术条件中给出了充电桩的标准化设计方案。充电桩检验检测所用设备装置也缺乏相关技术标准和检验校准规范，需要在后期进行补充完善，加以规范。

表 9-5　　　　　　　　　　电能替代管理相关国内标准

序号	标准号	标准名称
1	GB/T 24548—2009	燃料电池电动汽车　术语
2	GB/T 28569–2012	电动汽车交流充电桩电能计量
3	GB/T 29318—2012	电动汽车非车载充电机电能计量
4	GB 50966—2014	电动汽车充电站设计规范
5	GB/T 32960.3—2016	电动汽车远程服务与管理系统技术规范　第 3 部分：通讯协议及数据格式
6	GB/T 19596—2017	电动汽车术语
7	GB/T 29307—2022	电动汽车用驱动电机系统可靠性试验方法
8	GB 18384—2020	电动汽车安全要求
9	GB/T 37340—2019	电动汽车能耗折算方法
10	GB/T 18487.1—2023	电动汽车传导充电系统　第 1 部分：通用要求

序号	标准号	标准名称
11	GB/T 18487.2—2017	电动汽车传导充电系统 第2部分：非车载传导供电设备电磁兼容要求
12	GB/T 18487.3—2001	电动车辆传导充电系统 电动车辆交流/直流充电机（站）
13	GB/T 18488.1—2015	电动汽车用驱动电机系统 第1部分：技术条件
14	GB/T 20234.1—2023	电动汽车传导充电用连接装置 第1部分：通用要求
15	GB/T 20234.2—2015	电动汽车传导充电用连接装置 第2部分：交流充电接口
16	GB/T 20234.3—2023	电动汽车传导充电用连接装置 第3部分：直流充电接口
17	GB/T 20234.4—2023	电动汽车传导充电用连接装置 第4部分：大功率直流充电接口
18	GB/T 27930—2023	非车载传导式充电机与电动汽车之间的数字通信协议
19	GB/T 29316—2012	电动汽车充换电设施电能质量技术要求
20	GB/T 29317—2021	电动汽车充换电设施术语
21	GB/T 29772—2013	电动汽车电池更换站通用技术要求
22	GB/T 29781—2013	电动汽车充电站通用要求
23	GB/T 31466—2015	电动汽车高压系统电压等级
24	GB/T 31467—2023	电动汽车用锂离子动力电池包和系统电性能试验方法
25	GB/T 31484—2015	电动汽车用动力蓄电池循环寿命要求及试验方法
26	GB/T 31486—2015	电动汽车用动力蓄电池电性能要求及试验方法
27	GB/T 32879—2016	电动汽车更换用电池箱连接器通用技术要求
28	GB/T 32895—2016	电动汽车快换电池箱通信协议
29	GB/T 32896—2016	电动汽车动力仓总成通信协议
30	GB/T 32960.1—2016	电动汽车远程服务与管理系统技术规范 第1部分：总则
31	GB/T 32960.2—2016	电动汽车远程服务与管理系统技术规范 第2部分：车载终端
32	GB/T 33341—2016	电动汽车快换电池箱架通用技术要求
33	GB/T 34013—2017	电动汽车用动力蓄电池产品规格尺寸
34	GB/T 34657.1—2017	电动汽车传导充电互操作性测试规范 第1部分：供电设备
35	GB/T 34657.2—2017	电动汽车传导充电互操作性测试规范 第2部分：车辆
36	GB/T 34658—2017	电动汽车非车载传导式充电机与电池管理系统之间的通信协议一致性测试

序号	标准号	标准名称
37	GB/T 36278—2018	电动汽车充换电设施接入配电网技术规范
38	GB/T 36654—2018	76GHz 车辆无线电设备射频指标技术要求及测试方法
39	GB/T 37295—2019	城市公共设施　电动汽车充换电设施安全技术防范系统要求
40	GB 38031—2020	电动汽车用动力蓄电池安全要求
41	GB/T 40032—2021	电动汽车换电安全要求
42	GB/T 40425.1—2021	电动客车顶部接触式充电系统　第 1 部分：通用要求
43	GB/T 40428—2021	电动汽车传导充电电磁兼容性要求和试验方法
44	GB/T 40432—2021	电动汽车用传导式车载充电机
45	GB/T 40820—2021	电动汽车模式 3 充电用直流剩余电流检测电器（RDC—DD）
46	GB/T 43191—2023	电动汽车交流充电桩现场检测仪
47	GB/T 51077—2015	电动汽车电池更换站设计规范
48	GB/T 51313—2018	电动汽车分散充电设施工程技术标准
49	NB/T 10202—2019	用于电动汽车模式 2 充电的具有温度保护的插头
50	NB/T 10434—2020	纯电动乘用车底盘式电池更换系统通用技术要求
51	NB/T 10435—2020	电动汽车快速更换电池箱锁止机构通用技术要求
52	NB/T 10436—2020	电动汽车快速更换电池箱冷却接口通用技术要求
53	NB/T 10901—2021	电动汽车充电设备现场检验技术规范
54	NB/T 33008.1—2018	电动汽车充电设备检验试验规范　第 1 部分：非车载充电机
55	NB/T 33008.2—2018	电动汽车充电设备检验试验规范　第 2 部分：交流充电桩
56	NB/T 33028—2018	电动汽车充放电设施术语
57	NB/T 33029—2018	电动汽车充电与间歇性电源协同调度技术导则
58	NB/T 33002—2018	电动汽车交流充电桩技术条件
59	NB/T 33003—2010	电动汽车非车载充电机监控单元与电池管理系统通信协议
60	NB/T 33004—2020	电动汽车充换电设施工程施工和竣工验收规范
61	NB/T 33005—2013	电动汽车充电站及电池更换站监控系统技术规范
62	NB/T 33006—2013	电动汽车电池箱更换设备通用技术要求
63	NB/T 33007—2013	电动汽车充电站 / 电池更换站监控系统与充换电设备通信协议

续表

序号	标准号	标准名称
64	NB/T 33009—2021	电动汽车充换电设施建设技术导则
65	NB/T 33019—2021	电动汽车充换电设施运行管理规范
66	NB/T 33025—2020	电动汽车快速更换电池箱通用要求
67	QC/T 839—2010	超级电容电动城市客车供电系统
68	QC/T 989—2014	电动汽车用动力蓄电池箱通用要求
69	T/CEC 102.1—2016	电动汽车充换电服务信息交换 第1部分：总则
70	T/CEC 102.2—2016	电动汽车充换电服务信息交换 第2部分：公共信息交换规范
71	T/CEC 102.3—2016	电动汽车充换电服务信息交换 第3部分：业务信息交换规范
72	T/CEC 102.4—2016	电动汽车充换电服务信息交换 第4部分：数据传输及安全
73	T/CEC 208—2019	电动汽车充电设施信息安全技术规范
74	T/CEC 212—2019	电动汽车交直流充电桩低压元件技术要求
75	T/CEC 213—2019	电动汽车交流充电桩 高温沿海地区特殊要求
76	T/CEC 214—2019	电动汽车非车载充电机 高温沿海地区特殊要求
77	T/CEC 215—2019	电动汽车非车载充电机检验试验技术规范 高温沿海地区特殊要求
78	T/CEC 216—2019	电动汽车交流充电桩检验试验技术规范 高温沿海地区特殊要求
79	T/CEC 365—2020	电动汽车柔性充电堆
80	T/CEC 366—2020	电动汽车63A交流充电系统特殊要求
81	T/CEC 367—2020	电动汽车充换电设施运维人员培训考核规范
82	T/CEC 368—2020	电动汽车非车载传导式充电模块技术条件
83	T/CEEIA 576—2022	光伏储能充电桩一体化系统评估技术规范
84	T/CPSS 1001—2022	电动汽车大功率无线充电技术规范
85	Q/GDW 11178—2022	电动汽车充换电设施接入配电网技术规范
86	Q/GDW 11726—2017	电动汽车充换电设施接入配电网评价导则
87	Q/GDW 11856—2018	电动汽车充换电设施接入配电网设计规范
88	Q/GDW 166.10—2011	国家电网公司输变电工程初步设计内容深度规定 第10部分：电动汽车电池更换站

序号	标准号	标准名称
89	Q/GDW 166.11—2011	国家电网公司输变电工程初步设计内容深度规定　第 11 部分：电动汽车电池配送中心
90	Q/GDW 166.12—2011	国家电网公司输变电工程初步设计内容深度规定　第 12 部分：电动汽车电池配送站
91	Q/GDW 12000—2019	电动汽车传导式大功率直流充电连接装置技术规范
92	Q/GDW 12001—2019	电动汽车大功率非车载充电系统通用要求
93	Q/GDW 11175—2014	电动汽车车载终端与运营监控系统间通信协议
94	Q/GDW 11173—2014	电动汽车快换电池箱检验试验规范
95	Q/GDW 11784—2017	电动汽车充电设备现场测试规范
96	Q/GDW 1881—2013	电动汽车充电站及电池更换站监控系统检验技术规范
97	Q/GDW/Z 11976—2019	电动汽车充电设备可信计算技术规范
98	Q/GDW 11977—2019	电动汽车充电设施网络安全防护技术规范
99	Q/GDW 11163—2014	电动汽车交流充电桩计量技术要求
100	Q/GDW 11165—2014	电动汽车非车载充电机直流计量技术要求
101	Q/GDW 12002—2019	电动汽车非车载充电机电能计量检测规范
102	Q/GDW 10233.1—2021	电动汽车非车载充电机技术规范　第 1 部分：通用要求
103	Q/GDW 10233.2—2021	电动汽车非车载充电机技术规范　第 2 部分：80kW 一体式一机一枪充电机
104	Q/GDW 10233.3—2021	电动汽车非车载充电机技术规范　第 3 部分：80kW 一体式一机双枪充电机
105	Q/GDW 10233.4—2021	电动汽车非车载充电机技术规范　第 4 部分：160kW 一体式一机一枪充电机
106	Q/GDW 10233.5—2021	电动汽车非车载充电机技术规范　第 5 部分：160kW 一体式一机双枪充电机
107	Q/GDW 10233.6—2021	电动汽车非车载充电机技术规范　第 6 部分：160kW 分体式双充接口充电柜
108	Q/GDW 10233.7—2021	电动汽车非车载充电机技术规范　第 7 部分：240kW 分体式四充接口充电柜
109	Q/GDW 10233.8—2021	电动汽车非车载充电机技术规范　第 8 部分：250A 分体式一桩一枪直流充电桩

序号	标准号	标准名称
110	Q/GDW 10233.9—2021	电动汽车非车载充电机技术规范　第9部分：250A 分体式一桩双枪直流充电桩
111	Q/GDW 10233.10—2021	电动汽车非车载充电机技术规范　第10部分：直流充电设备专用部件
112	Q/GDW 10233.11—2021	电动汽车非车载充电机技术规范　第11部分：直流充电设备外观与标识
113	Q/GDW 10233.12—2021	电动汽车非车载充电机技术规范　第12部分：充电控制模块与功率控制模块通信协议
114	Q/GDW 10233.13—2021	电动汽车非车载充电机技术规范　第13部分：功率控制模块与充电模块通信协议
115	Q/GDW 10233.14—2021	电动汽车非车载充电机技术规范　第14部分：功率控制模块与开关模块通信协议
116	Q/GDW 10233.15—2021	电动汽车非车载充电机技术规范　第15部分：功率控制模块与环境信息采集模块通信协议
117	Q/GDW 10233.16—2021	电动汽车非车载充电机技术规范　第16部分：计费控制单元与充电控制模块通信协议
118	Q/GDW 10233.17—2021	电动汽车非车载充电机技术规范　第17部分：计费控制单元与读卡器通信协议
119	Q/GDW 10235—2019	电动汽车传导式非车载充电机与车辆通信控制器之间的通信协议
120	Q/GDW 10236—2016	电动汽车充电站通用技术要求
121	Q/GDW 10237—2016	电动汽车充电站布置设计导则
122	Q/GDW 10238—2016	电动汽车充换电站供电系统规范
123	Q/GDW 10397—2023	电动汽车非车载充放电装置通用技术要求
124	Q/GDW 10399—2016	电动汽车交流充放电装置电气接口规范
125	Q/GDW 10400—2023	电动汽车充放电计费装置技术规范
126	Q/GDW 10423.1—2016	电动汽车充换电设施典型设计　第1部分：分散充电桩（机）
127	Q/GDW 10423.2—2016	电动汽车充换电设施典型设计　第2部分：充电站
128	Q/GDW 10423.3—2016	电动汽车充换电设施典型设计　第3部分：高速公路快充站
129	Q/GDW 10423.4—2016	电动汽车充换电设施典型设计　第4部分：电动公交车换电站
130	Q/GDW 10423.5—2016	电动汽车充换电设施典型设计　第5部分：电动公交车预装式模块化换电站

续表

序号	标准号	标准名称
131	Q/GDW 10423.6—2016	电动汽车充换电设施典型设计 第6部分：电动乘用车立体充电站
132	Q/GDW 10485—2018	电动汽车交流充电桩技术条件
133	Q/GDW 10488—2021	电动汽车充电站及电池更换站监控系统技术规范
134	Q/GDW 10590—2016	电动汽车传导式充电接口检验技术规范
135	Q/GDW 10591—2021	电动汽车非车载充电机检验技术规范
136	Q/GDW 10592—2018	电动汽车交流充电桩检验技术规范
137	Q/GDW 11164—2014	电动汽车充换电设施工程施工和竣工验收规范
138	Q/GDW 11166—2023	电动汽车智能充换电服务网络运营服务系统技术规范
139	Q/GDW 11168—2018	电动汽车充换电设施规划导则
140	Q/GDW 11169—2014	电动汽车电池箱更换设备通用技术要求
141	Q/GDW 11170—2021	电动汽车充电站（电池更换站）监控系统与充换电设备通信协议
142	Q/GDW 11172.1—2018	电动汽车充换电服务网络运行管理规范 第1部分：运营管理
143	Q/GDW 11172.2—2018	电动汽车充换电服务网络运行管理规范 第2部分：运行维护
144	Q/GDW 11174—2014	电动汽车快换电池箱通信协议
145	Q/GDW 11177.1—2018	电动汽车充换电服务网络运营监控系统通信规约 第1部分：系统与站级监控系统
146	Q/GDW 11177.2—2018	电动汽车充换电服务网络运营监控系统通信规约 第2部分：系统与离散充电桩
147	Q/GDW 11215—2014	电动汽车电池更换站用电池箱连接器技术规范
148	Q/GDW 11634—2016	电动汽车交直流一体化充电设备通用要求
149	Q/GDW 11709.1—2017	电动汽车充电计费控制单元 第1部分：技术条件
150	Q/GDW 11709.2—2017	电动汽车充电计费控制单元 第2部分：与充电桩通信协议
151	Q/GDW 11709.3—2017	电动汽车充电计费控制单元 第3部分：与车联网平台通信协议
152	Q/GDW 11709.4—2017	电动汽车充电计费控制单元 第4部分：检验技术规范
153	Q/GDW 11942—2018	电动汽车群控充电系统通用要求
154	Q/GDW 12082—2021	电动汽车充电支付卡技术规范
155	Q/GDW 12095—2020	电动汽车充电设备网联模块与充电控制器通信协议

序号	标准号	标准名称
156	Q/GDW 12170—2021	电动汽车交流有序充电桩通信协议
157	Q/GDW 12171—2021	电动汽车交流有序充电桩检验技术规范
158	Q/GDW 12183—2021	电动汽车交流有序充电桩技术条件
159	Q/GDW 12309.1—2023	电动汽车充电设备接入平台技术规范　第1部分：设备接入
160	Q/GDW 12309.2—2023	电动汽车充电设备接入平台技术规范　第2部分：设备与平台的通信
161	Q/GDW 12309.3—2023	电动汽车充电设备接入平台技术规范　第3部分：设备注册
162	Q/GDW 12309.4—2023	电动汽车充电设备接入平台技术规范　第4部分：直连充电设备与平台交互协议
163	Q/GDW 12310—2023	电动自行车智能充换电柜技术要求
164	Q/GDW 12311—2023	基于充放电过程的电动汽车动力电池系统检测和评估方法
165	Q/GDW 12312.1—2023	电动汽车充电设备标准化设计测试规范　第1部分：充电控制模块与功率控制模块通信协议一致性测试
166	Q/GDW 12312.2—2023	电动汽车充电设备标准化设计测试规范　第2部分：功率控制模块与充电模块通信协议一致性测试
167	Q/GDW 12312.3—2023	电动汽车充电设备标准化设计测试规范　第3部分：功率控制模块与开关模块通信协议一致性测试
168	Q/GDW 1234.1—2014	电动汽车充电接口规范　第1部分：通用要求
169	Q/GDW 1234.2—2014	电动汽车充电接口规范　第2部分：交流充电接口
170	Q/GDW 1234.3—2014	电动汽车充电接口规范　第3部分：直流充电接口
171	Q/GDW 478—2010	电动汽车充电设施建设技术导则
172	Q/GDW 486—2010	电动汽车电池更换站技术导则
173	Q/GDW 487—2010	电动汽车电池更换站设计规范
174	Q/GDW 685—2011	纯电动乘用车快换电池箱通用技术要求
175	Q/GDW 686—2011	纯电动客车快换电池箱通用技术要求
176	GB/T 25316—2010	静止式岸电装置
177	GB/T 30845.1—2023	高压岸电连接系统（HVSC系统）用插头、插座和船用耦合器　第1部分：通用要求
178	GB/T 36028.2—2018	靠港船舶岸电系统技术条件　第2部分：低压供电

续表

序号	标准号	标准名称
179	GB/T 36028.1—2018	靠港船舶岸电系统技术条件　第 1 部分：高压供电
180	GB/T 37399—2019	高压岸电试验方法
181	GB/T 38329.1—2019	港口船岸连接　第 1 部分：高压岸电连接（HVSC）系统　一般要求
182	GB/T 11918.5—2020	工业用插头插座和耦合器　第 5 部分：低压岸电连接系统（LVSC 系统）用插头、插座、船用连接器和船用输入插座的尺寸兼容性和互换性要求
183	GB/T 38329.2—2021	港口船岸连接　第 2 部分：高压和低压岸电连接系统　监测和控制的数据传输
184	GB/T 30845.2—2021	高压岸电连接系统（HVSC 系统）用插头、插座和船用耦合器　第 2 部分：不同类型的船舶用附件的尺寸兼容性和互换性要求
185	DL/T 2476.3—2022	港口岸电系统运营与运维技术规范　第 3 部分：运营服务平台
186	DL/T 2586—2023	港口岸电系统接入电网技术规范
187	DL/T 2143.2—2020	港口岸电系统建设规范　第 2 部分：电能计量
188	DL/T 2151.1—2020	岸基供电系统　第 1 部分：通用要求
189	DL/T 2151.3—2020	岸基供电系统　第 3 部分：变频电源
190	DL/T 2151.7—2023	岸基供电系统　第 7 部分：岸电电源检验技术规范
191	DL/T 2175—2020	港口岸电系统技术条件　综合管理系统
192	DL/T 2188—2020	港口岸电系统总则
193	DL/T 2189—2020	港口综合能源管控系统功能规范
194	T/CEC 197.7—2019	岸基供电系统　第 7 部分：岸电电源检验试验规范
195	T/CEC 197.8—2019	岸基供电系统　第 8 部分：船岸柔性并网技术规范
196	T/CEC 198—2019	低压岸电连接系统（LVSC 系统）用插头插座和船用耦合器
197	T/CEC 199—2019	船岸连接电缆管理系统技术条件
198	T/CEC 200—2019	低压船岸连接系统接电箱技术条件
199	T/CEC 314—2020	电能替代工程技术方案选择指南
200	Q/GDW 11466—2023	港口岸电　术语
201	Q/GDW 11467.1—2023	港口岸电系统建设规范　第 1 部分：设计导则
202	Q/GDW 11467.2—2016	港口岸电系统建设规范　第 2 部分：电能计量

序号	标准号	标准名称
203	Q/GDW 11467.3—2016	港口岸电系统建设规范 第3部分：验收
204	Q/GDW 11468.1—2016	港口岸电设备技术规范 第1部分：高压电源
205	Q/GDW 11468.2—2021	港口岸电设备技术规范 第2部分：低压岸电电源系统
206	Q/GDW 11468.3—2021	港口岸电设备技术规范 第3部分：低压岸电桩
207	Q/GDW 11468.4—2021	港口岸电设备技术规范 第4部分：船岸连接和接口设备
208	Q/GDW 11469.1—2023	港口岸电系统运行与维护技术规范 第1部分：运行维护
209	Q/GDW 11469.2—2021	港口岸电系统运行与维护技术规范 第2部分：检测
210	Q/GDW 11469.3—2023	港口岸电系统运营与运维技术规范 第3部分：运营服务系统
211	Q/GDW 11469.4—2016	港口岸电系统运行与维护技术规范 第4部分：监控系统
212	Q/GDW 11469.5—2023	港口岸电系统运营与运维技术规范 第5部分：运营服务系统与站级系统通信规约
213	Q/GDW 11469.6—2023	港口岸电系统运营与运维技术规范 第6部分：站级系统与岸基设备通信规约
214	GB/T 15911—2021	工业电热设备节能监测方法
215	GB/T 40064—2021	节能技术评价导则
216	DL/T 2034.1—2019	电能替代设备接入电网技术条件 第1部分：通则
217	DL/T 2034.2—2019	电能替代设备接入电网技术条件 第2部分：电锅炉
218	DL/T 2034.3—2019	电能替代设备接入电网技术条件 第3部分：分散电采暖设备
219	DL/T 1052—2016	电力节能技术监督导则
220	DL/T 1288—2013	电力金具能耗测试与节能技术评价要求
221	DL/T 1585—2016	电能质量监测系统运行维护规范
222	DL/T 1752—2017	热电联产机组设计能效指标计算方法
223	DL/T 1756—2017	高载能负荷参与电网互动节能技术条件
224	DL/T 1758—2017	移动式电力能效检测系统技术规范
225	T/CEC 134—2017	电能替代项目减排量核定方法
226	T/CEC 135—2017	余热余压发电项目节约电力电量测量与验证导则
227	T/CEC 640—2022	电网节能改造项目计价规范
228	T/SEESA 010—2022	零碳园区创建与评价技术规范

序号	标准号	标准名称
229	Q/GDW 11997—2019	大规模电采暖系统接入配电网评价导则
230	Q/GDW 11470.1—2016	电能替代评价技术规范　第 1 部分：电量统计认定技术规范
231	Q/GDW 11470.2—2016	电能替代评价技术规范　第 2 部分：经济性评价导则
232	Q/GDW 11775—2017	配电网节能潜力评价技术通则
233	Q/GDW 12173—2021	电供暖项目户用配套电气线路技术规范

9.4.1.2　国际标准化现状

电能替代管理相关的国际标准覆盖了从电动汽车、港口岸电、能源节能评估等多个方面。经梳理，相关国际标准制修订情况如表 9-6 所示。在电动汽车充换电方面主要包括基础通用、安全类、无线充电类、传导充电类、电池监测类、网络服务类、建设运行类、车网互动类标准等。其中，国际标准基础通用类标准分布于各个标准的总则部分，例如 IEC 61851-1 CORR 1:2023《电动汽车传导充电系统　第 1 部分：一般要求　更正 1》，以及 IEC 63110-1:2022《电动汽车充放电基础设施管理协议　第 1 部分：基本定义、用例和架构》。传导充电类标准主要包括 IEC/TC 69 的 IEC 61851《电动汽车传导充电系统》系列标准，涉及传导充电连接组件、通用要求、电磁兼容、交流充电、直流充电、通信协议等多个方面，是世界各国进行传导充电设备测试和型式认证的基础标准。无线充电类标准主要包括 IEC TC 69 WG7 和 ISO TC 22 SC 37 负责的无线充电相关国际标准，目前已发布 IEC 61980-1:2020《电动汽车无线电力传输（WPT）系统　第 1 部分：通用要求》；IEC 61980-2:2023《电动汽车无线电力传输（WPT）系统　第 2 部分：MF-WPT 系统通信和活动的特殊要求》；IEC 61980-3:2022《电动汽车无线电力传输（WPT）系统　第 3 部分：磁场无线电力传输系统的特殊要求》；ISO 19363:2020《电动道路车辆　磁场无线能量传输　安全和互操作性要求》。港口岸电类标准主要包括高压岸电连接（HVSC）系统用插头插座和船用耦合器及其一般要求等标准。这些标准通过不断更新，以适应快速发展的电能替代技术，确保了国家间的技术兼容性和安全性。

表 9-6　　　　　　　　　　　　电能替代管理相关国际标准

序号	标准号	标准名称
1	IEC 61980-1:2020	电动汽车无线电力传输（WPT）系统　第 1 部分：通用要求
2	IEC 61980-2:2023	电动汽车无线电力传输（WPT）系统　第 2 部分：MF-WPT 系统通信和活动的特殊要求

序号	标准号	标准名称
3	IEC 61980-3:2022	电动汽车无线电力传输（WPT）系统　第3部分：磁场无线电力传输系统的特殊要求
4	IEC 63119-1	漫游充电信息交换　总则
5	IEC 63119-2	漫游充电信息交换　用例
6	IEC 63119-3	漫游充电信息交换　消息结构
7	IEC 63119-4	漫游充电信息交换　网络安全和信息隐私
8	IEC 61851-3-1	轻型车辆充电系统　交流和直流供电系统的一般要求
9	IEC 61851-3-2	轻型车辆充电系统　电压转换器单元的特殊要求
10	IEC 61851-3-4	轻型车辆充电系统　CAN open 通信的特殊要求
11	IEC 61851-3-5	轻型车辆充电系统　预定义的通信参数和应用对象的特殊要求
12	IEC 61851-3-6	轻型车辆充电系统　电压转换器和通信的特殊要求
13	IEC 61851-3-7	轻型车辆充电系统　电池系统通信的特殊要求
14	IEC 61851-1 CORR 1:2023	电动汽车传导充电系统　第1部分：一般要求　更正1
15	IEC PAS 61851-1-1	传导充电系统　电动汽车传导充电系统使用类型4车用耦合器的特殊要求
16	IEC 62840-1	电池更换系统　通用导则
17	IEC 62840-2	电池更换系统　安全要求
18	IEC 62840-3	电池更换系统　轻型车辆要求
19	IEC 61851-26	自动连接系统　具有自动连接位于电动车辆底部的车辆耦合器的电动汽车供电设备
20	IEC 61851-23-1	自动连接系统　自动连接充电系统
21	IEC 61851-23-3	兆瓦充电系统　用于兆瓦充电系统的直流充电设备
22	IEC 61980-4	大功率无线充电传输互操作性和安全性　用于电动汽车大功率无线功率传输的互操作性和安全性
23	IEC 62576-2	EDLC 模块电气特性试验方法
24	IEC 61851-23	直流充电系统及通信协议　传导直流充电机
25	IEC 61851-24	直流充电系统及通信协议　直流通信协议
26	IEC 61851-21-2	非车载充电系统电磁兼容要求
27	IEC 62576	电动汽车／储能／双电层电容器和混合电容器

续表

序号	标准号	标准名称	
28	ISO 15118–1	车辆与电网通信接口	通用要求和用例定义
29	ISO 15118–4	车辆与电网通信接口	网络和应用协议一致性测试
30	ISO 15118–5	车辆与电网通信接口	物理层和数据链路层一致性测试
31	ISO 15118–8	车辆与电网通信接口	对无线通信的物理层和数据链路层要求
32	ISO 15118–9	车辆与电网通信接口	无线通信的物理层和数据链路层一致性测试
33	ISO 15118–20	车辆与电网通信接口	网络和应用协议要求
34	IEC 63110–1:2022	电动汽车充放电基础设施管理协议　第 1 部分：基本定义、用例和架构	
35	IEC 63110–2	充放电设施管理协议　技术协议规范和要求	
36	IEC 63110–3	充放电设施管理协议　一致性测试要求	
37	IEC 61851–25	保护用直流电动车辆供电设备　依靠电分离	
38	IEC 62196–4	轻型电动汽车连接器的尺寸兼容性和互换性要求	
39	IEC 62196–6	具有电气隔离的充电设备连接器的尺寸兼容性和互换性要求	

9.4.1.3　标准差异性分析

电能替代管理相关国内标准主要包括国家标准（GB/T、GB）、行业标准（NB/T、Q/GDW、DL/T），以及团体标准（T/CEC、T/CPSS、T/SEESA）等，这些标准涵盖了电动汽车及其充电设施、电池、电能质量、安全技术防范、通信协议、测试方法等多个方面，体现了中国在电能替代领域的规范和要求。国际上电能替代相关标准化组织主要包括国际电工委员会（IEC）、美国国家标准协会（ANSI）、欧洲标准化委员会（CEN）等机构。国内外标准在技术参数、安全要求、测试方法等方面可能存在差异。例如，电压等级、充电接口、电磁兼容性要求等可能会根据各国的实际情况而有所不同。随着技术的发展，标准需要不断更新以适应新的技术和市场需求，不同国家的标准更新频率可能不同。国际标准往往更注重全球范围内的兼容性和互操作性，而国内标准可能更侧重于满足国内市场和特定应用场景的需求。

9.4.2　需求分析

在电动汽车方面，当前电动汽车电能补给设备、服务网络、建设与运行方面的标准较为完善，但是随着技术的发展，新产品车网互动终端、充换电设施运行监管平台等技术标准需要完善，为提升电能替代的推广能力，需布局电动汽车充换电设施差异化规划设计、电动汽车充换电设施接入系统典型设计，并逐步将成熟的企业标准推广为国家标准、国际标准。

在港口岸电方面，当前港口岸电充电设备、系统、运行和验收的标准较为完善，但随着技术的发展，直流岸电充电系统等技术标准需要完善。

在电制冷与制热方面，电制冷与制热方面现有国家标准、行业标准及地区标准，关注点主要集中于电制冷、制热装置本体或其热性能评价及试验方法，需布局运行监测平台、建设与运行标准。

在农村电气化方面，目前正处于起步阶段，国内外技术标准较少。

在电制氢方面，目前正处于起步阶段，相关的技术标准较少。

在评价认定方面，现有的各级标准缺少装置节能与健康状态评价标准，以及与电网侧的灵活互动能力评价，需布局健康状态评价方法和替代项目认定与稽核。

9.4.3 标准规划

按电能替代技术方向划分，可布局电动汽车、港口岸电、电蓄冷、电蓄热、其他形式电能替代五个标准系列，"十四五"期间重点布局车网互动终端技术规范、充换电设施运行监管平台技术规范、电动汽车充换电设施差异化规划设计导则、电动汽车充换电设施接入系统典型设计、直流岸电充电系统通用要求、电储热/储冷装置节能与健康状态评价方法、电储热/冷系统与电网灵活互动性能评价体系等。重点布局企业标准4项、行业标准6项、团体标准1项。标准规划路线如图9-4所示。

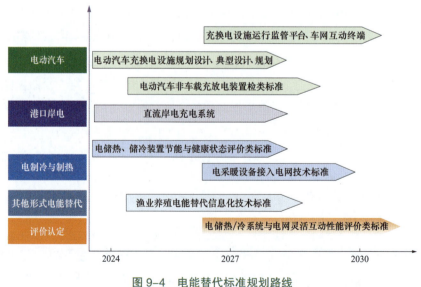

图9-4　电能替代标准规划路线

9.5　分布式光伏接入

9.5.1　标准化现状

9.5.1.1　国内标准化现状

我国分布式光伏接入标准化工作始终坚持以实际需求为导向、以协调统一技术路线为责任、以推动技术进步为目标，全面支撑了新能源快速发展。具体标准编制情况如表 9-7 所示，体系建设情况如下：

（1）建立了较为完善的分布式光伏接入标准体系。发布了以 GB/T 19964—2024《光伏发电站接入电力系统技术规定》为代表的新能源并网核心标准，以及涵盖规划设计、涉网装置 / 产品性能、场站和发电单元试验与评估、调度运行、建模与验证等主要技术方向的配套标准，基本满足了分布式光伏接入全过程技术管理要求，形成了较为完整的分布式光伏接入标准体系。

（2）基本解决了新能源发展过程中的安全运行问题，促进了新能源与电网的协调发展。通过核心标准及配套标准的实施，基本解决了分布式光伏发展早期存在的电能质量不合格、电网适应性较弱、功率控制能力不足、故障穿越能力缺失等多项技术问题，保障了新能源大规模发展情况下的源网安全稳定运行，促进了新能源与电网的协调发展。

（3）引导了分布式光伏技术发展方向，促进了行业技术进步，推动了新能源发电装备的技术进步和产业升级。

（4）实现了标准国际化，提升了我国在分布式光伏发电和并网领域的国际话语权。由我国主导发起的国际电工委员会可再生能源发电并网分技术委员会（IEC SC 8A）于 2013 年获批成立，已发布包括 IEC TR 63043:2020《可再生能源电力预测技术》在内的 3 项国际标准。2015 年，我国专家依托光伏发电技术标准委员会（IEC TC 82）主导发布了 IEC TS 62910（REDLINE + STANDARD）:2020《公用事业互连光伏逆变器　欠电压穿越测量的试验程序》，该标准是我国主导发布的首项光伏并网领域的国际标准。

表 9-7　　　　　　　　　　　　　新能源接入相关国内标准

序号	标准号	标准名称
1	GB/T 50865—2013	光伏发电接入配电网设计规范
2	GB/T 32826—2016	光伏发电系统建模导则
3	GB/T 40415—2021	建筑用光伏玻璃组件透光率测试方法
4	GB/T 16895.32—2021	低压电气装置　第 7-712 部分：特殊装置或场所的要求　太阳能光伏（PV）电源系统

序号	标准号	标准名称
5	GB/T 39750—2021	光伏发电系统直流电弧保护技术要求
6	GB/T 33342—2016	户用分布式光伏发电并网接口技术规范
7	GB/T 33592—2017	分布式电源并网运行控制规范
8	GB/T 33593—2017	分布式电源并网技术要求
9	GB/T 33599—2017	光伏发电站并网运行控制规范
10	GB/T 20047.1—2006	光伏（PV）组件安全鉴定 第1部分：结构要求
11	GB/T 19964—2024	光伏发电站接入电力系统技术规定
12	GB/T 29319—2024	光伏发电系统接入配电网技术规定
13	GB/T 29321—2012	光伏发电站无功补偿技术规范
14	GB/T 32512—2016	光伏发电站防雷技术要求
15	GB/T 36117—2018	村镇光伏发电站集群接入电网规划设计导则
16	GB/T 37408—2019	光伏发电并网逆变器技术要求
17	GB/T 37525—2019	太阳直接辐射计算导则
18	GB/T 37526—2019	太阳能资源评估方法
19	GB/T 40103—2021	太阳能热发电站接入电力系统技术规定
20	GB 50797—2012	光伏发电站设计规范
21	GB/T 50866—2013	光伏发电站接入电力系统设计规范
22	GB/T 51338—2018	分布式电源并网工程调试与验收标准
23	GB/T 26264—2010	通信用太阳能电源系统
24	GB/T 32892—2016	光伏发电系统模型及参数测试规程
25	GB/T 33764—2017	独立光伏系统验收规范
26	GB/T 37655—2019	光伏与建筑一体化发电系统验收规范
27	GB 50794—2012	光伏发电站施工规范
28	GB/T 50795—2012	光伏发电工程施工组织设计规范
29	GB/T 50796—2012	光伏发电工程验收规范
30	GB/T 18802.31—2021	低压电涌保护器 第31部分：用于光伏系统的电涌保护器 性能要求和试验方法
31	GB/T 20046—2006	光伏（PV）系统电网接口特性

序号	标准号	标准名称
32	GB/T 30427—2013	并网光伏发电专用逆变器技术要求和试验方法
33	GB/T 31366—2015	光伏发电站监控系统技术要求
34	GB/T 32900—2016	光伏发电站继电保护技术规范
35	GB/T 33765—2017	地面光伏系统用直流连接器
36	GB/T 33766—2017	独立太阳能光伏电源系统技术要求
37	GB/T 20513—2006	光伏系统性能监测测量、数据交换和分析导则
38	GB/T 20514—2006	光伏系统功率调节器效率测量程序
39	GB/T 30152—2013	光伏发电系统接入配电网检测规程
40	GB/T 31365—2015	光伏发电站接入电网检测规程
41	GB/T 34160—2017	地面用光伏组件光电转换效率检测方法
42	GB/T 34561—2017	光伏玻璃　湿热大气环境自然曝露试验方法及性能评价
43	GB/T 34931—2017	光伏发电站无功补偿装置检测技术规程
44	GB/T 34933—2017	光伏发电站汇流箱检测技术规程
45	GB/T 37409—2019	光伏发电并网逆变器检测技术规范
46	GB/T 37658—2019	并网光伏电站启动验收技术规范
47	GB/T 37663.1—2019	湿热带分布式光伏户外实证试验要求　第 1 部分：光伏组件
48	GB/T 40102—2021	太阳能热发电站接入电力系统检测规程
49	NB/T 32006—2013	光伏发电站电能质量检测技术规程
50	NB/T 32007—2013	光伏发电站功率控制能力检测技术规程
51	NB/T 32008—2013	光伏发电站逆变器电能质量检测技术规程
52	NB/T 32009—2013	光伏发电站逆变器电压与频率响应检测技术规程
53	NB/T 32010—2013	光伏发电站逆变器防孤岛效应检测技术规程
54	NB/T 32013—2013	光伏发电站电压与频率响应检测规程
55	NB/T 32014—2013	光伏发电站防孤岛效应检测技术规程
56	NB/T 32032—2016	光伏发电站逆变器效率检测技术要求
57	NB/T 32033—2016	光伏发电站逆变器电磁兼容性检测技术要求
58	NB/T 32034—2016	光伏发电站现场组件检测规程

续表

序号	标准号	标准名称
59	NB/T 10323—2019	分布式光伏发电并网接口装置测试规程
60	NB/T 10324—2019	光伏发电站高电压穿越检测技术规程
61	NB/T 10325—2019	光伏组件移动测试平台技术规范
62	JB/T 12238—2015	聚光光伏太阳能发电模组的测试方法
63	NB/T 10185—2019	并网光伏电站用关键设备性能检测与质量评估技术规范
64	NB/T 10298—2019	光伏电站适应性移动检测装置技术规范
65	DL/T 1364—2014	光伏发电站防雷技术规程
66	NB/T 10100—2018	光伏发电工程地质勘察规范
67	NB/T 10128—2019	光伏发电工程电气设计规范
68	T/CEEIA 576—2022	光伏储能充电桩一体化系统评估技术规范
69	NB/T 10899—2021	光伏发电站继电保护技术监督
70	DL/T 2041—2019	分布式电源接入电网承载力评估导则
71	DL/T 1336—2014	电力通信站光伏电源系统技术要求
72	NB/T 10115—2018	光伏支架结构设计规程
73	NB/T 10230—2019	太阳能热发电工程规划报告编制规程
74	NB/T 10997—2022	光伏发电站并网安全条件及评价规范
75	NB/T 10204—2019	分布式光伏发电低压并网接口装置技术要求
76	Q/GDW 1972—2013	分布式光伏并网专用低压断路器技术规范
77	Q/GDW 1974—2013	分布式光伏专用低压反孤岛装置技术规范
78	Q/GDW 1989—2013	光伏发电站监控系统技术要求
79	Q/GDW 1995—2013	光伏发电功率预测系统功能规范
80	Q/GDW 11825—2018	单元式光伏虚拟同步发电机技术要求和试验方法
81	Q/GDW 11782—2017	离网光伏发电系统建设及运维技术规范
82	Q/GDW 1805—2012	通信站用太阳能供电系统技术要求
83	Q/GDW 11618—2017	光伏发电站接入系统设计内容深度规定
84	Q/GDW 11619—2017	分布式电源接入电网评价导则
85	Q/GDW 11987—2019	大型光伏发电基地输电系统规划设计内容深度规定

序号	标准号	标准名称
86	Q/GDW 12072—2020	分布式电源即插即用并网接口设备接入配电网技术规范
87	Q/GDW 11902—2018	光伏发电资源评估方法
88	Q/GDW 12304—2023	分布式光伏发电功率预测技术要求
89	Q/GDW 12390—2023	分布式新能源聚合等值建模技术导则
90	Q/GDW 12181.4—2023	智能物联电能表扩展模组技术规范　第 4 部分：光伏设备数据交互模组
91	Q/GDW 1617—2015	光伏发电站接入电网技术规定
92	Q/GDW 1968—2013	分布式光伏发电并网接口装置技术要求
93	Q/GDW 1999—2013	光伏发电站并网验收规范

9.5.1.2　国际标准化现状

在分布式光伏发电故障特性、振荡分析抑制等方面，IEC SC 8A 编制了系列 IEC 标准。IEEE 燃料电池、光伏、分布式发电和储能协调工作组在 2003 年发布了 IEEE 1547:2003《分布式电源接入电力系统》标准，之后由此衍生出了一系列扩展标准，提出了包括性能测试、监控、信息交换和控制等方面在内的技术要求，之后根据实际应用需求，《分布式电源接入电力系统》又于 2018 年进行修订，持续影响着全球市场分布式发电的并网和发展。

IEC 在并网光伏逆变器试验与检测方面发布了 2 项标准，包括光伏逆变器防孤岛和并网光伏逆变器低电压穿越测试流程。IEEE 在光伏发电并网方面发布了 1 项标准，规定了并网型分布式电源一致性测试的内容与步骤。

功率预测方面，IEC SC 8A 成立了 WG2 工作组，将对分布式光伏发电功率预测的时空尺度、数据需求、预测误差进行规范化。国内在该方面的标准主要针对光伏发电单独制定，目前已发布多项标准，详细规定了分布式光伏发电功率预测系统功能、数据要求、性能指标等。分布式光伏接入相关国际标准梳理情况如表 9-8 所示。

表 9-8　　　　　　　　　　　分布式光伏接入相关国际标准

序号	标准号	标准名称
1	IEC TR 63043:2020	可再生能源电力预测技术
2	IEC TS 62910（REDLINE + STANDARD）:2020	公用事业互连光伏逆变器　欠电压穿越测量的试验程序

序号	标准号	标准名称
3	BS EN 15316-1:2017-TC	跟踪变化 建筑物的能源性能 系统能量需求和系统效率的计算方法 通用和能源性能表达式，模块 M3-1、M3-4、M3-9、M8-1、M8-4
4	BS EN 15316-4-3:2017	建筑物的能源性能 系统能量要求和系统功效的计算方法 发热系统、热太阳能和光伏系统，模块 M3-8-3、M8-8-3、M11-8-3
5	IEC 62446-2:2020	光伏（PV）系统 测试、文件和维修要求 第 2 部分：并网系统 PV 系统维修
6	IEC 60364-7-712:2017	建筑物的电气装置 第 7-712 部分：特殊安装和定位的要求 太阳光电能源供应系统
7	IEC TR 61850-90-7:2013	电力设施自动化通信网络和系统 第 90-7 部分：分布式能源资源（DER）系统中功率转换器的对象模型
8	IEC 61194:1992	独立光伏系统的特性参数
9	IEC 61724	光伏系统性能监测——测量、数据交换和分析指南
10	IEC 61730	光伏（PV）组件安全鉴定
11	IEC TS 61836:2016	太阳能光伏发电系统 术语、定义和符号
12	IEEE 1547:2018	分布式能源与相关电力系统接口的互连和互操作性

9.5.1.3 标准差异性分析

在分布式光伏接入方面，国内外标准在标准体系覆盖范围、技术要求、技术进步和产业升级、测试认证、信息交互和预测管理方面存在一定的差异性，具体分析如下：

（1）标准体系和覆盖范围。国内标准体系较为全面，覆盖了分布式光伏发电及并网的全过程，包括规划、设计、设备性能、试验评估、运行调度等。例如，GB/T 19964—2024《光伏发电站接入电力系统技术规定》针对光伏发电站的接入技术进行了相关技术规定。国际标准如 IEC 和 IEEE 标准，更侧重于通用性，强调不同国家和市场的兼容性和互操作性。例如，IEC 61724《光伏系统性能》系列标准被多国采用，作为分布式光伏发电设备及技术开发的基础。

（2）技术细节和要求。国内标准在技术细节上可能更贴合我国分布式光伏发电并网技术发展的实际需求，如对特定环境和技术条件的适应性。国际标准需要考虑更广泛的应用场景和多样性，范围更加通用。

（3）安全性和稳定性。国内标准在分布式光伏并网安全运行方面有明确要求，如故障穿越能力和功率控制能力，确保大规模分布式光伏并网的稳定性。国际标准也强调安全性和稳定性，但可能更侧重于设备和系统的国际兼容性。

（4）技术进步和产业升级。国内标准在推动技术进步和产业升级方面发挥了重要作用，如通过提高国产光伏发电机组的市场占有率。国际标准更注重技术的全球普及和应用，促进全球范围内的技术交流和合作。

（5）测试和认证。国内标准具有一套完整的光伏并网设备测试和认证体系，确保设备满足并网要求。国际标准如 IEC 62446 系列主要提供了分布式光伏并网试验与检测的通用方法，被广泛认可和采用。

（6）通信和信息交换。国内标准在分布式光伏发电监控系统通信方面有特定的技术要求，如 GB/T 30966《风力发电机组　风力发电场监控系统通信》系列标准。国际标准如 IEC 61850-7-420:2021《电力控制的通信网络及系统　第 7-420 部分：基本通信结构　分布式能源和配电自动化逻辑网点》等定义了分布式电源设备的通信和控制接口，强调不同供应商设备之间的互操作性。

（7）功率预测和管理。国内标准在功率预测方面有专门的标准，针对光伏发电的特点进行规范。国际标准如 IEC SC 8A 制定的系列标准的工作重点在于新能源功率预测的规范化，可能更侧重于预测方法的通用性和准确性。

通过上述分析，可以看出国内外在分布式光伏接入系统测量控制等标准方面既有合作也有差异，这些差异主要体现在标准体系的覆盖范围、技术要求的详细程度、安全性和稳定性的侧重点、技术进步和产业升级的推动作用、国际化程度，以及测试和认证的方法等方面。

9.5.2　需求分析

随着分布式光伏发电技术发展与大规模持续并网需求增加，分布式光伏发电电源类型不断创新，电流源型、自同步电压源型，甚至电网构建型新能源系统的提出，使得分布式光伏电源特性显著变化，需要开展不同电网接入条件下的分布式光伏发电电源适应性、新能源发电试验评价相关标准制修订。

国际方面，IEC SC 8A 在编标准涉及新能源故障特性、振荡分析等内容。国内方面，以 GB/T 19964—2024《光伏发电站接入电力系统技术规定》为核心的系列标准对分布式光伏接入提出了一定的技术要求。但是，随着分布式光伏快速建设发展，局部地区特别是"三华"地区的分布式光伏占比快速提升，现有标准无法满足高比例分布式光伏并网运行及电能计量、电磁测量需要，需提高涉网性能、电磁测量相关标准要求，加快核心标准制修订，提升电压适应性、频率适应性、电能计量准确性等技术指标。此外，分布式光伏相关技术标准主要集中于光伏电站的建设及并网方面，低压分布式光伏标准体系不完整，亟须开展低压分布式光伏电能计量及其接入用电采集系统关键技术研究，加快推动涵盖低压分布式光伏并网规范、低压光伏电能计量装置、计量采集装置配置导则、采集监控设备及通信协议的标准体系建设。

　　未来在构建新型电力系统中，同步发电机组占比逐渐降低，分布式并网变流器、高压直流等电力电子装置广泛接入，系统的运行特性和稳定机理发生显著变化，分布式光伏并网及其准确电磁测量也面临了一些新的挑战，需要提升新能源主动支撑及电磁测量能力，优化完善分布式光伏接入标准，保障新能源系统并网后安全稳定运行。

9.5.3　标准规划

　　为有效保障高比例新能源并网后系统的安全稳定，需要持续完善分布式光伏电磁测量及试验检测评价系列标准，制定新能源主动支撑特性评估、稳态调频调压裕度评估、宽频谐波及电能质量测试等标准，规范新能源场站的并网性能。在新能源主动支撑特性方面，计划制定光伏并网技术要求及试验方法标准 1 项；在调频调压裕度评估与评价方面，制定分布式光伏发电有功无功自动监控技术规范相关标准 1 项；在运行特性在线实时评估方面，制定光伏发电单元电能质量测量和评估方法、分布式光伏场站功率调节技术要求及试验方法，以及分布式光伏场站电能质量测试方法标准 3 项。标准规划路线如图 9-5 所示。

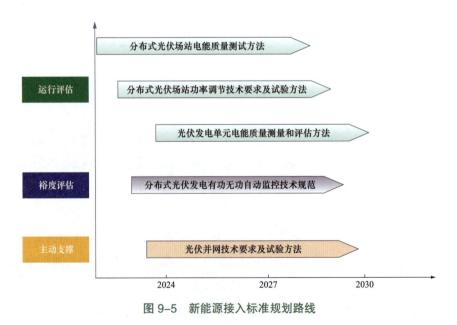

图 9-5　新能源接入标准规划路线

9.6　综合能源管理

9.6.1　标准化现状

9.6.1.1　国内标准化现状

综合能源服务标准的制定和实施在中国综合能源服务行业的发展中起着重要的保障作用。中国政府已经颁布了一系列与综合能源服务相关的标准和法规，旨在促进该行业的健康发展。参与制定这些标准的主要组织包括全国能源基础与管理标准化技术委员会、国家能源局综合司、国家能源局科技司、国家能源局国际合作司、能源行业标准化技术委员会、能源行业综合能源服务标准化工作组，以及能源行业电力安全工器具及机具标准化技术委员会等。这些标准和法规涵盖了综合能源服务的各个方面，包括国内综合能源服务业务发展标准，分为规划设计、工程建设、系统运营、系统运维、验收与评价等方面的标准，标准梳理情况如表 9-9 所示。

综合能源服务标准的制定和实施对于行业的健康发展至关重要。这些标准的设计旨在引导综合能源服务业务的规范开展，促进社会能源的合理调整。通过确立统一的标准，不同地区的综合能源业务可以实现互联互通，推动行业向更智能、更安全、更便捷的方向发展。这些标准的实施也对用户提供合理能源方案起到重要作用。通过科学规范地执行能源服务质量管理、安全管理和设备管理等要求，确保综合能源服务的质量和稳定性。同时，综合能源服务技术导则的制定使得相关技术在定义、评价和试验方法等方面得到规范，确保了综合能源服务技术的先进性和可靠性。然而，随着综合能源服务技术的不断发展，标准体系需要不断更新和完善，以适应行业发展的新需求和新挑战。这要求各参与组织和行业专家不断研究、分析和修订标准，确保其与时俱进。

表 9-9　　　　　　　　　　　　综合能源管理相关国内标准

序号	标准号	标准名称
1	GB/T 29870—2013	能源分类与代码
2	CB/T 15587—2023	能源管理体系　分阶段实施指南
3	GB/T 23331—2020	能源管理体系　要求及使用指南
4	GB/T 17166—2019	能源审计技术通则
5	GB/T 24915—2020	合同能源管理技术通则
6	GB/T 37779—2019	数据中心能源管理体系实施指南
7	GB/T 29456—2012	能源管理体系　实施指南

序号	标准号	标准名称
8	GB/T 50378—2019	绿色建筑评价标准
9	GB/T 51161—2016	民用建筑能耗标准
10	GB/T 39571—2020	波浪能资源评估及特征描述
11	GB/T 39569—2020	潮流能资源评估及特征描述
12	GB/T 18710—2002	风电场风能资源评估方法
13	GB/T 26916—2011	小型氢能综合能源系统性能评价方法
14	GB/T 39120—2020	综合能源 泛能网术语
15	GB/T 39119—2020	综合能源 泛能网协同控制总体功能与过程要求
16	GB/T 32797—2016	热电联产系统 用于规划、评估和采购的技术说明
17	GB 50613—2010	城市配电网规划设计规范
18	GB/T 50293—2014	城市电力规划规范
19	GB/T 40063—2021	工业企业能源管控中心建设指南
20	GB/T 51311—2018	风光储联合发电站调试及验收标准
21	GB/T 14099.8—2009	燃气轮机采购 第8部分：检查、试验、安装和调试
22	GB/T 51420—2020	智能变电站工程调试及验收标准
23	GB/T 31997—2015	风力发电场项目建设工程验收规程
24	GB/T 51366—2019	建筑碳排放计算标准
25	GB 51131—2016	燃气冷热电联供工程技术规范
26	GB 51096—2015	风力发电场设计规范
27	GB/T 38174—2019	风能发电系统 风力发电场可利用率
28	GB/T 17646—2017	小型风力发电机组
29	GB/T 20319—2017	风力发电机组 验收规范
30	GB/T 51308—2019	海上风力发电场设计标准
31	GB/Z 35483—2017	风力发电机组 发电量可利用率
32	GB/T 34932—2017	分布式光伏发电系统远程监控技术规范
33	GB/T 38946—2020	分布式光伏发电系统集中运维技术规范
34	GB/T 40090—2021	储能电站运行维护规程
35	GB/T 34120—2023	电化学储能系统储能变流器技术要求
36	GB/T 36545—2023	移动式电化学储能系统技术规范

序号	标准号	标准名称
37	GB/T 36558—2023	电力系统电化学储能系统通用技术条件
38	GB/T 40286—2021	低温双循环余热回收利用装置性能测试方法
39	GB/T 40284—2021	发电厂余热回收系统节能量检测试验导则
40	GB/T 39091—2020	工业余热梯级综合利用导则
41	NB/T 32038—2017	光伏发电工程安全验收评价规程
42	NB/T 34067—2018	空气源热泵热水工程施工及验收规范
43	NB/T 32028—2016	光热发电工程安全验收评价规程
44	DB14/T 2306—2021	规模化生物天然气工程验收规范
45	DL/T 1645—2016	火力发电厂吸收式热泵工程验收规范
46	DB41/T 1944—2020	浅层地热能地下换热工程验收规范
47	NB/T 35048—2015	水电工程验收规程
48	T/SDZDH 0001—2019	能源计量数据采集系统建设规范
49	DB11/T 1255—2015	工业用能单位能源管控中心建设指南
50	T/GZSMARTS 2—2018	智慧园区建设与验收技术规范
51	T/SDZDH 0002—2016	企业能源管控中心建设规范
52	T/SIIA 002—2018	建设工程绿色安装标准
53	LD/T 74.2—2008	建设工程劳动定额　安装工程 – 电气安装工程
54	NB/T 20259.5—2021	核电厂建设项目工程量清单计价规范　第 5 部分：电气设备安装工程
55	DL/T 5113.5—2012	水电水利基本建设工程　单元工程质量等级评定标准　第 5 部分：发电电气设备安装工程
56	DL/T 1212—2013	火力发电厂现场总线设备安装技术导则
57	T/CEC 106—2016	微电网规划设计评价导则
58	T/CNAEC 1001—2020	电网规划环境影响评价技术规范
59	NB/T 35068—2015	河流水电规划环境影响评价规范
60	T/GSEA 004—2020	屋面并网光伏发电系统调试规范
61	DL/T 5294—2023	火力发电建设工程机组调试技术规范
62	T/CZEIA 02—2019	智慧能源管理系统功能规范
63	T/CEC 105—2016	电力企业能源管理系统验收规范
64	T/CABEE 003—2020	公共建筑能源管理技术规程

续表

序号	标准号	标准名称
65	DL/T 5542—2018	配电网规划设计规程
66	T/CEC 5038—2021	微能源网 规划设计技术导则
67	T/CEC 5028—2020	配电网规划图绘制规范
68	T/CEC 5027—2020	智能园区配电网规划设计技术导则
69	T/CEC 5014—2019	园区电力专项规划内容深度规定
70	T/GZSMARTS 1—2018	智慧园区设计规范
71	DB33/T 2136—2018	综合供能服务站建设规范
72	JG/T 299—2010	供冷供热用蓄能设备技术条件
73	DB13/T 5027—2019	泛能微网供冷、供热管网设计规范
74	NB/T 32042—2018	光伏发电工程建设监理规范
75	NB/T 31084—2016	风力发电工程建设施工监理规范
76	T/SCSS 018—2017	智慧园区规划导则
77	T/SCSS 041—2017	智慧城市智慧绿能园区规划导则
78	NB/T 35071—2015	抽水蓄能电站水能规划设计规范
79	DB63/866—2010	民用建筑太阳能利用规划设计规范
80	T/CDHA 503—2021	供热规划标准
81	DB13/T 2502—2017	泛能规划编制通则
82	DB13/T 2727—2018	泛能规划指标体系及计算方法
83	DB13/T 2554—2022	单井地热资源评价规范
84	NB/T 31147—2018	风电场工程风能资源测量与评估技术规范
85	DB52/T 1396—2018	太阳能资源观测与评估技术规范
86	DL/T 1033.2—2006	电力行业词汇 第2部分：电力系统
87	DL/T 1033.4—2016	电力行业词汇 第4部分：火力发电
88	DL/T 1033.5—2014	电力行业词汇 第5部分：核能发电
89	DL/T 1033.6—2014	电力行业词汇 第6部分：新能源发电
90	DL/T 1033.7—2006	电力行业词汇 第7部分：输电系统
91	T/GDES 1—2016	企业碳排放权交易会计信息处理规范
92	T/CECS 10077—2019	多能互补热源系统
93	T/GDGCC 8—2020	多能源集成燃气供暖热水系统

序号	标准号	标准名称
94	T/GDGCC 7—2019	家用多能源集成燃气热水系统
95	T/SDSIA 5—2018	太阳能＋多能互补清洁供热系统应用技术规范
96	DB44/T 1509—2014	多能源互补微电网通用技术要求
97	NB/T 10773—2021	农村住宅多能互补供热系统通用要求
98	20160505-T-524	能源互联网系统—智能电网与热、气、水、交通系统的交互
99	20160497-T-524	能源互联网与分布式电源互动规范
100	20160495-T-524	能源互联网与储能系统互动规范
101	20160504-T-524	能源互联网数据平台技术规范
102	20160501-T-524	能源互联网系统—架构和要求
103	20160494-T-524	能源互联网系统—主动配电网的互联
104	20184391-T-524	能源互联网规划技术导则
105	20160502-Z-524	能源互联网系统—用例
106	20160500-Z-524	能源互联网系统—术语
107	20160499-Z-524	能源互联网系统—总则
108	T/CECA-G 0021-2019	工业园区能源互联网技术导则
109	T/CEC 101.1—2016	能源互联网　第 1 部分：总则
110	DB37/738—2015	热电联产机组供电煤耗限额
111	DB35/T 1757—2018	热电联产机组经济指标评价方法
112	CJJ 145—2010	燃气冷热电三联供工程技术规程
113	DL/T 666—2012	风力发电场运行规程
114	NB/T 31076—2016	风力发电场并网验收规范
115	DB31/T 1034—2017	分布式光伏发电项目服务规范
116	T/GSEA 001—2021	居民分布式光伏发电项目服务规范
117	T/GSEA 003—2019	分布式光伏发电系统运营安全规程
118	T/HZPVA 001—2019	屋顶分布式光伏发电项目验收规范
119	DB11/T 1773—2020	分布式光伏发电工程技术规范
120	T/FJNEA 1303—2019	分布式光伏系统运行与维护技术规范
121	T/JX 012—2018	户用分布式光伏并网发电系统技术规范
122	T/CPSS 1005—2020	储能电站储能电池管理系统与储能变流器通信技术规范

续表

序号	标准号	标准名称
123	T/CNESA 1000—2019	电化学储能系统评价规范
124	T/DZJN 39—2021	梯次利用电池 储能系统技术规范
125	T/NDAS 36—2021	智能型移动式储能电源车
126	DB44/T 1766—2015	电动汽车储能充电站设计规范
127	T/CES 076—2021	中压直挂式储能系统技术规范
128	T/CES 014—2018	城市配电网电池储能系统的配置技术规范
129	YB/T 9071—2015	余热利用设备设计管理规定

9.6.1.2 国际标准化现状

目前综合能源系统及其服务并未有公认的标准体系，但是综合能源智慧运维、源荷储协同互动方面的各项标准，在国外均已形成了较为完善的体系。国际上较有影响力的标准化组织主要有国际电工委员会（IEC）、电气与电子工程师协会（IEEE）、国际标准化组织（ISO）、欧洲标准化委员会（CEN）、欧洲电工标准化委员会（CENELEC）、欧洲电信标准协会（ETSI）等。由于 IEC、IEEE、ISO 在综合能源服务相似概念方面的研究比较深入，所建立的标准体系架构较为完整，在世界上的影响较为广泛。综合能源管理相关国际标准梳理情况如表 9-10 所示。其中，IEC、IEEE 和 ISO 在综合能源管理相关领域涉及的标准主要涵盖综合能源智慧运维、源荷储协同互动、规划设计、能效评价、增值服务等方面的内容。

表 9-10 综合能源管理相关国际标准

序号	标准号	标准名称
1	IEC 62446-2:2020	光伏（PV）系统 测试、文件和维修要求 第2部分：并网系统 PV 系统维修
2	IEC 62619:2022	含碱性或其他非酸性电解质的二次电池和蓄电池 工业用二次锂电池和蓄电池的安全要求
3	IEC 61427-1:2013	可再生能源储能用蓄电池和蓄电池组 第1部分：光伏离网应用
4	IEC 61427-2:2015	可再生能源储能用蓄电池和蓄电池组 第2部分：并网应用
5	IEC TS 62898-1:2017	微电网 第1部分：微电网项目规划和规范指南
6	IEC TS 62933-3-1:2018	电能存储（EES）系统 第3-1部分：电能存储系统的规划和性能评估通用规范

续表

序号	标准号	标准名称
7	IEC 62548:2016	光伏（PV）阵列　设计要求
8	IEC 60050-692:2017	国际电工词汇（IEV）　第 692 部分：电能的产生、传输和分配 - 电力系统的可靠性和服务质量
9	IEC 61400-1:2019	风力发电系统　第 1 部分：设计要求
10	IEC TS 62738:2018	地面安装的光伏发电厂　设计指南和建议
11	IEC TS 62257-4:2015	关于可再生能源和农村电气化混合系统的建议　第 4 部分：系统选择和设计
12	IEC TS 62257-6:2005	关于小型可再生能源和农村电气化混合系统的建议　第 6 部分：验收、运行、维护和更换
13	IEC TS 63156:2021	光伏系统　功率转换设备性能　能量评价方法
14	IEC TS 62257-9-5:2018	针对农村电气化的可再生能源和混合系统的建议　第 9-5 部分：综合系统　用于农村电气化的独立可再生能源产品的实验室评估
15	IEC TS 62282-9-101:2020	燃料电池技术　第 9-101 部分：基于生命周期思想的燃料电池动力系统环境性能评价方法　考虑环境性能的简化生命周期住宅用固定燃料电池热电联产系统特性
16	IEC TS 63102:2021	风力发电厂和光伏发电厂并网的电网规范符合性评估方法
17	ISO/IEC TR 30132-1:2016	信息技术　信息技术的可持续性　能源效率计算模型　第 1 部分：能源效率评估指南
18	IEEE 346:1973	电力运营术语中的 IEEE 标准定义包括报告和分析电气输配电设备中断和客户服务中断的条款
19	IEEE 937:2019	IEEE 批准的光伏（PV）系统铅酸蓄电池安装和维护推荐规程草案
20	IEEE 516:2009	电力线路维护方法指南
21	IEEE 67:2005	涡轮发电机运行和维护指南
22	IEEE 3007.2:2010	工业和商业电力系统维护推荐实践
23	IEEE 3006.3:2017	预防性维护对工业和商业电力系统可靠性影响的建议措施草案
24	IEEE 502:1985	化学燃料单元连接蒸汽站的保护联锁和控制 IEEE 指南
25	IEEE PC37.106	发电厂异常频率保护指南草案
26	IEEE 3004.10	工业和商业电力系统中发电机保护的推荐实施规程
27	IEEE 3004.11	工业和商业电力系统中母线和开关设备保护的推荐规程
28	IEEE P1884.2:2005	被动式太阳能光伏系统标准

序号	标准号	标准名称
29	IEEE P2030.1	电能动力交通设施指南
30	IEEE P2030.2	接入电力系统的储能系统互操作性指南
31	IEEE P2030.3	储能系统接入电网测试标准
32	IEEE P2030.5	智能能源规范 2.0 应用协议标准
33	IEEE P2030.6	电力需求响应效果监测与综合效应评价导则
34	IEEE P2030.9:2019	微电网规划设计推荐性实践
35	IEEE 1547:2018	分布式能源与相关电力系统接口的互连和互操作性
36	IEEE 1547.4:2011	微电网并网的规划、运行导则
37	ISO 50002:2014	能源审计　要求及使用指南
38	ISO/IEC 27019:2017	信息技术　安全技术　能源公用事业行业的信息安全控制
39	ISO TR 37152:2016	智能社区基础设施　开发和运营的共同框架
40	IEC 62264-4:2015	企业控制系统集成　第 2 部分：企业控制系统集成的对象和属性
41	ISO 18095:2018	电力变压器的状态监测和诊断
42	ISO TS 18101-1:2019	石油和天然气资产管理与运营与维护互操作性（OGI）　第 1 部分：概述和基本原则
43	ISO 37169:2021	智能社区基础设施——通过城市内 / 城市之间的直通车 / 公交运营实现智能交通
44	ISO 37155-1:2020	智能社区基础设施的集成和运行框架　第 1 部分：从相关方面考虑智能社区基础设施在整个生命周期中相互作用带来的机遇和挑战的建议
45	ISO 37160:2020	智能社区基础设施　电力基础设施　火电基础设施质量的测量方法和工厂操作和管理要求
46	ISO/IEC 13273:2015	能源效率和可再生能源　国际通用术语　第 1 部分：能源效率
47	ISO TR 9901:2021	太阳能　热像仪　推荐使用方法
48	ISO 6469-1:2019	电动公路车辆　安全规范　第 1 部分：可充电储能系统（RESS）
49	ISO 26382:2010	热电联产系统规划、评估和采购的技术声明

9.6.1.3　标准差异性分析

综合能源服务对提升能源利用效率和实现可再生能源规模化开发具有重要支撑作用，世界各国根据自身需求制定了适合自身发展的综合能源发展战略。

综合能源服务标准的制定和实施在中国综合能源服务行业的发展中起着重要的保障作用。中国政府已经颁布了一系列与综合能源服务相关的标准和法规，旨在促进该行业的健康发展。参与制定这些标准的主要组织包括全国能源基础与管理标准化技术委员会、国家能源局综合司、国家能源局科技司、国家能源局国际合作司、能源行业标准化技术委员会、能源行业综合能源服务标准化工作组，以及能源行业电力安全工器具及机具标准化技术委员会等。这些标准和法规涵盖了综合能源服务的规划设计、工程建设、系统运营、系统运维、验收与评价等各个方面。这些标准和法规的制定和实施为中国综合能源服务行业的规范化发展提供了重要保障。然而，随着综合能源服务技术的不断发展和进步，标准体系也需要不断更新和完善，以适应行业的发展需求。

英美、欧盟、日韩等国家地区在综合能源服务方面的研究较为深入，标准体系的构建较为完备，主要涉及综合能源智慧运维、源荷储协同互动、光伏、储能等新能源系统、能效评价、增值服务相关标准体系。IEC 在综合能源智慧运维方面的标准为能源系统的智能运维提供了规范和指导。相关标准注重技术先进性、可扩展性、互操作性、安全性和合作性，推动综合能源智慧运维的发展和应用。其在综合能源智慧运维方面的标准布局上，更加从整体上考虑综合能源智慧运维，涵盖了能源系统的各个方面，包括监测、分析、优化、数据管理、安全等。IEC 的标准工作积极跟踪和应用最新的技术发展，特别是在数据管理、信息交换、测量和监测等方面，鼓励采用先进的传感器技术、数据分析方法和智能算法，提高能源系统的智能化水平。在可扩展性和互操作性方面，这有利于不同厂商和系统之间能够进行无缝集成和交互，提高能源系统的灵活性和互联性，使其更易于进行智慧运维。IEEE 暂无与综合能源智慧运维方面直接相关的标准，但是可以参考以下标准的结构和内容进行新标准的制定。ISO 系列标准旨在为智能社区电力基础设施的质量评估和管理提供方法，适用于火电基础设施，但不适用于水电基础设施。同时该标准给出了一些重要术语的定义，如"智能社区""电力基础设施""火电基础设施"等。该标准也提出了一系列测量方法，用于评估火电基础设施的质量，包括设备性能、能源效率、可靠性、安全性等方面的指标。在工厂操作管理要求方面，该标准提出了火电基础设施工厂操作和管理的要求，包括组织架构、人员培训、设备维护、安全生产等方面。

国内外在综合能源管理系统标准制定方面存在一些差异，但同时也有相互学习和借鉴的空间。随着全球能源转型和技术创新的不断推进，国内外的标准制定机构可能会进一步加强合作，共同推动综合能源服务行业的健康发展。

9.6.2　需求分析

综合能源服务体系处于快速发展阶段，配套的项目技经评价相对滞后。在综合能源服务项目绩效评价通用标准方面，目前 GB/T 30260—2013《公共机构能源资源管理绩效评价导则》、GB/T 50801—2013《可再生能源建筑应用工程评价标准》、GB/T 3533《标准化效益评价》系列标准、GB/T 26916—2011《小型氢能综合能源系统性能评价方法》、Q/GDW 11470.1—2016《电能替代评价技术规范　第1部分：电量统计认定技术规范》和 Q/GDW 11470.2—2016《电能替代评价技术规范　第2部分：经济性评价导则》等标准为能源管理体系绩效评价的定义及要求、绩效及能源绩效评价、综合能源服务评价、经济评价、节能评价标准等方面奠定了一定的基础。目前在编的标准有《综合能源服务项目评价标准导则》《分布式光伏项目经济评价规范》《分布式电源接入配电网技术经济评价导则》等，但针对综合能源服务的智能应用、增值服务、系统运营和系统设计等方面还未实现标准的全面覆盖，需要重点开展相关标准的制修订工作。

9.6.3　标准规划

综合能源管理系统相关标准主要从系统规划设计、系统运维、综合能源增值服务和智能应用四个方面五维度进行规划布局研究。在系统规划设计方面，主要布局《综合能源服务电气设计标准》《综合能源服务建设设计标准》和《多能联动设计标准》等标准。在系统运维方面，主要布局《多能系统能量计量标准》和《综合能源多能联产标准》。在综合能源增值服务方面主要布局《综合能源服务套餐设计》《综合能源服务评价标准》。在智能应用方面，主要布局《综合能源服务技术平台总体要求》《综合能源服务接口要求》《综合能源咨询服务技术要求》等标准。标准规划路线如图9-6所示。

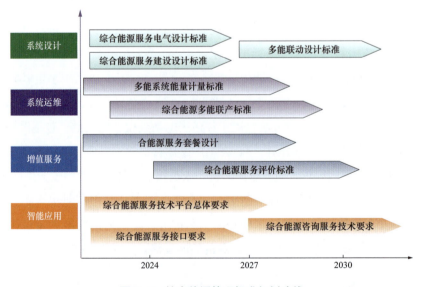

图9-6　综合能源管理标准规划路线

第 10 章 技术支撑类技术标准体系布局

10.1 范围

技术支撑类标准对于确保新型电力系统的高效、稳定和安全运行至关重要。在新型电力系统电磁测量标准体系中，技术支撑类标准主要包括量传溯源体系、智慧化测量管理体系、数字化测量体系、先进供应链体系等 5 类标准，如图 10-1 所示。这些标准为新型电力系统电磁测量技术及系统高效可靠发展提供重要支撑。

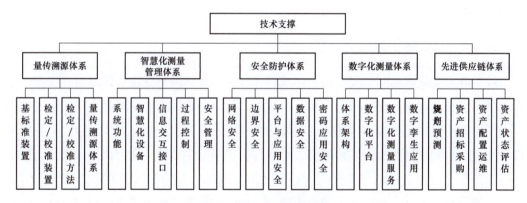

图 10-1　技术支撑类标准体系

10.1.1 量传溯源体系类标准

电磁测量量传溯源体系是指在电力领域内，为确保电学量值的准确性和一致性所建立的一套量值传递和溯源的系统。基于该体系，电学量值从国家或国际基准标准，通过各级标准，最终传递到实际工作中使用的测量设备和仪器的整个过程。电磁测量量传溯源体系类标准主要包括基标准装置、检定/校准装置、检定/校准方法、量传溯源管理等类标准。其中，基标准装置类标准主要涉及电磁测量领域中用于定义、实现、维护和复现物理量单位或其倍数的基本测量设备和标准，确保测量结果的准确性和一致性。检定/校准装置主要涵盖检定校准设备功能规范、技术规范、型式规范等标准。检定/校准方法类标准主要涵盖检定/校准方法、测量不确定度评估、数据处理等标准。量传溯源管理类标准主要涵盖检定系统表、量传溯源体系质量监督、量传溯源体系管理等标准。

10.1.2 智慧化测量管理体系类标准

智慧化测量管理体系通过智能化采集、分析与应用计量数据，加强计量器具、试验检测设备的自动化、数字化改造，建立智慧计量实验室和智能计量管理系统，推动企业数字化转型升级，为企业创新发展和质量提升提供支撑。智慧化测量管理体系类标准主要包括智慧实验室系统功能规范、智慧实验室设备技术规范、智慧实验室信息交互接口规范、智慧实验室业务过程控制规范、智慧实验室安全管理规范等。其中，智慧实验室功能类标准主要侧重于自动化设备控制、数据采集与分析、远程操作与监控、智能环境控制、资源管理、安全监控、知识管理、预测性维护、智能调度、合规性检查和可追溯性等关键技术研究。智慧实验室设备技术类标准主要侧重于智慧采控终端、边缘计算设备、物联感知设备等关键技术研究。智慧实验室业务过程控制类标准主要侧重于系统集成与优化、远程监控管理、智能仪器管理、智能环境监测管理等关键技术研究。

10.1.3 安全防护体系类标准

新型电力系统电磁测量安全防护体系类标准主要包括网络安全、区域边界安全、平台与应用安全、数据安全、密码应用等。其中，网络安全类标准主要侧重于安全防护架构、网络安全防护等关键技术研究。区域边界安全主要侧重于系统内生安全、异构终端接入安全、智能攻防等关键技术研究。平台与应用安全主要侧重于密码服务平台、数字证书认证平台等平台建设与安全应用等关键技术研究。数据安全主要侧重于数据加密、隐私保护、数据水印、脱敏等关键技术研究。密码应用主要侧重于密码应用审批、监管和抽查机制等关键技术研究。

10.1.4 数字化测量体系类标准

数字化测量体系类标准是实现数字化、智能化转型的技术基础和重要保障，对促进产业升级和提高生产效率具有重要作用。数字化测量体系类标准主要包括数字化体系架构、数字化平台、数字化测量服务、数字孪生应用等标准。其中，数字化体系架构类标准主要侧重于数字化转型管理参考架构、数字化供应链体系架构、数字化转型管理体系建设等关键技术研究。数字化平台类标准主要侧重于云平台、企业中台、物联平台等关键技术研究。数字化测量服务类标准主要侧重于数据基础管理、测量数据分析等关键技术研究。数字孪生应用类标准主要包括电力测量业务实景孪生建模、基于数字孪生体的监测及分析预警、电量测量作业现场全景感知与协作交互等关键技术研究。

10.1.5　先进供应链体系类标准

先进供应链体系类标准主要用于规范资产全寿命周期管理和状态评价等活动，确保资产的有效利用和管理，支持组织实现资产管理目标，提升资产管理的效率和效果，为资产的全寿命周期管理提供技术指导。资产管理类标准包括资产预测规划、资产招标采购、资产配置运维和资产状态评估等标准。其中，资产预测规划类标准主要侧重于资产性能分析、需求预测等关键技术研究。资产招标采购类标准主要侧重于智能制定资产采购策略、招投标电子化、采购流程自动化等关键技术研究。资产配置运维类标准主要侧重于物流资源配置精益化，仓库运营数字化，物流储运自动化，检测资源集约化、透明化，检测作业移动化、便捷化等关键技术研究。资产状态评估主要侧重于资产运行状态监测、性能分析、资产风险管理等关键技术研究。

10.2　量传溯源

10.2.1　标准化现状

10.2.1.1　国内标准化现状

国内电测量量传溯源相关标准涵盖了从基础的电压、电流、电阻测量到复杂的电能表、互感器、电容器等设备的检定规程。这些标准形成了一个较为完整的量传溯源体系，确保了电测量设备的准确性和可靠性，量传溯源相关国内标准梳理如表 10-1 所示。包括 GB/T 3926—2007《中频设备额定电压》、GB/T 156—2017《标准电压》在内的部分国内标准在不断更新和修订，以适应技术发展和市场需求。例如，GB/T 156—2017《标准电压》是标准电压的最新版本，反映了对国际标准的跟进和国内技术的进步。国内量传溯源相关标准不仅包括传统的电测量设备，还涉及智能电网、新能源接入、电化学储能系统等新兴领域，如 GB/T 34129—2017《微电网接入配电网测试规范》，这表明国内标准体系在不断扩展，以适应能源结构的变化。针对不同的业务领域，还编制了 JJG 166—2022《直流标准电阻器检定规程》、JJG 1187—2022《直流标准电能表检定规程》等技术规范和检定规程，为特定行业提供了详细的技术规范，确保了行业内电测量设备的统一性和准确性。国内量传溯源相关标准涉及设备的检测、检定、校准和检验，如 DL/T 1694《高压测试仪器及设备校准规范》系列标准，这些标准确保了测量设备量传溯源的长期稳定性和准确性。总体来看，国内电测量量传溯源相关标准体系在不断完善，不仅涵盖了传统的电测量领域，还积极适应新能源和智能电网等新兴技术的发展。通过不断更新和修订，国内标准体系正逐步与国际标准接轨，为电测量设备的准确性和可靠性提供了坚实的基础。

表 10-1 量传溯源相关标准

序号	标准号	标准名称
1	GB/T 3926—2007	中频设备额定电压
2	GB/T 156—2017	标准电压
3	GB/T 9090—1988	标准电容器
4	GB/T 17215.701—2011	标准电能表
5	GB/T 762—2002	标准电流等级
6	JJG 1085—2013	标准电能表检定规程
7	JJG 166—2022	直流标准电阻器检定规程
8	JJG 1187—2022	直流标准电能表检定规程
9	JJG 1196—2023	直流互感器校验仪
10	JJG 597—2005	交流电能表检定装置
11	JJG 153—1996	标准电池检定规程
12	JJG 1075—2012	高压标准电容器检定规程
13	JJG 183—2017	标准电容器
14	JJG 726—2017	标准电感器
15	DL/T 1112—2009	交、直流仪表检验装置检定规程
16	DL/T 1473—2016	电测量指示仪表检定规程
17	DL/T 460—2016	智能电能表检验装置检定规程
18	DL/T 967—2005	回路电阻测试仪与直流电阻快速测试仪检定规程
19	DL/T 973—2005	数字高压表检定规程
20	DL/T 980—2005	数字多用表检定规程
21	DL/T 870—2021	火力发电企业设备点检定修管理导则
22	DL/T 979—2005	直流高压高阻箱检定规程
23	DL/T 1932—2018	6kV～35kV 电缆振荡波局部放电测量系统检定方法
24	DL/T 1028—2006	电能质量测试分析仪检定规程
25	Q/GDW 10826—2020	直流电能表检定装置技术规范
26	Q/GDW 482—2010	绝缘电阻表端电压测量电压表检定规程

序号	标准号	标准名称
27	GB/T 6113.106—2018	无线电骚扰和抗扰度测量设备和测量方法规范　第 1-6 部分：无线电骚扰和抗扰度测量设备　EMC 天线校准
28	GB/T 20485.1—2008	振动与冲击传感器校准方法　第 1 部分：基本概念
29	GB/T 20485.11—2006	振动与冲击传感器校准方法　第 11 部分：激光干涉法振动绝对校准
30	GB/T 20485.15—2010	振动与冲击传感器校准方法　第 15 部分：激光干涉法角振动绝对校准
31	GB/T 20485.21—2007	振动与冲击传感器校准方法　第 21 部分：振动比较法校准
32	GB/T 20485.31—2011	振动与冲击传感器校准方法　第 31 部分：横向振动灵敏度测试
33	GB/T 20485.33—2018	振动与冲击传感器校准方法　第 33 部分：磁灵敏度测试
34	DL/T 1507—2016	数字化电能表校准规范
35	DL/T 1694.8—2021	高压测试仪器及设备校准规范　第 8 部分：电力电容电感测试仪
36	DL/T 1694.9—2021	高压测试仪器及设备校准规范　第 9 部分：电力变压器空、负载损耗测试仪
37	DL/T 1222—2013	冲击分压器校准规范
38	DL/T 1368—2014	电能质量标准源校准规范
39	DL/T 1400.3—2023	变压器测试仪校准规范　第 3 部分：油浸式变压器测温装置
40	DL/T 1561—2016	避雷器监测装置校准规范
41	DL/T 1562—2016	容性设备监测装置校准规范
42	DL/T 1694.1—2017	高压测试仪器及设备校准规范　第 1 部分：特高频局部放电在线监测装置
43	DL/T 1694.2—2017	高压测试仪器及设备校准规范　第 2 部分：电力变压器分接开关测试仪
44	DL/T 1694.3—2017	高压测试仪器及设备校准规范　第 3 部分：高压开关动作特性测试仪
45	DL/T 1694.4—2017	高压测试仪器及设备校准规范　第 4 部分：绝缘油耐压测试仪
46	DL/T 1694.5—2017	高压测试仪器及设备校准规范　第 5 部分：氧化锌避雷器阻性电流测试仪
47	DL/T 1954—2018	基于暂态地电压法局部放电检测仪校准规范
48	DL/T 356—2010	局部放电测量仪校准规范

续表

序号	标准号	标准名称
49	T/CEC 114—2016	闪络定位仪校准规范
50	DL/T 1694.6—2020	高压测试仪器及设备校准规范 第6部分：电力电缆超低频介质损耗测试仪
51	DL/T 1694.7—2020	高压测试仪器及设备校准规范 第7部分：综合保护测控装置 电测量
52	NB/T 42123—2017	电测量变送器校准规范
53	T/CEC 113—2016	电力检测型红外成像仪校准规范
54	T/CEC 413—2020	同期线损用高压电能测量装置校准规范
55	NB/T 11056—2023	继电保护测试仪自动检测装置校准规范
56	JJF 1331—2011	电感测微仪校准规范
57	JJF 1931—2021	信号发生器校准规范
58	JJG 278—2002	示波器校准仪
59	JJG 802—2019	失真度仪校准器
60	JJF 2001—2022	三倍频发生器校准规范
61	JJF 1264—2010	互感器负荷箱校准规范
62	JJF 1923—2021	电测量仪表校验装置校准规范
63	JJF 2027—2023	互感器用合并单元校验仪校准规范
64	JJF 1284—2011	交直流电表校验仪校准规范
65	JJF 1285—2011	表面电阻测试仪校准规范
66	Q/GDW 10481—2016	局部放电检测装置校准规范
67	Q/GDW 11522—2016	电力变压器分接开关测试仪校准规范
68	Q/GDW 653—2011	变压器空、负载损耗测试仪校准规范
69	Q/GDW 654—2011	输电线路参数测试仪校准规范
70	Q/GDW 11112—2013	避雷器监测装置校准规范
71	Q/GDW 11113—2023	高压介质损耗因数测试仪校准规范
72	Q/GDW 11114—2023	直流互感器校准规范
73	Q/GDW 11523—2016	频响分析法变压器绕组变形测试仪校准规范
74	Q/GDW 11524—2016	高压开关机械特性测试仪校准规范

序号	标准号	标准名称
75	Q/GDW 11111—2013	数字化电能表校准规范
76	Q/GDW 11278—2023	计量用低压电流互感器自动化检定系统校准方法
77	Q/GDW 11854—2018	电能表自动化检定系统校准规范
78	Q/GDW 12008—2019	数字化电能表检验装置校准规范
79	GB/T 34867.1—2017	电动机系统节能量测量和验证方法　第 1 部分：电动机现场能效测试方法
80	GB/T 37227.1—2018	制冷系统绩效评价与计算测试方法　第 1 部分：蓄能空调系统
81	GB/T 40415—2021	建筑用光伏玻璃组件透光率测试方法
82	GB/T 18802.311—2017	低压电涌保护器元件　第 311 部分：气体放电管（GDT）的性能要求和测试回路
83	DL/T 2530.1—2022	电力电缆测试设备通用技术条件　第 1 部分：电缆故障定位电桥
84	NB/T 11051—2023	高压直流保护测试设备技术规范
85	GB/T 28030—2011	接地导通电阻测试仪
86	DL/T 1397.1—2014	电力直流电源系统用测试设备通用技术条件　第 1 部分：蓄电池电压巡检仪
87	DL/T 1397.2—2014	电力直流电源系统用测试设备通用技术条件　第 2 部分：蓄电池容量放电测试仪
88	DL/T 1397.3—2014	电力直流电源系统用测试设备通用技术条件　第 3 部分：充电装置特性测试系统
89	DL/T 1397.4—2014	电力直流电源系统用测试设备通用技术条件　第 4 部分：直流断路器动作特性测试系统
90	DL/T 1397.5—2014	电力直流电源系统用测试设备通用技术条件　第 5 部分：蓄电池内阻测试仪
91	DL/T 1397.6—2014	电力直流电源系统用测试设备通用技术条件　第 6 部分：便携式接地巡测仪
92	DL/T 1397.7—2014	电力直流电源系统用测试设备通用技术条件　第 7 部分：蓄电池单体活化仪
93	DL/T 1416—2015	超声波法局部放电测试仪通用技术条件
94	DL/T 1516—2016	相对介损及电容测试仪通用技术条件
95	DL/T 1951—2018	变压器绕组变形测试仪通用技术条件

序号	标准号	标准名称
96	DL/T 1952—2018	变压器绕组变形测试仪校准规范
97	DL/T 1953—2018	电容电流测试仪通用技术条件
98	DL/T 1955—2018	计量用合并单元测试仪通用技术条件
99	DL/T 845.2—2020	电阻测量装置通用技术条件　第 2 部分：工频接地电阻测试仪
100	DL/T 845.3—2019	电阻测量装置通用技术条件　第 3 部分：直流电阻测试仪
101	DL/T 845.4—2019	电阻测量装置通用技术条件　第 4 部分：回路电阻测试仪
102	DL/T 845.6—2022	电阻测量装置通用技术条件　第 6 部分：接地引下线导通电阻测试仪
103	DL/T 846.2—2004	高电压测试设备通用技术条件　第 2 部分：冲击电压测量系统
104	DL/T 846.5—2018	高电压测试设备通用技术条件　第 5 部分：六氟化硫气体湿度仪
105	DL/T 846.6—2018	高电压测试设备通用技术条件　第 6 部分：六氟化硫气体检漏仪
106	DL/T 846.9—2004	高电压测试设备通用技术条件　第 9 部分：真空开关真空度测试仪
107	DL/T 846.14—2023	高电压测试设备通用技术条件　第 14 部分：绝缘油介质损耗因数及体积电阻率测试仪
108	DL/T 849.1—2019	电力设备专用测试仪器通用技术条件　第 1 部分：电缆故障闪测仪
109	DL/T 849.2—2019	电力设备专用测试仪器通用技术条件　第 2 部分：电缆故障定点仪
110	DL/T 849.3—2019	电力设备专用测试仪器通用技术条件　第 3 部分：电缆路径仪
111	DL/T 849.5—2019	电力设备专用测试仪器通用技术条件　第 5 部分：振荡波高压发生器
112	DL/T 962—2005	高压介质损耗测试仪通用技术条件
113	DL/T 987—2017	氧化锌避雷器阻性电流测试仪通用技术条件
114	DL/T 2534—2022	电力系统安全稳定控制系统测试技术规范
115	DL/T 2563—2022	分布式能源自动发电控制与自动电压控制系统测试技术规范
116	DL/T 1566—2016	直流输电线路及接地极线路参数测试导则
117	DL/T 266—2023	接地装置冲击特性参数测试导则
118	DL/T 685—1999	放线滑轮基本要求、检验规定及测试方法
119	SJ/T 11383—2008	泄漏电流测试仪通用规范
120	NB/T 33016—2014	电化学储能系统接入配电网测试规程

续表

序号	标准号	标准名称
121	T/CEC 354—2020	变压器低电压短路阻抗测试仪通用技术条件
122	T/CEC 426.3—2022	电力用油测试仪器通用技术条件　第3部分：颗粒度仪
123	T/CEC 426.4—2023	电力用油测试仪器通用技术条件　第4部分：旋转氧弹值测定仪
124	T/CEC 542.2—2022	电力用气测试仪器通用技术条件　第2部分：六氟化硫气体纯度测试仪　气相色谱法
125	T/CEC 618—2022	交直流混合配电系统互联装置测试导则
126	T/CES 144—2022	变压器类产品用频域介电谱测试仪　校验导则
127	Q/GDW 10875—2018	智能变电站一体化监控系统测试规范
128	Q/GDW 11011—2013	继电保护设备自动测试接口标准
129	Q/GDW 1901.1—2013	电力直流电源系统用测试设备通用技术条件　第1部分：蓄电池电压巡检仪
130	Q/GDW 1901.3—2013	电力直流电源系统用测试设备通用技术条件　第3部分：充电装置特性测试系统
131	Q/GDW 10630—2023	风电场功率调节能力和电能质量测试规程
132	Q/GDW 10666—2016	分布式电源接入配电网测试技术规范
133	Q/GDW 10676—2016	电化学储能系统接入配电网测试规范
134	Q/GDW 11559—2016	微电网接入配电网测试规范
135	GB/T 34129—2017	微电网接入配电网测试规范
136	Q/GDW 11533—2016	数据通信网工程验收测试规范
137	Q/GDW 11073—2013	分布式电源接入配电网系统测试及验收规程
138	Q/GDW 12018—2019	高压直流输电换流阀晶闸管级和阀基电子设备现场测试技术规范
139	Q/GDW 12206—2022	特高压直流保护系统现场测试导则
140	Q/GDW 1810—2015	智能变电站继电保护装置检验测试规范
141	Q/GDW 691—2011	智能变电站合并单元测试规范
142	GB/T 34871—2017	智能变电站继电保护检验测试规范
143	NB/T 10190—2019	弧光保护测试设备技术要求
144	NB/T 42087—2016	合并单元测试设备技术规范

10.2.1.2 国际标准化现状

国际量传溯源相关标准主要涉及电测量设备的准确性、可靠性及安全性，确保测量结果的一致性和可追溯性，如表 10-2 所示。从产品的技术参数、技术指标、技术要求和测试方法等方面制定标准。例如，IEC 60038:2021《IEC 标准电压》标准定义了标准电压值，为实验室和工业测量提供了基准，它确保了不同设备和系统之间的电压测量结果具有可比性；IEC 60059:1999《IEC 标准电流额定值》标准及其补充文件规定了电流的额定值，为电流测量提供了标准化的参考；IEC 60524:1975《直流电阻电压比率计箱》、IEC 60564:1977《测量电阻用直流电桥》和 IEC 60477《实验室电阻器》系列标准分别规定了标准电阻箱、电桥和电阻器的技术要求和相关试验方法，以确保其在高精度测量中的可靠性和稳定性；IEC 61010-2-030（REDLINE + STANDARD）:2017《测量、控制和实验室用电气设备的安全要求 第 2-030 部分：具有测试和 / 或测量电路的设备的特殊要求》标准主要关注于测量设备的安全性，特别是那些具有测试或测量电路的设备，确保操作人员和设备的安全。IEC 61954（REDLINE + STANDARD）:2021《静态无功补偿器（SVC） 晶闸管阀的测试》和 IEC 62501:2024《高压直流输电用电压源换流器（VSC）阀 电气试验》分别规定了静止无功补偿装置（SVC）晶闸管和高电压直流输电（HVDC）用电压源换流器（VSC）电子管的测试方法，以保证电力系统关键设备的稳定可靠运行。上述标准主要从产品本身性能、技术参数、技术指标等角度编制，并没有考虑相关产品的检定校准和溯源标准体系的建立。

表 10-2　　　　　　　　　　　国际量传溯源相关标准

序号	标准号	标准名称
1	IEC 60038:2021	IEC 标准电压
2	IEC 60059:1999	IEC 标准电流额定值
3	IEC 60059 AMD 1:2009	IEC 标准电流额定值 修改件 1
4	IEC 60524:1975	直流电阻电压比率计箱
5	IEC 60564:1977	测量电阻用直流电桥
6	IEC 60477-1:2022	实验室电阻器 第 1 部分：实验室直流电阻器
7	IEC 60477-2:2022	实验室电阻器 第 2 部分：实验室交流电阻器
8	IEC 61010-2-030（REDLINE + STANDARD）:2017	测量、控制和实验室用电气设备的安全要求 第 2-030 部分：具有测试和 / 或测量电路的设备的特殊要求
9	IEC 61954（REDLINE + STANDARD）:2021	静态无功补偿器（SVC） 晶闸管阀的测试
10	IEC 62501:2024	高压直流输电用电压源换流器（VSC）阀 电气试验

10.2.1.3　标准差异性分析

国内外电测量量传溯源标准体系的差异性主要体现在以下方面：

（1）检定／校准机构。在检定／校准方面，我国进行了大量创新研究，制定了交／直流电能、电阻、电压等电参量检定校准技术规范，设立了总部级、省级和地市级计量机构，建立了各级电参量计量标准和完善的量传溯源体系，推动了量传溯源和电力计量管理模式的创新变革和供电服务水平的提升，实现了公平公正精准计量。还攻克了自动化检定技术难题，研制成功智能电能表自动化检定流水线，并制定了流水线检定相关系列技术标准，显著提高了电能表检定效率。在电能表等计量器具智能化升级方面，我国完成了三代智能电能表的研发及应用，实现了电能双向计量、分时计量等功能。

其他国家也分别建立了完善的量值溯源体系，在推进全国测量结果互认中发挥着重要的作用。例如美国国家标准与技术研究院（NIST）建立了 NT R M 计划，确保量值通过溯源链溯源至 NIST 测量标准。日本构建了国家计量标准供应体系及实验室认可体系，以及国家先进工业科技研究院（AIST）建立并运行的校准服务系统（JCSS）。

（2）校准方法和周期。我国主要依靠各计量机构自主校准，周期不定，校准的连续性和追溯性没有明确限制。国际上电磁测量量传溯源标准体系标准内容相对较为细致和完善，除了对测量仪器和设备的质量要求之外，还包括现场校准、数据处理、记录等一系列操作要求。量传溯源标准体系可采用外部、统一、一次性校准的方法保证校准的可追溯性和一次性实施。

（3）标准类型。国内针对电测量设备的量传溯源和可靠性，分别编制了产品技术规范、功能规范、型式规范，以及相关产品的标准装置、检定装置、校验仪器等系列标准，标准体系较为丰富和完整，分类较细致，专业性强，便于相关领域工作者查询阅读。国际上无明确的检定、校准技术规范，相关技术要求是涵盖到产品通用要求和特殊要求的。

总之，国内外电测量量传溯源标准体系在检定／校准机构、标准方法和周期、标准类型等方面存在一定的差异性，需要在继续推动标准化工作的同时加强与国际标准接轨，提高电测量量传溯源标准的可追溯性和可信度。

10.2.2　需求分析

新型电力系统具备安全高效、清洁低碳、柔性灵活、智慧融合四大重要特征，其中安全高效是基本前提，清洁低碳是核心目标，柔性灵活是重要支撑，智慧融合是基础保障，共同构建起新型电力系统的"四位一体"框架体系。习近平总书记提出的"四个革命、一个合作"能源安全新战略，引领我国能源行业发展进入了新时代。

随着新型电力系统的建设和发展、电气化铁路的快速覆盖、多种分布式能源、新型负荷接入电力系统，对电力系统高压计量设备提出宽频带范围、大动态量程的新需求。

同时量子技术与互联网技术的高速发展及国际计量的重大变革，未来量传溯源技术将由传统实物、逐级、长链条向"远程化、扁平化、实时化"的方式转变，对传统的量值传递溯源体系和计量测试提出新的挑战。

此外，在新型电力系统中，特高压设备、避雷设备、浪涌设备等设施的大量使用，量值特点表现出从交直流稳态量向暂态量拓展的趋势；非线性电力负载大量增加，光伏逆变器、电动汽车充电桩、储能电池、电弧和接触焊设备、矿热炉、变频器、高频炉等都成为电网中重要的非线性负载，其量值特点表现出从线性到非线性、工频到高频拓展的趋势；分布式能源技术的发展，虽然推动了直流配电网技术的研究和进步，但是也带来了诸多电能计量新问题。

传统量传溯源技术研究主要集中在工频、高压电能、基于计量保证方案原理的状态检修测量数据准确性、可靠性评价关键技术及标准装置的研究等方面，但是针对谐波、冲击、直流、量子计量标准、分布式电源、电动汽车、非线性负荷、非电量计量传感器等领域的量传溯源技术研究和标准体系建设仍属空白。

在工频高电压计量标准、有源光电式直流电流互感器、特高压直流电流互感器的现场校准试验、高压电能表等方面，全数字化、智能化的高压计量设备仍然有待研发，相关标准有待编制和进一步完善。

为保证电力系统量值统一、准确、可靠，计量检定检测公平、公正、透明，需要针对谐波、冲击、直流电能，以及量子计量标准、分布式电源、电动汽车、非线性负荷、非电量传感器等重点领域，开展新型量值溯源技术研究、计量标准的研制，完善量值溯源体系和标准体系，满足新型电力系统业务发展和法治计量管理需求。

10.2.3 标准规划

基于新型电力系统量传溯源标准需求分析，主要从冲击电流量值溯源、动态信号量值溯源、谐波电能量值溯源、非电量及传感器量值溯源和量子化溯源等方面进行标准规划布局，如图 10-2 所示。在冲击电流量传溯源方面，制定冲击电流校准技术规范和冲击电流校准装置技术规范 2 项标准。在动态信号量值溯源方面，制定动态信号生成及测量技术规范和动态信号检定 / 校准装置技术规范 2 项标准。在谐波电能量值溯源方面，制定谐波电能计量装置技术规范和谐波电能校准技术规范 2 项技术标准。在非电量及传感器量值溯源方面，制定非线性负荷、非电量传感器校准技术规范 1 项。在量子化溯源方面，制定基于量子标准的扁平化溯源技术规范 1 项。

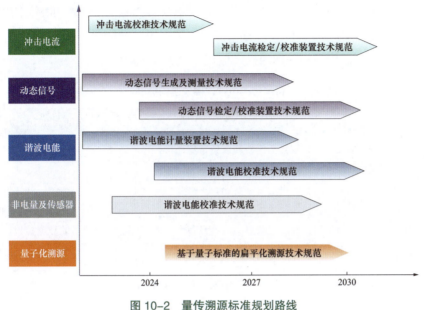

图 10-2　量传溯源标准规划路线

10.3　智慧化测量

10.3.1　标准化现状

10.3.1.1　国内标准化现状

公司聚焦以数字化赋能的新型电力系统建设需求，以"业务智能化、管理智慧化"为建设目标，开展了智慧实验室的设计与应用。建设智慧实验室，是计量体系数字化转型的重要手段，也是落实计量发展规划的重要举措。智慧实验室综合考虑法制计量体系运行、实验室质量体系运维、质量和技术监督、模拟仿真、典型环境试验、碳监测与碳计量等方面的需求，通过电力计量智慧实验室公司标准指导国家电网计量中心、省计量中心、地市县检定站统一部署，检定校准装置和试验检测设备进行体系化管理。建立电网主设备知识库体系，将非结构化、半结构化和结构化等设备类数据转化为知识，构建主设备故障知识卡片，编制主设备数据规范，收集梳理 1400 余份电网主设备故障知识案例，开展案例拆解、标注与脱敏入库。构建主设备标准及故障知识决策模型，应用知识图谱、人工智能等技术，搭建电网主设备标准及故障知识决策大模型。开展常态化的公司两级检验能力体系复审，安全生产周例会通报故障信息审核补漏及设备故障责任主体判定，并在国网河北省电力有限公司等省公司开展试点应用。

目前与智慧化测量管理标准体系有关的国内标准组织技术机构包括 TC 564 全国微电网与分布式电源并网标准化技术委员会、TC 104 全国电工仪器仪表标准化技术委员会电能测量和控制分技术委员会、TC 82 全国电力系统管理及其信息交换标准化技术委员会等。其中，电磁测量智慧实验室功能、实验室信息系统功能相关技术可参考国内 TC 526 发布的 GB/T 40343—2021《智能实验室 信息管理系统 功能要求》及相关智能实验室标准。具体智慧化测量管理相关国内标准梳理情况如表 10-3 所示。

表 10-3　　　　　　　　　　智慧化测量管理相关国内标准

序号	标准号	标准名称
1	GB/T 29253—2012	实验室仪器和设备常用图形符号
2	GB/T 40343—2021	智能实验室 信息管理系统 功能要求
3	GB/T 39556—2020	智能实验室 仪器设备 通信要求
4	GB/T 39555—2020	智能实验室 仪器设备 气候、环境试验设备的数据接口
5	DL/T 1398	智能家居系统
6	GB/T 39470—2020	自动化系统与集成 对象过程方法
7	GB/T 36413.1—2018	自动化系统 嵌入式智能控制器 第 1 部分：通用要求
8	GB/Z 34124—2017	智能保护测控设备技术规范
9	GB/T 17215.911—2011	电测量设备 可信性 第 11 部分：一般概念
10	GB/T 34050—2017	智能温度仪表 通用技术条件
11	GB/T 33602—2017	电力系统通用服务协议
12	GB/T 33603—2017	电力系统模型数据动态消息编码规范
13	GB/T 33604—2017	电力系统简单服务接口规范
14	GB/T 33605—2017	电力系统消息邮件传输规范
15	GB/T 34039—2017	远程终端单元（RTU）技术规范
16	GB/T 35718.2—2017	电力系统管理及其信息交换 长期互操作性 第 2 部分：监控和数据采集（SCADA）端到端品质码
17	GB/T 36050—2018	电力系统时间同步基本规定
18	GB/T 19022—2003	测量管理体系 测量过程和测量设备的要求
19	GB/T 31017—2014	移动实验室 术语
20	GB/T 31018—2014	移动实验室 模块化设计指南
21	GB/T 31019—2014	移动实验室 人类工效学设计指南
22	GB/T 31020—2014	移动实验室移动特性
23	GB/T 31023—2014	移动实验室 设备工况测试通用技术规范

序号	标准号	标准名称
24	GB 4793.2—2008	测量、控制和实验室用电气设备的安全要求　第 2 部分：电工测量和试验用手持和手操电流传感器的特殊要求
25	GB 4793.5—2008	测量、控制和实验室用电气设备的安全要求　第 5 部分：电工测量和试验用手持探头组件的安全要求
26	GB 4793.9—2013	测量、控制和实验室用电气设备的安全要求　第 9 部分：实验室用分析和其他目的自动和半自动设备的特殊要求
27	GB/T 31994—2015	智能远动网关技术规范
28	GB/T 34980.1—2017	智能终端软件平台技术要求　第 1 部分：操作系统
29	GB/T 39573—2020	智能终端内容过滤测试方法
30	GB/T 39574—2020	智能终端内容过滤技术要求
31	GB/T 32908—2016	非结构化数据访问接口规范
32	GB/T 35628—2017	实景地图数据产品
33	GB/T 35678—2017	公共安全　人脸识别应用　图像技术要求
34	GB/T 36339—2018	智能客服语义库技术要求
35	GB/T 19710.1—2023	地理信息　元数据　第 1 部分：基础
36	GB/T 19710.2—2016	地理信息　元数据　第 2 部分：影像和格网数据扩展
37	GB/T 23706—2009	地理信息　核心空间模式
38	GB/T 23707—2009	地理信息　空间模式
39	GB/T 23708—2009	地理信息　地理标记语言（GML）
40	GB/T 24354—2023	公共地理信息通用地图符号
41	GB/T 24355—2023	地理信息　图示表达
42	GB/T 30168—2013	地理信息　大地测量代码与参数
43	GB/T 30883—2014	信息技术　数据集成中间件
44	GB/T 31101—2023	信息技术　实时定位系统性能测试方法
45	GB/T 32396—2015	信息技术　系统间远程通信和信息交换　基于单载波无线高速率超宽带（SC—UWB）物理层规范
46	GB/T 32854.3—2020	自动化系统与集成　制造系统先进控制与优化软件集成　第 3 部分：活动模型和工作流
47	GB/T 32854.4—2020	自动化系统与集成　制造系统先进控制与优化软件集成　第 4 部分：信息交互和使用

序号	标准号	标准名称
48	GB/T 32909—2016	非结构化数据表示规范
49	GB/T 33136—2016	信息技术服务　数据中心服务能力成熟度模型
50	GB/T 33188.1—2016	地理信息　参考模型　第1部分：基础
51	GB/T 33189—2016	电子文件管理装备规范
52	GB/T 33190—2016	电子文件存储与交换格式　版式文档
53	GB/T 33770.2—2019	信息技术服务　外包　第2部分：数据保护要求
54	GB/T 34052.1—2017	统计数据与元数据交换（SDMX）　第1部分：框架
55	GB/T 34145—2017	中文语音合成互联网服务接口规范
56	GB/Z 34429—2017	地理信息　影像和格网数据
57	GB/T 35123—2017	自动识别技术和 ERP、MES、CRM 等系统的接口
58	GB/T 35743—2017	低压开关设备和控制设备　用于信息交换的产品数据与特性
59	GB/T 36073—2018	数据管理能力成熟度评估模型
60	GB/T 36623—2018	信息技术　云计算　文件服务应用接口
61	GB/T 37045—2018	信息技术　生物特征识别　指纹处理芯片技术要求
62	GB/T 37721—2019	信息技术　大数据分析系统功能要求
63	GB/T 37722—2019	信息技术　大数据存储与处理系统功能要求
64	GB/T 37726—2019	信息技术　数据中心精益六西格玛应用评价准则
65	GB/T 37727—2019	信息技术　面向需求侧变电站应用的传感器网络系统总体技术要求
66	GB/T 37728—2019	信息技术　数据交易服务平台　通用功能要求
67	GB/T 38259—2019	信息技术　虚拟现实头戴式显示设备通用规范
68	GB/T 38630—2020	信息技术　实时定位　多源融合定位数据接口
69	GB/T 38643—2020	信息技术　大数据　分析系统功能测试要求
70	GB/T 38666—2020	信息技术　大数据　工业应用参考架构
71	GB/T 38667—2020	信息技术　大数据　数据分类指南
72	GB/T 38672—2020	信息技术　大数据　接口基本要求
73	GB/T 38673—2020	信息技术　大数据　大数据系统基本要求
74	GB/T 38675—2020	信息技术　大数据计算系统通用要求

续表

序号	标准号	标准名称
75	GB/T 38676—2020	信息技术　大数据　存储与处理系统功能测试要求
76	GB/T 39400—2020	工业数据质量　通用技术规范
77	GB/T 39440—2020	公共信用信息资源目录编制指南
78	GB/T 39441—2020	公共信用信息分类与编码规范
79	GB/T 39442—2020	公共信用信息资源标识规则
80	GB/T 39443—2020	公共信用信息交换方式及接口规范
81	GB/T 39444—2020	公共信用信息标准总体架构
82	GB/T 39445—2020	公共信用信息数据元
83	GB/T 39446—2020	公共信用信息代码集
84	GB/T 39449—2020	公共信用信息数据字典维护与管理
85	GB/T 39608—2020	基础地理信息数字成果元数据
86	GB/T 39609—2020	地名地址地理编码规则
87	GB/T 39623—2020	基础地理信息数据库系统质量测试与评价
88	GB/T 39674—2020	电力软交换系统测试规范
89	GB/Z 40213—2021	自动化系统与集成　基于信息交换需求建模和软件能力建规的应用集成方法
90	GB/T 40283.3—2021	自动化系统与集成　制造应用解决方案的能力单元互操作　第 3 部分：能力单元互操作性的验证和确认
91	GB/T 42133—2022	信息技术　OFD 档案应用指南
92	GB/T 42381.8—2023	数据质量　第 8 部分：信息和数据质量：概念和测量
93	GB/T 42381.61—2023	数据质量　第 61 部分：数据质量管理：过程参考模型
94	GB/T 42443—2023	信息技术　自动识别与数据采集技术　大容量自动数据采集（ADC）媒体语法
95	GB/T 42450—2023	信息技术　大数据　数据资源规划
96	GB/T 42587—2023	信息技术　自动识别与数据采集技术　数据载体标识符
97	GB/T 7027—2002	信息分类和编码的基本原则与方法
98	GB/T 30266—2013	信息技术　识别卡　卡内生物特征比对
99	GB/T 30267.1—2013	信息技术　生物特征识别应用程序接口　第 1 部分：BioAPI 规范

序号	标准号	标准名称
100	GB/T 30268.1—2013	信息技术　生物特征识别应用程序接口（BioAPI）的符合性测试　第1部分：方法和规程
101	GB/T 30268.2—2013	信息技术　生物特征识别应用程序接口（BioAPI）的符合性测试　第2部分：生物特征识别服务供方的测试断言
102	GB/T 30269.302—2015	信息技术　传感器网络　第302部分：通信与信息交换：高可靠性无线传感器网络媒体访问控制和物理层规范
103	GB/T 30269.401—2015	信息技术　传感器网络　第401部分：协同信息处理：支撑协同信息处理的服务及接口
104	GB/T 30269.601—2016	信息技术　传感器网络　第601部分：信息安全：通用技术规范
105	CH/T 9016—2012	三维地理信息模型生产规范
106	DL/T 283.1—2018	电力视频监控系统及接口　第1部分：技术要求
107	DL/T 283.2—2018	电力视频监控系统及接口　第2部分：测试方法
108	DL/T 283.3—2018	电力视频监控系统及接口　第3部分：工程验收
109	DL/T 397—2021	电力地理信息系统图形符号分类与代码
110	T/CES 101—2022	电力人工智能平台多级协同规范
111	T/CES 102—2022	电力人工智能知识图谱组件功能及接口规范
112	T/CES 103—2022	电力人工智能边端侧模型技术规范
113	T/CES 129—2022	电力人工智能平台样本规范
114	DL/T 1080.3—2010	电力企业应用集成　配电管理的系统接口　第3部分：电网运行接口
115	DL/T 1080.4—2010	电力企业应用集成　配电管理的系统接口　第4部分：台账与资产管理接口
116	YD/T 3540—2019	集成式光功率检测器（IPM）
117	YD/T 3250—2017	智能光分配网络　光纤活动连接器
118	YD/T 3130—2016	通信用智能小型化热插拔（Smart SFP）光收发合一模块
119	NB/T 42025—2013	额定电压72.5kV及以上智能气体绝缘金属封闭开关设备
120	DL/T 1411—2015	智能高压设备技术导则
121	DL/T 1440—2015	智能高压设备通信技术规范
122	YD/T 3663—2020	移动通信智能终端安全风险评估要求
123	YD/T 3664—2020	移动通信智能终端卡接口安全技术要求

续表

序号	标准号	标准名称
124	YD/T 3665—2020	移动通信智能终端卡接口安全测试方法
125	YD/T 3666—2020	移动通信智能终端漏洞修复技术要求
126	YD/T 3667—2020	移动通信智能终端漏洞标识格式要求
127	YD/T 3668—2020	移动终端应用开发安全能力技术要求
128	Q/GDW 12266—2022	电力物联网边缘侧 APP 开发技术规范
129	Q/GDW 12273—2022	电力物联网智慧物联体系一致性验证导则
130	Q/GDW 12277—2023	电工装备智慧物联体系通用导则
131	Q/GDW 12278.1—2023	电工装备智慧物联网关技术要求　第 1 部分：通用
132	Q/GDW 12278.2—2023	电工装备智慧物联网关技术要求　第 2 部分：与平台数据交换
133	Q/GDW 12278.3—2023	电工装备智慧物联网关技术要求　第 3 部分：与制造商数据交换
134	Q/GDW 12279.1—2023	电工装备智慧物联平台数据规范　第 1 部分：数据交互
135	Q/GDW 735.1—2012	智能高压开关设备技术条件　第 1 部分：通用技术条件
136	Q/GDW 736.1—2012	智能电力变压器技术条件　第 1 部分：通用技术条件
137	Q/GDW 736.3—2012	智能电力变压器技术条件　第 3 部分：有载分接开关控制 IED 技术条件
138	Q/GDW 736.4—2012	智能电力变压器技术条件　第 4 部分：冷却装置控制 IED 技术条件
139	Q/GDW 736.9—2012	智能电力变压器技术条件　第 9 部分：非电量保护 IED 技术条件
140	Q/GDW 11836—2018	12kV～40.5kV 智能交流金属封闭开关设备和控制设备技术规范
141	Q/GDW 1430—2015	智能变电站智能控制柜技术规范
142	Q/GDW 614—2011	农网智能型低压配电箱功能规范和技术条件
143	Q/GDW 615—2011	农网智能配电变压器终端功能规范和技术条件
144	Q/GDW 12147—2021	电网智能业务终端接入规范
145	Q/GDW 12344—2023	电力边缘智能终端安全操作系统技术要求
146	Q/GDW 11181.1—2014	电网三维模型　第 1 部分：模型分类与编码
147	Q/GDW 11181.2—2014	电网三维模型　第 2 部分：数据采集与处理
148	Q/GDW 11181.3—2014	电网三维模型　第 3 部分：输电线路建模
149	Q/GDW 11181.4—2015	电网三维模型　第 4 部分：变电站（换流站）建模
150	Q/GDW 11181.5—2015	电网三维模型　第 5 部分：监测装置建模

序号	标准号	标准名称
151	Q/GDW 11181.6—2015	电网三维模型　第6部分：通信设备建模
152	Q/GDW 11181.7—2015	电网三维模型　第7部分：电网公共设施建模
153	Q/GDW 11181.8—2014	电网三维模型　第8部分：输电线路模型检测
154	Q/GDW 11181.12—2014	电网三维模型　第12部分：模型建库
155	Q/GDW 11636—2016	电网地理信息服务平台（GIS）数据模型
156	Q/GDW 12107—2021	物联终端统一建模规范
157	Q/GDW 12349—2023	数据合规风险评估准则
158	Q/GDW 12350—2023	能源大数据　基础　总则
159	Q/GDW 12351—2023	能源大数据　基础　术语

10.3.1.2　国际标准化现状

与智慧化测量管理相关的国际标准化组织有 IEC/TC 8 电力供应的系统方面，IEC/TC 13 电能测量与控制，IEC/TC 57 电力系统管理和相关信息交换，IEC/TC 65 工业过程测控与自动化，IEC/TC 66 测量、控制和试验室设备的安全，IEC/TC 72 自动化控制，IEC/TC 85 电工和电磁量测量设备和 IEC/TC 91 电子装联技术等。其中，电力计量智慧实验室设备技术规范及接口规范，可参考 IEC/TC 13、IEC/TC 57、IEC/TC 65、IEC/TC 66、IEC/TC 72、IEC/TC 91 已发布的设备控制、电力信息数据交换有关标准。电力计量智慧实验室信息交互接口规范包括系统与系统、系统与设备之间的接口规范，也可参考 IEC/TC 13、IEC/TC 57 等组织发布的标准。电力计量智慧实验室业务过程控制目前未有相关标准发布，实验室试验检测相关业务过程控制可参考 IEC 62541《OPC 统一体系结构》系列标准。电力计量智慧实验室元数据规范目前未有相关标准发布。具体智慧化测量管理相关国际标准梳理情况如表 10-4 所示。

表 10-4　　　　　　　　　　智慧化测量管理相关国际标准

序号	标准号	标准名称
1	ISO/IEC 17025:2017	检测和校准实验室能力的通用要求
2	IEC 60488-2:2004	可编程序设备的标准数字接口　第2部分：代码、格式、协议和通用命令
3	IEC TS 60870-5-7:2013	远程控制设备和系统　第5-7部分：IEC 60870-5-101标准和 IEC 60870-5-104标准的安全扩展

续表

序号	标准号	标准名称
4	IEC TS 60870-5-601:2015	远程控制设备和系统　第 5-601 部分：IEC 60870-5-101 配套标准的一致性试验案例
5	IEC TS 60870-5-604:2016	远程控制设备和系统　第 5-604 部分：IEC 60870-5-104 配套标准的合格性试验案例
6	IEC TS 62056-1-1:2016	电力计量数据交换　DLMS/COSEM 套件　第 1-1 部分：DLMS/COSEM 通信配置文件标准模板
7	IEC TS 62056-6-9:2016	电力计量数据交换　DLMS/COSEM 套房　第 6-9 部分：通用信息模型消息型材之间的映射（IEC 61968-9）和 DLMS/COSEM（IEC 62056）的数据模型和协议（第 1 版）
8	IEC TS 62056-8-20:2016	电能计量数据交换　DLMS/COSEM 套件　第 8-20 部分：邻域网络的网状通信配置文件
9	IEC TS 62312-1-1:2018	音频和视频同步指南　第 1-1 部分：音频和视频设备与系统的同步测量方法　总则
10	IEC TS 62312-2:2018	音频和视频同步指南　第 2 部分：音频和视频系统同步方法（第 2.0 版）
11	IEC TS 62361-102:2018	电力系统管理和相关信息交换 – 长期互操作性　第 102 部分：CIM-IEC　61850 协调
12	ISO 8000-100:2016	数据质量　第 100 部分：主数据：特征数据的交换：概述
13	ISO 8000-115:2018	数据质量　第 115 部分：主数据：质量标识符的交换：句法、语义和分辨率要求
14	ISO 8000-116:2019	数据质量　第 116 部分：主数据：质量标识符的交换：ISO 8000-115 在权威法人标识符上的应用（第 1 版）
15	ISO 8000-120:2016	数据质量　第 120 部分：主数据：特征数据的交换：来源
16	ISO 8000-130:2016	数据质量　第 130 部分：主数据：特征数据的交换：准确性
17	ISO 8000-140:2016	数据质量　第 140 部分：主数据：特征数据的交换：完整性
18	ISO 8000-62:2018	数据质量　第 62 部分：数据质量管理：组织过程成熟度评估：与过程评估有关的标准的应用
19	ISO 8000-63:2019	数据质量　第 63 部分：数据质量管理：过程测量
20	ISO/IEC TR 10032:2003	信息技术　数据管理的参考模型
21	ISO/IEC 10918-7:2021	信息技术　连续色调静态图像的数字压缩和编码　第 7 部分：参考软件
22	ISO/IEC TR 11179-2:2019	信息技术　元数据登记（MDR）　第 2 部分：分类（第 1 版）

序号	标准号	标准名称
23	ISO/IEC 11179–7:2019	信息技术　元数据注册中心（MDR）　第 7 部分：用于数据集注册的元模型（第 1 版）
24	ISO/IEC 13818–1:2022	信息技术　活动图像和相关音频信息的通用编码　第 1 部分：系统（第 6 版）
25	ISO/IEC 16963:2017	信息技术　用于信息交换和存储的数字记录媒体　用于长期数据存储的光盘寿命估算的测试方法
26	ISO/IEC 19566–5:2019	信息技术　JPEG 系统　第 5 部分：JPEG 通用元数据框格式（JUMBF）（第 1 版）
27	ISO/IEC 19566–6:2019	信息技术　JPEG 系统　第 6 部分：JPEG 360（第 1 版）
28	ISO/IEC TR 19583–1:2019	信息技术　元数据的概念和用法　第 1 部分：元数据概念（第 1 版）
29	ISO/IEC TR 19583–22:2018	信息技术　元数据的概念和用法　第 22 部分：使用 ISO/IEC 19763 第一版注册和绘制开发过程
30	ISO/IEC TS 19763–13:2016	信息技术　互操作性的元模型框架（MFI）　第 13 部分：表单设计注册的元模型
31	ISO/IEC TR 20547–2:2018	信息技术　大数据参考体系结构　第 2 部分：用例和派生要求（第 1 版）
32	ISO/IEC TR 20547–5:2018	信息技术　大数据参考体系结构　第 5 部分：标准路线图（第 1 版）
33	ISO/IEC 20889:2018	隐私增强数据识别术语和技术分类（第 1 版）
34	ISO/IEC 21122–1:2022	信息技术低延迟轻量级图像编码系统　第 1 部分：核心编码系统
35	ISO/IEC 21964–1:2018	信息技术　数据载体的销毁　第 1 部分：原理和定义（第 1 版）
36	ISO/IEC 21964–2:2018	信息技术　数据载体的销毁　第 2 部分：销毁数据载体的设备要求（第 1 版）
37	ISO/IEC 21964–3:2018	信息技术　数据载体的销毁　第 3 部分：数据载体销毁过程（第 1 版）
38	ISO/IEC 23000–17:2018	信息技术　多媒体应用格式（MPEG–A）　第 17 部分：多感官媒体应用格式（第 1 版）
39	ISO/IEC 23000–18:2018	信息技术　多媒体应用格式（MPEG–A）　第 18 部分：媒体链接应用格式（第 1 版）
40	ISO/IEC 23000–19:2020	信息技术　多媒体应用格式（MPEG–A）　第 19 部分：分段媒体的通用媒体应用格式（CMAF）（第 1 版）

续表

序号	标准号	标准名称
41	ISO/IEC 23000-19:2020/AMD1:2021	信息技术　多媒体应用格式（MPEG-A）　第 19 部分：分段媒体的通用媒体应用格式（CMAF）　修改件 1：附加 CMAF HEVC 媒体配置文件
42	ISO/IEC 23000-21:2019	信息技术　多媒体应用格式（MPEG-A）　第 21 部分：视觉识别管理应用格式（第 1 版）
43	ISO/IEC 23000-22:2019	信息技术　多媒体应用格式（MPEG-A）　第 22 部分：多图像应用格式（MIAF）（第 1 版）
44	ISO/IEC 23001-11:2019	信息技术　MPEG 系统技术　第 11 部分：节能媒体消费（绿色元数据）（第 2 版）
45	ISO/IEC 23001-12:2018	信息技术　MPEG 系统技术　第 12 部分：样本变体（第 2 版）
46	ISO/IEC 23001-14:2019	信息技术　MPEG 系统技术　第 14 部分：部分文件格式（第 1 版）
47	ISO/IEC TR 23186:2018	信息技术　云计算　处理多源数据的信任框架（第 1 版）
48	ISO/IEC 29121:2021	信息技术　用于信息交换和存储的数字记录媒体　用于长期数据存储的光盘的数据迁移方法（第 3 版）
49	ISO/IEC 30182:2017	智慧城市概念模型　建立数据互操作性模型的指南（第 1 版）
50	ISO/IEC 38505-1:2017	信息技术　信息技术治理　数据治理　第 1 部分：ISO/IEC 38500 在数据治理中的应用（第 1 版）
51	ISO/IEC TR 38505-2:2018	信息技术　信息技术治理　数据治理　第 2 部分：ISO/IEC 38505-1 对数据管理的影响（第 1 版）
52	ISO/IEC 9075-1:2016	信息技术　数据库语言 SQL　第 1 部分：框架（SQL/Framework）
53	ISO/IEC 9075-2:2016	信息技术　数据库语言 SQL　第 2 部分：基础（SQL/Foundation）
54	ISO/IEC 9075-4:2016	信息技术　数据库语言 SQL　第 4 部分：永久性存储模块（SQL/PSM）
55	ISO/IEC 9075-11:2016	信息技术　数据库语言 SQL　第 11 部分：信息和定义方案
56	ISO/IEC 9075-14:2016	信息技术　数据库语言 SQL　第 14 部分：可扩展标记语言（XML）相关规范（SQL/XML）
57	ISO/IEC 9075-15:2019	信息技术　数据库语言 SQL　第 15 部分：多维数组（SQL/MDA）
58	IEC TS 62443-1-1:2009	工业通信网络　网络和系统安全　第 1 部分：术语、概念和模型

10.3.1.3 标准差异性分析

智慧化测量管理相关标准主要涵盖智慧实验室的建设，包括信息系统的建设、设备的接入和控制、全要素的管理、数据应用等内容。

IEC 暂未有智慧化测量管理强相关标准，已有的国际标准 ISO/IEC 17025:2017《检测和校准实验室能力的通用要求》规定了实验室能力、公正性，以及一致运作的通用要求，只能指导普通实验室的建设。IEC 60488-2:2004《可编程序设备的标准数字接口　第 2 部分：代码、格式、协议和通用命令》规定了通过 IEEE 488.1 总线连接的设备使用的一组代码和格式，该标准还定义了实现独立于应用程序的设备相关信息交换所需的通信协议，并进一步定义了仪器系统应用中有用的通用命令和特性，不过该标准不能满足所有设备的功能。其他国际标准如 IEC/TC 系列，覆盖了电力供应系统、电能测量与控制、电力系统管理等多个方面，但更侧重于设备控制、数据交换、互操作性等。更侧重于通用性、兼容性和互操作性，以适应不同国家和地区的需求，例如 IEC 62541《OPC 统一体系结构》系列标准关注的是工业通信网络的安全性。国际标准的应用范围虽然更加广泛，但是更需要考虑不同国家和地区的实验室需求，因此在制定时可能更注重普适性和兼容性。

国内已有一些智能实验室信息系统和设备接入的标准，不过适用范围有待提高。GB/T 40343—2021《智能实验室　信息管理系统　功能要求》规定了智能实验室信息管理系统的功能模型、核心功能要求、通信功能要求和系统管理功能要求，介绍了智能实验室信息管理系统的扩展功能，但是不适合电力计量智慧实验室的建设。GB/T 39556—2020《智能实验室　仪器设备　通信要求》规定了智能实验室仪器设备与上层系统通信的总体要求、网络通信模型和命令格式等，该标准适用于实验室中具有通信功能的仪器设备，不过电力计量实验室设备种类多，此标准接口内容不能满足所有设备的接入要求。GB/T 39555—2020《智能实验室　仪器设备　气候、环境试验设备的数据接口》规定了智能实验室用气候、环境试验设备与系统通信的数据接口的术语和定义、数据定义、数据类型和数据结构等。其他国内标准覆盖了从实验室仪器和设备图形符号（GB/T 29253—2012《实验室仪器和设备常用图形符号》）、智能实验室信息管理系统功能（GB/T 40343—2021《智能实验室　信息管理系统　功能要求》）、智能实验室仪器设备通信要求（GB/T 39556—2020《智能实验室　仪器设备　通信要求》），到电力系统管理等多个方面。在技术细节上，例如在智能实验室的信息系统、设备通信等方面提出了具体的功能要求和数据接口要求，更加符合国内实验室的具体需求和操作习惯。在应用实践方面，国内标准可能更侧重于国内智慧实验室的建设和应用实践，例如在电力系统、智能终端等方面的具体应用。

10.3.2 需求分析

智慧化测量管理的国内外标准在不断引入新技术，如大数据、云计算、人工智能等，旨在推动实验室的数字化和智能化发展，但是尚未形成完善的标准体系。有必要开展电力计量智慧实验室标准体系的建设，包括实验室功能、实验室信息系统功能、实验室设备技术规范及接口规范、实验室信息交互接口规范、实验室业务过程控制、实验室元数据规范、实验室建设、实验室安全等。

10.3.3 标准规划

智慧化测量管理相关标准重点布局智慧实验室功能架构、实验室标准装置等试验检测设备接入平台的方式与接口、自动化检定检测流水线及智能仓储接入方式与接口、数字校准证书技术架构、智慧采控终端功能规范等标准 5 项。通过系列标准提高设备智能化、试验检测自动化、报告证书数字化、体系管理智慧化，指导实验室资源与数据的广泛互联、纵向贯通、融合共享和示范应用。标准规划路线如图 10-3 所示。

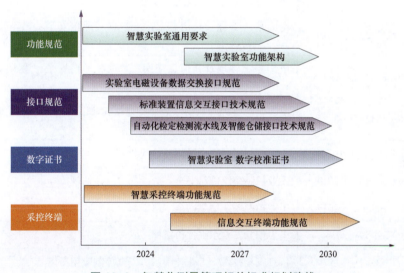

图 10-3 智慧化测量管理相关标准规划路线

10.4 安全防护体系

10.4.1 标准化现状

10.4.1.1 国内标准化现状

随着新型电力系统的建设和发展，特别是分布式能源控制系统建设的推进，网络边界模糊、风险暴露面扩大。安全防护体系是新型电力系统不可或缺的组成部分，同时也是国家安全的组成部分。在新型电力系统中，对新型电力系统的网络安全、区域边界安全、平台与应用安全、数据安全、安全基础设施、运行管理、系统及中台运维、基础设施运维等提出了新的要求。我国已编制了 GB/Z 25320《电力系统管理及其信息交换　数据和通信安全》系列标准、GB/T 30976《工业控制系统信息安全》系列标准、GB/T 32919—2016《信息安全技术　工业控制系统安全控制应用指南》、GB/T 15843《信息技术　安全技术　实体鉴别》系列标准等，国内标准梳理情况如表 10-5 所示。但是上述标准主要针对传统电力系统安全防护，还需要在原有的相关标准基础上，规范新型电力系统电磁测量体系的安全设计、建设和运维，构建安全运行体系，为新型电力系统的安全运行提供有效支撑。

表 10-5　　　　　　　　　　　　　安全防护体系相关国内标准

序号	标准号	标准名称
1	GB/Z 25320.1—2010	电力系统管理及其信息交换　数据和通信安全　第 1 部分：通信网络和系统安全　安全问题介绍
2	GB/Z 25320.4—2010	电力系统管理及其信息交换　数据和通信安全　第 4 部分：包含 MMS 的协议集
3	GB/Z 25320.5—2013	电力系统管理及其信息交换　数据和通信安全　第 5 部分：GB/T 18657 等及其衍生标准的安全
4	GB/Z 25320.7—2015	电力系统管理及其信息交换　数据和通信安全　第 7 部分：网络和系统管理（NSM）的数据对象模型
5	GB/T 26333—2010	工业控制网络安全风险评估规范
6	GB/T 30976.1—2014	工业控制系统信息安全　第 1 部分：评估规范
7	GB/T 30976.2—2014	工业控制系统信息安全　第 2 部分：验收规范
8	GB/T 32351—2015	电力信息安全水平评价指标
9	GB/T 32919—2016	信息安全技术　工业控制系统安全控制应用指南
10	GB/T 35673—2017	工业通信网络　网络和系统安全　系统安全要求和安全等级
11	GB/T 36323—2018	信息安全技术　工业控制系统安全管理基本要求
12	GB/T 36324—2018	信息安全技术　工业控制系统信息安全分级规范
13	GB/T 36470—2018	信息安全技术　工业控制系统现场测控设备通用安全功能要求
14	GB/T 36572—2018	电力监控系统网络安全防护导则
15	GB/T 37138—2018	电力信息系统安全等级保护实施指南
16	GB/T 37933—2019	信息安全技术　工业控制系统专用防火墙技术要求

续表

序号	标准号	标准名称
17	GB/T 37934—2019	信息安全技术　工业控制网络安全隔离与信息交换系统安全技术要求
18	GB/T 37941—2019	信息安全技术　工业控制系统网络审计产品安全技术要求
19	GB/T 37953—2019	信息安全技术　工业控制网络监测安全技术要求及测试评价方法
20	GB/T 37954—2019	信息安全技术　工业控制系统漏洞检测产品技术要求及测试评价方法
21	GB/T 37962—2019	信息安全技术　工业控制系统产品信息安全通用评估准则
22	GB/T 37980—2019	信息安全技术　工业控制系统安全检查指南
23	GB/T 38318—2019	电力监控系统网络安全评估指南
24	GB/T 39204—2022	信息安全技术　关键信息基础设施安全保护要求
25	GB/T 41400—2022	信息安全技术　工业控制系统信息安全防护能力成熟度模型
26	GB/T 42456—2023	工业自动化和控制系统信息安全　IACS 组件的安全技术要求
27	GB/T 42457—2023	工业自动化和控制系统信息安全　产品安全开发生命周期要求
28	DL/T 1499—2016	电力应急术语
29	DL/T 1511—2016	电力系统移动作业 PDA 终端安全防护技术规范
30	DL/T 1527—2016	用电信息安全防护技术规范
31	DL/T 2192—2020	并网发电厂变电站电力监控系统安全防护验收规范
32	DL/T 2335—2021	电力监控系统网络安全防护技术导则
33	DL/T 2336—2021	电力监控系统设备及软件网络安全检测要求
34	DL/T 2337—2021	电力监控系统设备及软件网络安全技术要求
35	DL/T 2338—2021	电力监控系统网络安全并网验收要求
36	JB/T 11960—2014	工业过程测量和控制安全　网络和系统安全
37	GB/T 40211—2021	工业通信网络　网络和系统安全　术语、概念和模型
38	GB/T 40218—2021	工业通信网络　网络和系统安全　工业自动化和控制系统信息安全技术
39	GB/T 36968—2018	信息安全技术　IPSec VPN 技术规范
40	GB/T 19668.4—2017	信息技术服务　监理　第 4 部分：信息安全监理规范
41	GB/T 39629—2020	智能水电厂安全防护系统联动技术要求

续表

序号	标准号	标准名称
42	GB/T 34040—2017	工业通信网络　功能安全现场总线行规　通用规则和行规定义
43	GB/T 30269.602—2017	信息技术　传感器网络　第 602 部分：信息安全：低速率无线传感器网络网络层和应用支持子层安全规范
44	GB/T 17710—2008	信息技术　安全技术　校验字符系统
45	GB/T 20986—2023	信息安全技术　网络安全事件分类分级指南
46	GB/T 21053—2023	信息安全技术　公钥基础设施　PKI 系统安全技术要求
47	GB/T 42446—2023	信息安全技术　网络安全从业人员能力基本要求
48	GB/T 42453—2023	信息安全技术　网络安全态势感知通用技术要求
49	GB/T 42461—2023	信息安全技术　网络安全服务成本度量指南
50	GB/Z 42885—2023	信息安全技术　网络安全信息共享指南
51	GB/T 15843.1—2017	信息技术　安全技术　实体鉴别　第 1 部分：总则
52	GB/T 15843.2—2017	信息技术　安全技术　实体鉴别　第 2 部分：采用对称加密算法的机制
53	GB/T 15843.3—2023	信息技术　安全技术　实体鉴别　第 3 部分：采用数字签名技术的机制
54	GB/T 15843.4—2024	信息技术　安全技术　实体鉴别　第 4 部分：采用密码校验函数的机制
55	GB/T 15843.5—2005	信息技术　安全技术　实体鉴别　第 5 部分：使用零知识技术的机制
56	GB/T 15851.3—2018	信息技术　安全技术　带消息恢复的数字签名方案　第 3 部分：基于离散对数的机制
57	GB/T 15852.1—2020	信息技术　安全技术　消息鉴别码　第 1 部分：采用分组密码的机制
58	GB/T 15852.2—2012	信息技术　安全技术　消息鉴别码　第 2 部分：采用专用杂凑函数的机制
59	GB/T 17143.7—1997	信息技术　开放系统互连　系统管理　第 7 部分：安全告警报告功能
60	GB/T 17901.3—2021	信息技术　安全技术　密钥管理　第 3 部分：采用非对称技术的机制
61	GB/T 17902.1—2023	信息技术　安全技术　带附录的数字签名　第 1 部分：概述
62	GB/T 17902.2—2005	信息技术　安全技术　带附录的数字签名　第 2 部分：基于身份的机制

序号	标准号	标准名称
63	GB/T 17902.3—2005	信息技术 安全技术 带附录的数字签名 第3部分：基于证书的机制
64	GB/T 17903.1—2024	网络安全技术 抗抵赖 第1部分：概述
65	GB/T 17903.2—2021	信息技术 安全技术 抗抵赖 第2部分：采用对称技术的机制
66	GB/T 17903.3—2024	网络安全技术 抗抵赖 第3部分：采用非对称技术的机制
67	GB/T 17964—2021	信息安全技术 分组密码算法的工作模式
68	GB/T 18018—2019	信息安全技术 路由器安全技术要求
69	GB/T 18336.1—2024	网络安全技术 信息技术安全评估准则 第1部分：简介和一般模型
70	GB/T 18336.2—2024	网络安全技术 信息技术安全评估准则 第2部分：安全功能组件
71	GB/T 18336.3—2024	网络安全技术 信息技术安全评估准则 第3部分：安全保障组件
72	GB/T 19771—2005	信息技术 安全技术 公钥基础设施 PKI 组件最小互操作规范
73	GB/T 20008—2005	信息安全技术 操作系统安全评估准则
74	GB/T 20009—2019	信息安全技术 数据库管理系统安全评估准则
75	GB/T 20011—2005	信息安全技术 路由器安全评估准则
76	GB/T 20261—2020	信息安全技术 系统安全工程 能力成熟度模型
77	GB/T 20269—2006	信息安全技术 信息系统安全管理要求
78	GB/T 20270—2006	信息安全技术 网络基础安全技术要求
79	GB/T 20271—2006	信息安全技术 信息系统通用安全技术要求
80	GB/T 20272—2019	信息安全技术 操作系统安全技术要求
81	GB/T 20273—2019	信息安全技术 数据库管理系统安全技术要求
82	GB/T 20274.1—2023	信息安全技术 信息系统安全保障评估框架 第1部分：简介和一般模型
83	GB/T 20274.2—2008	信息安全技术 信息系统安全保障评估框架 第2部分：技术保障
84	GB/T 20274.3—2008	信息安全技术 信息系统安全保障评估框架 第3部分：管理保障
85	GB/T 20274.4—2008	信息安全技术 信息系统安全保障评估框架 第4部分：工程保障
86	GB/T 20275—2021	信息安全技术 网络入侵检测系统技术要求和测试评价方法
87	GB/T 20276—2016	信息安全技术 具有中央处理器的 IC 卡嵌入式软件安全技术要求
88	GB/T 20277—2015	信息安全技术 网络和终端隔离产品测试评价方法

序号	标准号	标准名称
89	GB/T 20278—2022	信息安全技术　网络脆弱性扫描产品安全技术要求和测试评价方法
90	GB/T 20279—2015	信息安全技术　网络和终端隔离产品安全技术要求
91	GB/T 20281—2020	信息安全技术　防火墙安全技术要求和测试评价方法
92	GB/T 20282—2006	信息安全技术　信息系统安全工程管理要求
93	GB/T 20283—2020	信息安全技术　保护轮廓和安全目标的产生指南
94	GB/T 20438.1—2017	电气/电子/可编程电子安全相关系统的功能安全　第1部分：一般要求
95	GB/T 20438.2—2017	电气/电子/可编程电子安全相关系统的功能安全　第2部分：电气/电子/可编程电子安全相关系统的要求
96	GB/T 20438.3—2017	电气/电子/可编程电子安全相关系统的功能安全　第3部分：软件要求
97	GB/T 20438.4—2017	电气/电子/可编程电子安全相关系统的功能安全　第4部分：定义和缩略语
98	GB/T 20438.5—2017	电气/电子/可编程电子安全相关系统的功能安全　第5部分：确定安全完整性等级的方法示例
99	GB/T 20438.6—2017	电气/电子/可编程电子安全相关系统的功能安全　第6部分：GB/T 20438.2 和 GB/T 20438.3 的应用指南
100	GB/T 20438.7—2017	电气/电子/可编程电子安全相关系统的功能安全　第7部分：技术和措施概述
101	GB/T 20518—2018	信息安全技术　公钥基础设施　数字证书格式
102	GB/T 20520—2006	信息安全技术　公钥基础设施时间戳规范
103	GB/T 20945—2023	信息安全技术　网络安全审计产品技术规范
104	GB/T 20979—2019	信息安全技术　虹膜识别系统技术要求
105	GB/T 20985.1—2017	信息技术　安全技术　信息安全事件管理　第1部分：事件管理原理
106	GB/T 20985.2—2020	信息技术　安全技术　信息安全事件管理　第2部分：事件响应规划和准备指南
107	GB/T 21050—2019	信息安全技术　网络交换机安全技术要求
108	GB/T 21052—2007	信息安全技术　信息系统物理安全技术要求
109	GB/T 21054—2023	信息安全技术　公钥基础设施　PKI系统安全测评方法
110	GB/T 22080—2016	信息技术　安全技术　信息安全管理体系　要求

序号	标准号	标准名称
111	GB/T 22081—2016	信息技术　安全技术　信息安全控制实践指南
112	GB/T 22186—2016	信息安全技术　具有中央处理器的 IC 卡芯片安全技术要求
113	GB/T 22239—2019	信息安全技术　网络安全等级保护基本要求
114	GB/Z 24294.1—2018	信息安全技术　基于互联网电子政务信息安全实施指南　第 1 部分：总则
115	GB/T 24363—2009	信息安全技术　信息安全应急响应计划规范
116	GB/T 24364—2023	信息安全技术　信息安全风险管理实施指南
117	GB/T 25061—2020	信息安全技术　XML 数字签名语法与处理规范
118	GB/T 25062—2010	信息安全技术　鉴别与授权　基于角色的访问控制模型与管理规范
119	GB/T 25064—2010	信息安全技术　公钥基础设施　电子签名格式规范
120	GB/T 25065—2010	信息安全技术　公钥基础设施　签名生成应用程序的安全要求
121	GB/T 25066—2020	信息安全技术　信息安全产品类别与代码
122	GB/T 25067—2020	信息技术　安全技术　信息安全管理体系审核和认证机构要求
123	GB/T 25068.1—2020	信息技术　安全技术　网络安全　第 1 部分：综述和概念
124	GB/T 25068.2—2020	信息技术　安全技术　网络安全　第 2 部分：网络安全设计和实现指南
125	GB/T 25068.3—2022	信息技术　安全技术　网络安全　第 3 部分：面向网络接入场景的威胁、设计技术和控制
126	GB/T 25068.4—2022	信息技术　安全技术　网络安全　第 4 部分：使用安全网关的网间通信安全保护
127	GB/T 25068.5—2021	信息技术　安全技术　网络安全　第 5 部分：使用虚拟专用网的跨网通信安全保护
128	GB/T 25069—2022	信息安全技术　术语
129	GB/T 25070—2019	信息安全技术　网络安全等级保护安全设计技术要求
130	GB/T 26237.7—2013	信息技术　生物特征识别数据交换格式　第 7 部分：签名 / 签字时间序列数据
131	GB/T 26237.10—2022	信息技术　生物特征识别　数据交换格式　第 10 部分：手形轮廓数据
132	GB/T 26269—2010	网络入侵检测系统技术要求
133	GB/T 26855—2011	信息安全技术　公钥基础设施　证书策略与认证业务声明框架

序号	标准号	标准名称
134	GB/T 28447—2012	信息安全技术　电子认证服务机构运营管理规范
135	GB/T 28448—2019	信息安全技术　网络安全等级保护测评要求
136	GB/T 28449—2018	信息安全技术　网络安全等级保护测评过程指南
137	GB/T 28450—2020	信息技术　安全技术　信息安全管理体系审核指南
138	GB/T 28451—2023	信息安全技术　网络入侵防御产品技术规范
139	GB/T 28452—2012	信息安全技术　应用软件系统通用安全技术要求
140	GB/T 28453—2012	信息安全技术　信息系统安全管理评估要求
141	GB/T 28454—2020	信息技术　安全技术　入侵检测和防御系统（IDPS）的选择、部署和操作
142	GB/T 28455—2012	信息安全技术　引入可信第三方的实体鉴别及接入架构规范
143	GB/T 28457—2012	SSL 协议应用测试规范
144	GB/T 28458—2020	信息安全技术　网络安全漏洞标识与描述规范
145	GB/Z 28828—2012	信息安全技术　公共及商用服务信息系统个人信息保护指南
146	GB/T 29234—2012	基于公用电信网的宽带客户网络安全技术要求
147	GB/T 29240—2012	信息安全技术　终端计算机通用安全技术要求与测试评价方法
148	GB/T 29241—2012	信息安全技术　公钥基础设施　PKI 互操作性评估准则
149	GB/T 29242—2012	信息安全技术　鉴别与授权　安全断言标记语言
150	GB/T 29243—2012	信息安全技术　数字证书代理认证路径构造和代理验证规范
151	GB/T 29244—2012	信息安全技术　办公设备基本安全要求
152	GB/T 29246—2023	信息安全技术　信息安全管理体系　概述和词汇
153	GB/T 29765—2021	信息安全技术　数据备份与恢复产品技术要求与测试评价方法
154	GB/T 29766—2021	信息安全技术　网站数据恢复产品技术要求与测试评价方法
155	GB/T 29767—2013	信息安全技术　公钥基础设施　桥 CA 体系证书分级规范
156	GB/T 29827—2013	信息安全技术　可信计算规范　可信平台主板功能接口
157	GB/T 29828—2013	信息安全技术　可信计算规范　可信连接架构
158	GB/T 29829—2022	信息安全技术　可信计算密码支撑平台功能与接口规范
159	GB/Z 29830.1—2013	信息技术　安全技术　信息技术安全保障框架　第 1 部分：综述和框架

续表

序号	标准号	标准名称
160	GB/Z 29830.2—2013	信息技术　安全技术　信息技术安全保障框架　第 2 部分：保障方法
161	GB/Z 29830.3—2013	信息技术　安全技术　信息技术安全保障框架　第 3 部分：保障方法分析
162	GB/T 30271—2013	信息安全技术　信息安全服务能力评估准则
163	GB/T 30272—2021	信息安全技术　公钥基础设施　标准符合性测评
164	GB/T 30273—2013	信息安全技术　信息系统安全保障通用评估指南
165	GB/T 30275—2013	信息安全技术　鉴别与授权　认证中间件框架与接口规范
166	GB/T 30276—2020	信息安全技术　网络安全漏洞管理规范
167	GB/T 30279—2020	信息安全技术　网络安全漏洞分类分级指南
168	GB/T 30280—2013	信息安全技术　鉴别与授权　地理空间可扩展访问控制置标语言
169	GB/T 30281—2013	信息安全技术　鉴别与授权　可扩展访问控制标记语言
170	GB/T 30282—2023	信息安全技术　反垃圾邮件产品技术规范
171	GB/T 30283—2022	信息安全技术　信息安全服务　分类与代码
172	GB/T 30284—2020	信息安全技术　移动通信智能终端操作系统安全技术要求
173	GB/T 30285—2013	信息安全技术　灾难恢复中心建设与运维管理规范
174	GB/Z 30286—2013	信息安全技术　信息系统保护轮廓和信息系统安全目标产生指南
175	GB/T 30998—2014	信息技术　软件安全保障规范
176	GB/T 31167—2023	信息安全技术　云计算服务安全指南
177	GB/T 31168—2023	信息安全技术　云计算服务安全能力要求
178	GB/T 31495.1—2015	信息安全技术　信息安全保障指标体系及评价方法　第 1 部分：概念和模型
179	GB/T 31495.2—2015	信息安全技术　信息安全保障指标体系及评价方法　第 2 部分：指标体系
180	GB/T 31495.3—2015	信息安全技术　信息安全保障指标体系及评价方法　第 3 部分：实施指南
181	GB/T 31496—2023	信息技术　安全技术　信息安全管理体系　指南
182	GB/T 31497—2024	网络安全技术　信息安全管理　监视、测量、分析和评价
183	GB/T 31499—2015	信息安全技术　统一威胁管理产品技术要求和测试评价方法

序号	标准号	标准名称
184	GB/T 31500—2015	信息安全技术　存储介质数据恢复服务要求
185	GB/T 31501—2015	信息安全技术　鉴别与授权　授权应用程序判定接口规范
186	GB/T 31502—2015	信息安全技术　电子支付系统安全保护框架
187	GB/T 31503—2015	信息安全技术　电子文档加密与签名消息语法
188	GB/T 31504—2015	信息安全技术　鉴别与授权　数字身份信息服务框架规范
189	GB/T 31507—2015	信息安全技术　智能卡通用安全检测指南
190	GB/T 31508—2015	信息安全技术　公钥基础设施　数字证书策略分类分级规范
191	GB/T 31509—2015	信息安全技术　信息安全风险评估实施指南
192	GB/T 31722—2015	信息技术　安全技术　信息安全风险管理
193	GB/T 31915—2015	信息技术　弹性计算应用接口
194	GB/T 32213—2015	信息安全技术　公钥基础设施　远程口令鉴别与密钥建立规范
195	GB/T 32431—2015	信息技术　SOA 服务交付保障规范
196	GB/T 32905—2016	信息安全技术　SM3 密码杂凑算法
197	GB/T 32907—2016	信息安全技术　SM4 分组密码算法
198	GB/T 32914—2023	信息安全技术　网络安全服务能力要求
199	GB/T 32915—2016	信息安全技术　二元序列随机性检测方法
200	GB/Z 32916—2023	信息安全技术　信息安全控制评估指南
201	GB/T 32918.1—2016	信息安全技术　SM2 椭圆曲线公钥密码算法　第 1 部分：总则
202	GB/T 32918.2—2016	信息安全技术　SM2 椭圆曲线公钥密码算法　第 2 部分：数字签名算法
203	GB/T 32918.3—2016	信息安全技术　SM2 椭圆曲线公钥密码算法　第 3 部分：密钥交换协议
204	GB/T 32918.4—2016	信息安全技术　SM2 椭圆曲线公钥密码算法　第 4 部分：公钥加密算法
205	GB/T 32920—2023	信息安全技术　行业间和组织间通信的信息安全管理
206	GB/T 32921—2016	信息安全技术　信息技术产品供应方行为安全准则
207	GB/T 32922—2023	信息安全技术　IPSec VPN 安全接入基本要求与实施指南
208	GB/T 32923—2016	信息技术　安全技术　信息安全治理
209	GB/T 32924—2016	信息安全技术　网络安全预警指南

序号	标准号	标准名称
210	GB/T 32927—2016	信息安全技术　移动智能终端安全架构
211	GB/T 33131—2016	信息安全技术　基于 IPSec 的 IP 存储网络安全技术要求
212	GB/T 33132—2016	信息安全技术　信息安全风险处理实施指南
213	GB/T 33133.1—2016	信息安全技术　祖冲之序列密码算法　第 1 部分：算法描述
214	GB/T 33133.2—2021	信息安全技术　祖冲之序列密码算法　第 2 部分：保密性算法
215	GB/T 33133.3—2021	信息安全技术　祖冲之序列密码算法　第 3 部分：完整性算法
216	GB/T 33134—2023	信息安全技术　公共域名服务系统安全要求
217	GB/T 33560—2017	信息安全技术　密码应用标识规范
218	GB/T 33562—2017	信息安全技术　安全域名系统实施指南
219	GB/T 33563—2024	网络安全技术　无线局域网客户端安全技术要求
220	GB/T 33565—2024	网络安全技术　无线局域网接入系统安全技术要求
221	GB/T 34835—2017	电气安全　与信息技术和通信技术网络连接设备的接口分类
222	GB/T 34975—2017	信息安全技术　移动智能终端应用软件安全技术要求和测试评价方法
223	GB/T 34976—2017	信息安全技术　移动智能终端操作系统安全技术要求和测试评价方法
224	GB/T 34977—2017	信息安全技术　移动智能终端数据存储安全技术要求与测试评价方法
225	GB/T 34978—2017	信息安全技术　移动智能终端个人信息保护技术要求
226	GB/T 34990—2017	信息安全技术　信息系统安全管理平台技术要求和测试评价方法
227	GB/T 35273—2020	信息安全技术　个人信息安全规范
228	GB/T 35274—2023	信息安全技术　大数据服务安全能力要求
229	GB/T 35275—2017	信息安全技术　SM2 密码算法加密签名消息语法规范
230	GB/T 35276—2017	信息安全技术　SM2 密码算法使用规范
231	GB/T 35277—2017	信息安全技术　防病毒网关安全技术要求和测试评价方法
232	GB/T 35278—2017	信息安全技术　移动终端安全保护技术要求
233	GB/T 35279—2017	信息安全技术　云计算安全参考架构
234	GB/T 35280—2017	信息安全技术　信息技术产品安全检测机构条件和行为准则

序号	标准号	标准名称
235	GB/T 35281—2017	信息安全技术　移动互联网应用服务器安全技术要求
236	GB/T 35282—2023	信息安全技术　电子政务移动办公系统安全技术规范
237	GB/T 35283—2017	信息安全技术　计算机终端核心配置基线结构规范
238	GB/T 35284—2017	信息安全技术　网站身份和系统安全要求与评估方法
239	GB/T 35285—2017	信息安全技术　公钥基础设施　基于数字证书的可靠电子签名生成及验证技术要求
240	GB/T 35286—2017	信息安全技术　低速无线个域网空口安全测试规范
241	GB/T 35287—2017	信息安全技术　网站可信标识技术指南
242	GB/T 35288—2017	信息安全技术　电子认证服务机构从业人员岗位技能规范
243	GB/T 35289—2017	信息安全技术　电子认证服务机构服务质量规范
244	GB/T 35290—2023	信息安全技术　射频识别（RFID）系统安全技术规范
245	GB/T 35291—2017	信息安全技术　智能密码钥匙应用接口规范
246	GB/T 35735—2017	公共安全　指纹识别应用　采集设备通用技术要求
247	GB/T 35736—2017	公共安全指纹识别应用　图像技术要求
248	GB/T 35783—2017	信息技术　虹膜识别设备通用规范
249	GB/T 36322—2018	信息安全技术　密码设备应用接口规范
250	GB/T 36624—2018	信息技术　安全技术　可鉴别的加密机制
251	GB/T 36626—2018	信息安全技术　信息系统安全运维管理指南
252	GB/T 36627—2018	信息安全技术　网络安全等级保护测试评估技术指南
253	GB/T 36629.1—2018	信息安全技术　公民网络电子身份标识安全技术要求　第1部分：读写机具安全技术要求
254	GB/T 36629.2—2018	信息安全技术　公民网络电子身份标识安全技术要求　第2部分：载体安全技术要求
255	GB/T 36629.3—2018	信息安全技术　公民网络电子身份标识安全技术要求　第3部分：验证服务消息及其处理规则
256	GB/T 36630.1—2018	信息安全技术　信息技术产品安全可控评价指标　第1部分：总则
257	GB/T 36630.2—2018	信息安全技术　信息技术产品安全可控评价指标　第2部分：中央处理器
258	GB/T 36630.3—2018	信息安全技术　信息技术产品安全可控评价指标　第3部分：操作系统

序号	标准号	标准名称
259	GB/T 36630.4—2018	信息安全技术　信息技术产品安全可控评价指标　第 4 部分：办公套件
260	GB/T 36630.5—2018	信息安全技术　信息技术产品安全可控评价指标　第 5 部分：通用计算机
261	GB/T 36631—2018	信息安全技术　时间戳策略和时间戳业务操作规则
262	GB/T 36632—2018	信息安全技术　公民网络电子身份标识格式规范
263	GB/T 36633—2018	信息安全技术　网络用户身份鉴别技术指南
264	GB/T 36635—2018	信息安全技术　网络安全监测基本要求与实施指南
265	GB/T 36637—2018	信息安全技术　ICT 供应链安全风险管理指南
266	GB/T 36639—2018	信息安全技术　可信计算规范　服务器可信支撑平台
267	GB/T 36643—2018	信息安全技术　网络安全威胁信息格式规范
268	GB/T 36644—2018	信息安全技术　数字签名应用安全证明获取方法
269	GB/T 36645—2018	信息技术　满文名义字符、变形显现字符和控制字符使用规则
270	GB/T 36950—2018	信息安全技术　智能卡安全技术要求（EAL4+）
271	GB/T 36951—2018	信息安全技术　物联网感知终端应用安全技术要求
272	GB/T 36957—2018	信息安全技术　灾难恢复服务要求
273	GB/T 36958—2018	信息安全技术　网络安全等级保护安全管理中心技术要求
274	GB/T 36959—2018	信息安全技术　网络安全等级保护测评机构能力要求和评估规范
275	GB/T 36960—2018	信息安全技术　鉴别与授权　访问控制中间件框架与接口
276	GB/T 37002—2018	信息安全技术　电子邮件系统安全技术要求
277	GB/T 37024—2018	信息安全技术　物联网感知层网关安全技术要求
278	GB/T 37025—2018	信息安全技术　物联网数据传输安全技术要求
279	GB/T 37027—2018	信息安全技术　网络攻击定义及描述规范
280	GB/T 37033.1—2018	信息安全技术　射频识别系统密码应用技术要求　第 1 部分：密码安全保护框架及安全级别
281	GB/T 37033.2—2018	信息安全技术　射频识别系统密码应用技术要求　第 2 部分：电子标签与读写器及其通信密码应用技术要求
282	GB/T 37033.3—2018	信息安全技术　射频识别系统密码应用技术要求　第 3 部分：密钥管理技术要求

续表

序号	标准号	标准名称
283	GB/T 37044—2018	信息安全技术　物联网安全参考模型及通用要求
284	GB/T 37046—2018	信息安全技术　灾难恢复服务能力评估准则
285	GB/T 37076—2018	信息安全技术　指纹识别系统技术要求
286	GB/T 37090—2018	信息安全技术　病毒防治产品安全技术要求和测试评价方法
287	GB/T 37091—2018	信息安全技术　安全办公 U 盘安全技术要求
288	GB/T 37092—2018	信息安全技术　密码模块安全要求
289	GB/T 37093—2018	信息安全技术　物联网感知层接入通信网的安全要求
290	GB/T 37094—2018	信息安全技术　办公信息系统安全管理要求
291	GB/T 37095—2018	信息安全技术　办公信息系统安全基本技术要求
292	GB/T 37096—2018	信息安全技术　办公信息系统安全测试规范
293	GB/T 37691—2019	可编程逻辑器件软件安全性设计指南
294	GB/T 37931—2019	信息安全技术　Web 应用安全检测系统安全技术要求和测试评价方法
295	GB/T 37932—2019	信息安全技术　数据交易服务安全要求
296	GB/T 37935—2019	信息安全技术　可信计算规范　可信软件基础
297	GB/T 37939—2019	信息安全技术　网络存储安全技术要求
298	GB/T 37950—2019	信息安全技术　桌面云安全技术要求
299	GB/T 37952—2019	信息安全技术　移动终端安全管理平台技术要求
300	GB/T 37955—2019	信息安全技术　数控网络安全技术要求
301	GB/T 37956—2019	信息安全技术　网站安全云防护平台技术要求
302	GB/T 37964—2019	信息安全技术　个人信息去标识化指南
303	GB/T 37972—2019	信息安全技术　云计算服务运行监管框架
304	GB/T 37973—2019	信息安全技术　大数据安全管理指南
305	GB/T 37988—2019	信息安全技术　数据安全能力成熟度模型
306	GB/T 38244—2019	机器人安全总则
307	GB/T 38624.1—2020	物联网　网关　第 1 部分：面向感知设备接入的网关技术要求
308	GB/T 38625—2020	信息安全技术　密码模块安全检测要求

续表

序号	标准号	标准名称
309	GB/T 38626—2020	信息安全技术　智能联网设备口令保护指南
310	GB/T 38629—2020	信息安全技术　签名验签服务器技术规范
311	GB/T 38631—2020	信息技术　安全技术 GB/T 22080 具体行业应用　要求
312	GB/T 38632—2020	信息安全技术　智能音视频采集设备应用安全要求
313	GB/T 38635.1—2020	信息安全技术　SM9 标识密码算法　第 1 部分：总则
314	GB/T 38635.2—2020	信息安全技术　SM9 标识密码算法　第 2 部分：算法
315	GB/T 38636—2020	信息安全技术　传输层密码协议（TLCP）
316	GB/T 38638—2020	信息安全技术　可信计算　可信计算体系结构
317	GB/T 38644—2020	信息安全技术　可信计算　可信连接测试方法
318	GB/T 38645—2020	信息安全技术　网络安全事件应急演练指南
319	GB/T 38646—2020	信息安全技术　移动签名服务技术要求
320	GB/T 38647.1—2020	信息技术　安全技术　匿名数字签名　第 1 部分：总则
321	GB/T 38647.2—2020	信息技术　安全技术　匿名数字签名　第 2 部分：采用群组公钥的机制
322	GB/T 38671—2020	信息安全技术　远程人脸识别系统技术要求
323	GB/T 38674—2020	信息安全技术　应用软件安全编程指南
324	GB/T 38934—2020	公共电信网增强　支持智能环境预警应用的技术要求
325	GB/T 39205—2020	信息安全技术　轻量级鉴别与访问控制机制
326	GB/T 39412—2020	信息安全技术　代码安全审计规范
327	GB/T 39477—2020	信息安全技术　政务信息共享　数据安全技术要求
328	GB/T 39680—2020	信息安全技术　服务器安全技术要求和测评准则
329	GB/T 39720—2020	信息安全技术　移动智能终端安全技术要求及测试评价方法
330	GB/T 39786—2021	信息安全技术　信息系统密码应用基本要求
331	GB/T 40018—2021	信息安全技术　基于多信道的证书申请和应用协议
332	GB/T 40650—2021	信息安全技术　可信计算规范　可信平台控制模块
333	GB/T 40652—2021	信息安全技术　恶意软件事件预防和处理指南
334	GB/T 40653—2021	信息安全技术　安全处理器技术要求

序号	标准号	标准名称
335	GB/T 41387—2022	信息安全技术　智能家居通用安全规范
336	GB/T 41388—2022	信息安全技术　可信执行环境　基本安全规范
337	GB/T 41391—2022	信息安全技术　移动互联网应用程序（App）收集个人信息基本要求
338	GB 42250—2022	信息安全技术　网络安全专用产品安全技术要求
339	GB/T 42460—2023	信息安全技术　个人信息去标识化效果评估指南
340	GB/T 42564—2023	信息安全技术　边缘计算安全技术要求
341	GB/T 42570—2023	信息安全技术　区块链技术安全框架
342	GB/T 42571—2023	信息安全技术　区块链信息服务安全规范
343	GB/T 42572—2023	信息安全技术　可信执行环境服务规范
344	GB/T 42573—2023	信息安全技术　网络身份服务安全技术要求
345	GB/T 42574—2023	信息安全技术　个人信息处理中告知和同意的实施指南
346	GB/T 42582—2023	信息安全技术　移动互联网应用程序（App）个人信息安全测评规范
347	GB/T 42583—2023	信息安全技术　政务网络安全监测平台技术规范
348	GB/T 42589—2023	信息安全技术　电子凭据服务安全规范
349	GB/T 42884—2023	信息安全技术　移动互联网应用程序（App）生命周期安全管理指南
350	GB/T 42888—2023	信息安全技术　机器学习算法安全评估规范
351	GB 4943.1—2022	音视频、信息技术和通信技术设备　第 1 部分：安全要求
352	GB/T 9361—2011	计算机场地安全要求
353	DL/T 2398—2021	电力移动应用 APP 安全防护标准
354	DL/T 2612—2023	电力云基础设施安全技术要求
355	GA 1277.1—2020	互联网交互式服务安全管理要求　第 1 部分：基础要求
356	GA 1278—2015	信息安全技术　互联网服务安全评估基本程序及要求
357	GA/T 1484—2018	信息安全技术　交换机安全技术要求和测试评价方法
358	GA/T 681—2018	信息安全技术　网关安全技术要求
359	GA/T 686—2018	信息安全技术　虚拟专用网产品安全技术要求

序号	标准号	标准名称
360	GA/T 698—2014	信息安全技术　信息过滤产品技术要求
361	GA/T 910—2020	信息安全技术　内网主机监测产品安全技术要求
362	GA/T 911—2019	信息安全技术　日志分析产品安全技术要求
363	GA/T 912—2018	信息安全技术　数据泄露防护产品安全技术要求
364	GA/T 913—2019	信息安全技术　数据库安全审计产品安全技术要求
365	SJ/T 11373—2007	软件构件管理　第1部分：管理信息模型
366	DL/T 2613—2023	电力行业网络安全等级保护测评指南
367	DL/T 2614—2023	电力行业网络安全等级保护基本要求
368	YD/T 3169—2020	互联网新技术新业务安全评估指南
369	YD/T 3228—2023	移动应用软件安全评估方法
370	YD/T 3445—2019	互联网接入服务信息安全管理系统操作指南
371	YD/T 3739—2020	互联网新技术新业务安全评估要求　即时通信业务
372	YD/T 3740—2020	互联网新技术新业务安全评估要求　互联网资源协作服务
373	YD/T 3741—2020	互联网新技术新业务安全评估要求　大数据技术应用与服务
374	YD/T 3742—2020	互联网新技术新业务安全评估要求　内容分发业务
375	YD/T 3743—2020	互联网新技术新业务安全评估要求　信息搜索查询服务
376	DL/T 2399—2021	电力量子保密通信系统密钥交互接口技术规范
377	JB/T 11961—2014	工业通信网络　网络和系统安全　术语、概念和模型
378	JB/T 11962—2014	工业通信网络　网络和系统安全　工业自动化和控制系统信息安全技术
379	YD/T 1627—2007	以太网交换机设备安全技术要求
380	YD/T 1629—2007	具有路由功能的以太网交换机设备安全技术要求
381	YD/T 1905—2009	IPv6 网络设备安全技术要求——宽带网络接入服务器
382	YD/T 1906—2009	IPv6 网络设备安全技术要求——核心路由器
383	YD/T 1907—2009	IPv6 网络设备安全技术要求——边缘路由器
384	YD/T 1911—2009	软交换业务接入控制设备安全技术要求和测试方法
385	YD/T 1912—2009	基于软交换的媒体服务器设备安全技术要求和测试方法
386	YD/T 1913—2009	基于软交换的信令网关设备安全技术要求和测试方法

序号	标准号	标准名称
387	YD/T 1914—2009	基于软交换的应用服务器设备安全技术要求和测试方法
388	YD/T 2042—2009	IPv6 网络设备安全技术要求——具有路由功能的以太网交换机
389	YD/T 2051—2024	接入网设备安全测试方法　无源光网络（PON）设备
390	YD/T 2376.1—2011	传送网设备安全技术要求　第 1 部分：SDH 设备
391	YD/T 2376.2—2011	传送网设备安全技术要求　第 2 部分：WDM 设备
392	YD/T 2376.3—2011	传送网设备安全技术要求　第 3 部分：基于 SDH 的 MSTP 设备
393	YD/T 2376.5—2018	传送网设备安全技术要求　第 5 部分：OTN 设备
394	YD/T 2376.6—2018	传送网设备安全技术要求　第 6 部分：PTN 设备
395	YD/T 2558—2013	基于祖冲之算法的 LTE 终端和网络设备安全技术要求
396	YD/T 1744—2009	传送网安全防护要求
397	YD/T 1745—2009	传送网安全防护检测要求
398	YD/T 1746—2014	IP 承载网安全防护要求
399	YD/T 2040—2009	基于软交换的媒体网关安全技术要求
400	YD/T 2050—2023	接入网安全技术要求　无源光网络（PON）设备
401	DL/T 2097—2020	大坝安全信息分类与系统接口技术规范
402	DL/T 2193—2020	电力系统安全稳定控制系统设计及应用技术规范
403	DL/T 1936—2018	配电自动化系统安全防护技术导则
404	DL/T 1931—2018	电力 LTE 无线通信网络安全防护要求
405	DL/T 364—2019	光纤通道传输保护信息通用技术条件
406	DL/Z 981—2005	电力系统控制及其通信数据和通信安全
407	T/CEC 626—2022	电力监控系统网络安全信息采集系统检测规范
408	T/ZGTXXH 017—2022	能源工业互联网平台数据安全技术要求
409	T/CEC 622—2022	电力物联网感知层设备安全认证技术要求
410	T/CEC 623—2022	电力物联网嵌入式测控类终端应用安全技术要求
411	T/CEC 649—2022	电力可信计算体系结构
412	Q/GDW 10594—2021	管理信息系统网络安全等级保护技术要求
413	Q/GDW 10595—2021	管理信息系统网络安全等级保护验收规范
414	Q/GDW 10596—2022	信息安全风险评估实施细则

序号	标准号	标准名称
415	Q/GDW 10597—2022	应用软件系统通用安全技术要求及测试规范
416	Q/GDW 10775—2022	互联网环境下的数据安全传输技术规范
417	Q/GDW 10929.5—2018	信息系统应用安全　第 5 部分：代码安全检测
418	Q/GDW 10937—2022	电子数据销毁、擦除和恢复规范
419	Q/GDW 10940—2018	防火墙测试要求
420	Q/GDW 10941—2018	入侵检测系统测试要求
421	Q/GDW 11120—2018	防火墙安全配置及监测基本技术要求
422	Q/GDW 11347—2014	国家电网公司信息系统安全设计框架技术规范
423	Q/GDW 11416—2015	国家电网公司商业秘密安全保密技术规范
424	Q/GDW 11445—2022	管理信息系统安全基线要求
425	Q/GDW/Z 11801—2018	网络与信息安全风险监控预警平台安全监测数据规范
426	Q/GDW 11802—2018	网络与信息安全风险监控预警平台数据接入规范
427	Q/GDW 11823—2018	国家电网有限公司网络安全监督检查规范
428	Q/GDW 11940—2018	数据脱敏导则
429	Q/GDW/Z 11976—2019	电动汽车充电设备可信计算技术规范
430	Q/GDW 11977—2019	电动汽车充电设施网络安全防护技术规范
431	Q/GDW 11982—2019	网络与信息安全风险监控预警平台告警规范
432	Q/GDW 11984—2019	管理信息大区网络边界终端准入管控系统技术规范
433	Q/GDW 12108—2021	电力物联网全场景安全技术要求
434	Q/GDW 12109—2021	电力物联网感知层设备接入安全技术规范
435	Q/GDW 12110—2021	电力物联网全场景安全监测数据采集基本要求
436	Q/GDW 12111—2021	电力物联网数据安全分级保护要求
437	Q/GDW 12112—2021	电力物联网密码应用规范
438	Q/GDW 12269—2022	云平台网络安全防护技术规范
439	Q/GDW 12270—2022	商用密码应用总体要求
440	Q/GDW 12271—2022	密码服务统一接口规范
441	Q/GDW 1929.1—2013	信息系统应用安全　第 1 部分：开发指南

序号	标准号	标准名称
442	Q/GDW 1929.2—2013	信息系统应用安全　第2部分：安全设计
443	Q/GDW 1929.3—2013	信息系统应用安全　第3部分：安全编程
444	Q/GDW 1929.4—2013	信息系统应用安全　第4部分：安全需求分析
445	Q/GDW 10343—2018	信息机房设计及建设规范
446	Q/GDW 10345—2018	信息机房评价规范
447	Q/GDW 10704—2018	信息运行支撑平台技术要求
448	Q/GDW 10845—2018	信息运行支撑平台功能规范
449	Q/GDW 11159—2018	信息系统基础设施改造技术规范
450	Q/GDW 11212—2018	信息系统非功能性需求规范
451	Q/GDW 1133—2014	国家电网公司统一域名体系建设规范
452	Q/GDW/Z 11799—2018	数据中心信息系统灾备存储复制设计原则
453	Q/GDW 11766—2017	电力监控系统本体安全防护技术规范
454	Q/GDW 11894—2018	电力监控系统网络安全监测装置检测规范
455	Q/GDW 11309—2014	变电站安全防范系统技术规范
456	Q/GDW 10938—2020	电力监控系统测控终端网络安全测试技术要求
457	Q/GDW 12045—2020	电力监控系统网络安全管理平台技术规范
458	Q/GDW 12059—2020	电力监控系统网络安全管理平台检测规范
459	Q/GDW 12195—2021	电力监控系统恶意代码监测系统技术规范
460	Q/GDW 12196—2021	电力自动化系统软件安全检测规范
461	Q/GDW 1680.36—2014	智能电网调度控制系统　第3-6部分：基础平台　系统安全防护
462	Q/GDW/Z 11345.1—2014	电力通信网信息安全　第1部分：总纲
463	Q/GDW/Z 11345.2—2014	电力通信网信息安全　第2部分：传输网
464	Q/GDW/Z 11345.4—2014	电力通信网信息安全　第4部分：支撑网
465	Q/GDW 11345.5—2020	电力通信网信息安全　第5部分：终端通信接入网
466	Q/GDW 12344—2023	电力边缘智能终端安全操作系统技术要求

10.4.1.2　国际标准化现状

新型电力系统电磁测量安全防护体系相关标准主要为 IEC TR 62351《电力系统管理和相关信息交换　数据和通信安全》、IEC TS 62443《工业通信网络　网络和系统安全》、ISO/IEC 11770《信息技术　安全技术　密钥管理》、ISO/IEC 11889《信息技术 可信平台模块库》、ISO/IEC 13888《信息技术　安全技术　不可否认性》等系列标准，为电力系统从主站、边界、终端、应用、数据等方面的安全防护提供了技术保障，标准梳理情况如表 10-6 所示。

表 10-6　　　　　　　　　　　安全防护体系相关国际标准

序号	标准号	标准名称
1	IEC TR 62351-13:2016	电力系统管理和相关信息交换　数据和通信安全　第 13 部分：标准和规范中涵盖的安全主题指南
2	IEC TR 62351-90-1:2018	电力系统管理和相关信息交换　数据和通信安全　第 90-1 部分：电力系统中处理基于角色的访问控制指南
3	IEC TR 62351-90-2:2018	电力系统管理和相关信息交换　数据和通信安全　第 90-2 部分：加密通信的深度数据包检测
4	IEC TS 62443-1-1:2009	工业通信网络　网络和系统安全　第 1 部分：术语、概念和模型
5	ISO/IEC 11770-5:2020	信息技术　安全技术　密钥管理　第 5 部分：组密钥管理（通信）
6	ISO/IEC 11889-1:2015	信息技术　可信平台模块　第 1 部分：概述
7	ISO/IEC 11889-2:2015	信息技术　可信平台模块　第 2 部分：设计原则
8	ISO/IEC 11889-3:2015	信息技术　可信平台模块　第 3 部分：结构
9	ISO/IEC 11889-4:2015	信息技术　可信平台模块　第 4 部分：命令
10	ISO/IEC 13888-1:2020	信息技术　安全技术　不可否认性　第 1 部分：总论（通信）
11	ISO/IEC 15408-1:2022	信息技术　安全技术　IT 安全的评价标准　第 1 部分：介绍和一般模型（通信）
12	ISO/IEC 15408-2:2022	信息技术　安全技术　IT 安全的评价标准　第 2 部分：安全功能组件（通信）
13	ISO/IEC 15408-3:2022	信息技术　安全技术　IT 安全的评价标准　第 3 部分：安全保证元件
14	ISO/IEC 19772:2020	信息技术　安全技术　验证加密术
15	ISO/IEC 27009:2020	信息安全　网络安全和隐私保护　ISO/IEC 27001 的部门特定应用　要求
16	ITU-T K 75:2008	通信设备的抵抗性和安全标准应用接口的分类

序号	标准号	标准名称
17	ITU-T X 1161:2008	安全点到点通信的框架
18	ISO/IEC TR 24729-4:2009	信息技术 项目管理的射频识别（RFID）执行指南 第4部分：标签数据安全
19	BS EN 62351-11:2017	电力系统管理和相关的信息交换数据和通信安全 XML文档的安全性
20	BS EN 62351-3:2014+A2:2020	电力系统管理和相关信息交换 数据和通信安全 第3部分：通信网络和系统安全性 包括TCP/IP的配置文件
21	BS EN 62351-9:2017	电力系统管理和相关的信息交换数据和通信安全 电力系统设备的网络安全密钥管理
22	BS ISO/IEC 10116:2017	信息技术 安全技术 n位分组密码的操作模式
23	BSI DD IEC/TS 62351-4:2007	电力系统管理和相关信息交换 数据和通信安全 第4部分：包括公里的侧面
24	BSI DD IEC/TS 62351-6:2007	电力系统管理和相关信息交换 数据和通信安全 第6部分：为IEC 61850的安全
25	BSI DD IEC/TS 62351-8:2011	电力系统管理和相关信息交换 数据和通信安全 第8部分：基于角色的访问控制
26	IEC TS 62351-100-1:2018	电力系统管理和相关信息交换 数据和通信安全 第100-1部分：IEC TS 62351-5和IEC TS 60870-5-7 1.0版的一致性测试用例
27	IEC 62351-7:2017	电源系统管理和相关信息交换 数据和通信安全 第7部分：网络和系统管理（NSM） 数据对象模型
28	IEC TS 60870-5-7:2013	远程控制设备和系统 第5-7部分：IEC 60870-5-101标准和IEC 60870-5-104标准的安全扩展
29	IEEE 1268:2016	移动变电站设备安全安装指南
30	ANSI INCITS 359:2012	信息技术 角色访问控制
31	BS ISO/IEC 10118-3:2018	IT安全技术 哈希功能 专用哈希-函数
32	BS ISO/IEC 15946-5:2017	信息技术 安全技术 基于椭圆曲线的密码技术 椭圆曲线类生成
33	BS ISO/IEC 19592-2:2017	信息技术 安全技术 秘密分享 基本机制
34	BS ISO/IEC 20009-4:2017	信息技术 安全技术 匿名实体认证 基于薄弱机密的机制
35	BS ISO/IEC 20085-1:2019	IT安全技术 测试工具要求和测试工具校准方法，用于测试密码模块中的非侵入式攻击缓解技术 测试工具和技术

续表

序号	标准号	标准名称
36	BS ISO/IEC 24762:2008	信息技术　安全技术　信息和通信技术故障恢复服务指南
37	BS ISO/IEC 27034–5:2017	信息技术　安全技术　应用程序安全性　协议和应用程序安全控制数据结构
38	IEC 60950–1:2005	信息技术设备 – 安全　第 1 部分：一般要求
39	IEC 60950– 1:2005+ AMD1:2009+AMD2: 2013 CSV	信息技术设备　安全　第 1 部分：一般要求（修正案 2）
40	ISO 11770–1:2010	信息技术　安全技术　密钥管理　第 1 部分：框架（通信）
41	ISO/IEC 11770–2:2018	IT 安全技术　密钥管理　第 2 部分：使用对称技术的机制
42	ISO/IEC 11770–3:2021	信息技术　安全技术　关键管理　第 3 部分：使用非对称技术的机制
43	ISO/IEC 11770– 4:2017/ AMD1:2019	信息技术　安全技术　密钥管理　第 4 部分：基于薄弱机密的机制修订 1：不平衡的密码—与身份的认证密钥协议—基于密码的系统（UPAKAIBC）（第 2 版）
44	ISO/IEC 11770–6:2016	信息技术　安全技术　密钥管理　第 6 部分：密钥推导
45	ISO/IEC 13157–1:2014	信息技术　系统之间的电信和信息交流 NFC 安全　第 1 部分：NFC–SEC NFCIP–1 安全服务和协议
46	ISO/IEC 13157–2:2016	信息技术　系统之间的电信和信息交流 NFC 安全　第 2 部分：使用 ECDH 和 AES 的 NFC–SEC 加密标准
47	ISO/IEC 13888–2:2010	信息技术　安全技术　不可否认性　第 2 部分：对称技术使用机制
48	ISO/IEC 13888–3:2020	信息技术　安全技术　不可否认性　第 3 部分：使用非对称技术的机制
49	ISO/IEC 14888–3:2018	IT 安全技术　带附录的数字签名　第 3 部分：基于离散对数机制
50	ISO/IEC TR 15443–1:2012	信息技术　安全技术　安全保障框架　第 1 部分：介绍和概念
51	ISO/IEC TR 15443–2:2012	信息技术　安全技术　安全保障框架　第 2 部分：分析
52	ISO/IEC 15693– 3/ AMD4:2017	识别卡　非接触式集成电路卡　邻近卡　第 3 部分：防冲突和传输协议　修订 4：安全框架（第 2 版）
53	ISO/IEC 18033–6:2019	IT 安全技术　加密算法　第 6 部分：同态加密（第 1 版）
54	ISO/IEC 19896–1:2018	IT 安全技术　信息安全测试人员和评估人员的能力要求　第 1 部分：简介、概念和一般要求（第 1 版）

序号	标准号	标准名称
55	ISO/IEC 19896–2:2018	IT 安全技术　信息安全测试人员和评估人员的能力要求　第 2 部分：ISO/IEC 19790 测试人员的知识、技能和有效性要求（第 1 版）
56	ISO/IEC 19896–3:2018	IT 安全技术　信息安全测试人员和评估人员的能力要求　第 3 部分：ISO/IEC 15408 评估人员的知识、技能和有效性要求（第 1 版）
57	ISO/IEC TS 20540:2018	信息技术　安全技术　在其运行环境中测试加密模块（第 1 版）
58	ISO/IEC 21827:2008	信息技术　安全技术　系统安全工程能力成熟模型（SSE—CMM）
59	ISO/IEC 24759:2017	信息技术　安全技术　加密模块的测试要求（第 3 版）
60	ISO/IEC 24824–3:2008	信息技术　ASN.1 的一般应用：快速信息设备安全
61	ISO/IEC 27000:2018	信息技术　安全技术　信息安全管理系统　概述和词汇（第 5 版）
62	ISO/IEC 27003:2017	信息技术　安全技术　信息安全管理系统　指南（第 2 版）
63	ISO/IEC 27005:2022	信息技术　安全技术　信息安全风险管理
64	ISO/IEC TS 27008:2019	信息技术　安全技术　信息安全控制评估指南（第 1 版）
65	ISO/IEC 27011:2016	信息技术　安全技术　基于 ISO/IEC 27002 的电信组织信息安全控制实施规程
66	ISO/IEC 27019:2017（R2019）	信息技术　安全技术　能源行业的信息安全控制
67	ISO/IEC 27033–6:2016	信息技术　安全技术　网络安全　第 6 部分：保护无线 IP 网络接入
68	ISO/IEC 27034–3:2018	信息技术　应用安全　第 3 部分：应用安全管理过程（第 1 版）
69	ISO/IEC TS 27034–5–1:2018	信息技术　应用程序安全性　第 5–1 部分：协议和应用程序安全控制数据结构　XML 模式（第 1 版）
70	ISO/IEC 27034–7:2018	信息技术　应用安全　第 7 部分：保证预测框架（第 1 版）
71	ISO/IEC 27701:2019	安全技术　隐私信息管理的 ISO/IEC 27001 和 ISO/IEC 27002 的扩展—要求和准则（第 1 版）
72	ISO/IEC TS 29003:2018	信息技术　安全技术　身份证明（第 1 版）
73	ISO/IEC 29100:2011/ AMD1:2018	信息技术　安全技术　隐私框架修订 1：澄清（第 1 版）
74	ISO/IEC 29101:2018	信息技术　安全技术　隐私架构框架（第 2 版）

序号	标准号	标准名称
75	ISO/IEC 29134:2017	信息技术　安全技术　隐私影响评估指南
76	ISO/IEC 29147:2018	信息技术　安全技术　漏洞披露（第 2 版）
77	ISO/IEC 29192-2:2019	信息安全　轻量级加密　第 2 部分：分组密码（第 2 版）
78	ISO/IEC 29192-6:2019	信息技术　轻量级加密第 6 部分：消息认证码 MACs（第 1 版）
79	ISO/IEC 29192-7:2019	信息安全　轻量级加密　第 7 部分：广播认证（第 1 版）
80	ISO/IEC 30111:2019	信息技术　安全技术漏洞处理流程（第 2 版）
81	ISO/IEC 9798-2:2019	IT 安全技术　实体认证　第 2 部分：使用认证加密的机制（第 4 版）
82	ISO/IEC 9798-3:2019	IT 安全技术　实体认证　第 3 部分：使用数字签名技术的机制（第 3 版）
83	ISO/TR 23244:2020	区块链和分布式账本技术　隐私和个人身份信息保护注意事项
84	ISO/TR 23576:2020	区块链和分布式账本技术　数字资产保管人的安全管理
85	ITU-T X 1034:2011	数据通信网络中基于扩展认证协议的鉴别和密钥管理指南
86	ITU-T X 1051:2016	基于电信组织 ISO/IEC　27002 的信息安全控制规范
87	ITU-T X 1205:2008	信息安全综述

10.4.1.3　标准差异性分析

随着新型电力系统的建设和发展，特别是分布式能源控制系统的推进，对网络安全、区域边界安全、平台与应用安全、数据安全等方面提出了新的要求。新兴技术（如物联网、大数据、云计算等）在电力系统中的应用，要求安全防护标准能够适应技术的发展，提供更为全面和深入的保护措施。由于电力系统的全球化特性，需要确保国内安全防护标准与国际标准兼容，以便于跨国界的技术交流和合作。

针对新型电力系统电磁测量安全防护需求，我国已经建立了一套相对完整的安全防护标准体系，覆盖了电力系统管理、工业控制系统、信息安全技术、网络安全风险评估等多个方面。这些标准涉及通信网络安全、数据安全、系统安全要求、安全评估与测试等多个层面。国际上，国际电工委员会（IEC）、国际标准化组织（ISO）和国际电信联盟（ITU）等机构也制定了系列标准体系，涵盖了电力系统管理、工业通信网络、密钥管理、可信平台模块等关键领域。国内外安全防护体系在整体结构上类似，在加密算法方面，国际上主要应用 RSA、ECC 等通用密码算法，我国主要应用自主研发的国密 SM1、SM2、

SM3、SM7、SM9 和祖冲之算法等，根据实际业务需要保证新型电力系统电磁测量领域的系统、设备、网络、数据、应用安全。

10.4.2　需求分析

新型电力系统电磁测量安全防护主要从业务应用安全、区域边界安全、平台与应用安全、数据安全、基础设施安全和运行管理安全等方面展开需求分析，具体如下：

在业务应用方面，目前通用标准不能完全适用于新型电力业务场景，如在基础网络安全方面，新型电力系统的网络架构、网络协议缺少安全规范；在远程通信网方面，4G网络正逐步向5G网络演进，并且涉控业务将被逐步允许采用5G网络承载；在本地通信网方面，边缘计算设备将大量应用于新业务的本地计算、区域自治，边设备与端设备之间构成本地通信网，使用的蓝牙、Wi-Fi、NB-IoT 等短距离无线通信技术的支持安全功能虽然都很多，但都未开启，极容易成为攻击者的目标。因此，需要加强电力网络架构安全、电力网络设备安全、电力网络协议安全、电力5G网络安全和电力本地通信网络安全等标准制定。

在区域边界安全方面，目前的标准都是针对通用边界隔离防护，不能完全适用于新型电力系统架构下的边界安全防护，需要加强电力专用边界安全防护装备的部署、接口技术应用及测试方法等方面的标准制定。

在平台与应用安全方面，目前标准在云平台、数据中台及移动应用的安全能力要求、安全能力评估、应用接口安全要求，不能完全满足能源行业平台与应用安全发展需求，需要加强电力平台和移动应用安全防护要求、平台安全能力要求评估规范、电力行业应用接口安全等安全标准制定。

在数据安全方面，现在的标准在数据分级、安全保护、安全模型等方面不能完全适用能源业务数据，需要加强能源业务数据分类分级、隐私保护、电力数据全寿命周期安全保护、电力数据安全监测分析、电力数据风险评估与应急处置、电力大数据安全管理规范、电力数据共享和交易安全防护等标准制定。

在安全基础设施方面，目前能源行业在网络安全态势感知领域，并没有较为完备的国家、行业标准和规范，密码基础设施相关标准在业务模型适配、服务模型建设、安全性评估等方面不能完全满足电力行业典型业务发展需求。在日益严峻的网络空间安全形势下，防范各类社会工程学攻击、近源网络攻击，满足国家能源局和国家互联网信息办公室的信息管控要求，需要加强对物理环境安全的标准修订，加强边缘物联代理公钥证书管理、海量物联终端轻量级加密、电力物联终端可信安全、移动互联网私钥基础设施技术标准制定，以问题导向为原则，给出网络安全态势感知的标准，指导全场景网络安全态势感知平台的标准化建设。

在运行管理安全方面，主要采用人工干预、手动操作的方式开展信息运行维护工作，在使用运行管理支撑工具（如 I6000、云管平台、数据中台管理后台）时更多地使用了运行监控等被动功能，而自动化运维、IT 人工智能运维是信息运维的发展趋势，还需进一步明确自动化运维敏捷开发管理、持续交付、技术运营、业务应用设计等具体内容，相关技术标准未形成体系，目前在基于机器学习、人工智能的智能运维方面，各单位还处于探索阶段，相关的技术标准尚未形成，因此，需要加强自动化运维、IT 人工智能运维等方面标准的制修订工作。

10.4.3 标准规划

为保证新型电力系统电磁测量数据及业务安全，新型电力系统电磁测量安全防护体系主要从业务应用、区域边界安全、平台与应用安全、数据安全、安全基础设施和运行管理安全方面开展标准布局，具体包括系统架构安全要求、分布式资源聚合调控安全防护技术要求、边界安全防护装置及接口要求、云平台/中台安全防护要求、网络安全隐患探测技术规范等 10 项标准，标准规划路线如图 10-4 所示。

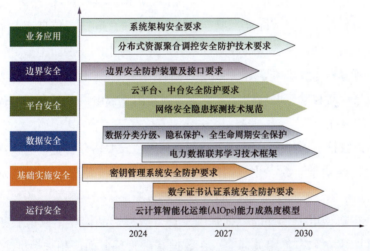

图 10-4　安全防护体系相关标准规划路线

10.5　数字化测量体系

10.5.1　标准化现状

10.5.1.1　国内标准化现状

新型电力系统数字化测量体系相关标准主要包括数字化平台和数字化测量数据应用等方面的标准，国内数字化测量体系相关标准梳理情况如表 10-7 所示。

新型电力系统电磁测量数字平台本质上是新型电力系统平台生态中形成的新型基础设施，以数据为关键生产要素，利用云计算、大数据、区块链、人工智能等数字技术为能源供给、消费注入数字化新动能，充分挖掘数据价值，促进能源革命与数字革命的加速融合。数字平台为电力生产、调度、消费等各环节提供数据采集、数据分析、数据应用等服务能力。数字化平台主要从数字化架构、云平台、企业中台和物联平台等方面开展标准规划布局。在数字化架构方面，国内 GB/T 40020—2021《信息物理系统　参考架构》，分别从信息物理系统共同关注点、用户视图、功能视图等方面进行规范；电力行业标准 DL/T 2075—2019《电力企业信息化架构》基于 Togaf 规范了适用于电力企业的信息化架构框架、架构视图及元模型。在云平台方面，GB/T 35301—2017《信息技术　云计算　平台即服务（PaaS）参考架构》等标准规范了云计算相关内容；在云平台总体架构、云服务等方面制定了一系列的企业标准，如 Q/GDW 11822.1—2018《一体化"国网云"　第 1 部分：术语》、Q/GDW 11822.2—2018《一体化"国网云"　第 2 部分：云平台总体架构与技术要求》等。在企业中台方面，国家电网公司在开展智慧物联体系等数字化转型建设工作中，初步建设了企业级数据中台和业务中台，但相关的标准体系还未建设。在物联平台方面，先后发布了 GB/T 36478.1—2018《物联网　信息交换和共享　第 1 部分：总体架构》等 3 项国家标准，规定了物联网系统之间进行信息交换和共享的通用技术要求，有力指导和促进我国物联网技术、产业、应用的发展。国家电网方面，也制定了电力物联网参考体系架构等 10 余项电力物联网相关企业标准。但是尚无面向新型电力系统，特别是针对移动互联应用场景下，如何对内支撑电网业务，对外提供综合化服务，缺乏相关的标准规范。

数据应用以数据资源作为关键生产要素，利用"云大物移智链"等技术手段，充分挖掘数据价值，推动企业数字化转型，服务新型电力系统建设。新型电力系统构建对数据应用的数据准备、产品研发、产品服务等能力提出了新的要求，需要在原有的相关标准基础上，在新型电力系统的数据基础管理、数据产品构建、数据服务、数字孪生数据应用等方面建立和完善相关标准。在数据基础管理方面，相关标准主要包括 GB/Z 18219—2008《信息技术　数据管理参考模型》、GB/T 28040—2011《产品数据字典的维护规范》、GB/T 34079.3—2017《基于云计算的电子政务公共平台服务规范　第 3 部分：数据管理》、GB/T 34950—2017《非结构化数据管理系统参考模型》、GB/T 36073—2018《数据管理能力成熟度评估模型》、GB/T 36344—2018《信息技术　数据质量评价指标》、GB/T 37988—2019《信息安全技术　数据安全能力成熟度模型》、GB/T 36478.3—2019《物联网　信息交换和共享　第 3 部分：元数据》、GB/T 37282—2019《产品标签内容核心元数据》等，规范了元数据、数据模型、数据质量和数据管理等。在数据产品构建方面，相关标准主要包括 GB/T 32429—2015《信息技术　SOA 应用的生存周期过程》、

GB/T 31779—2015《科技服务产品数据描述规范》、GB/T 35119—2017《产品生命周期数据管理规范》、GB/T 38676—2020《信息技术　大数据　存储与处理系统功能测试要求》、GB/T 38633—2020《信息技术　大数据　系统运维和管理功能要求》、GB/T 35589—2017《信息技术　大数据　技术参考模型》、GB/T 37721—2019《信息技术　大数据分析系统功能要求》、GB/T 38675—2020《信息技术　大数据计算系统通用要求》、GB/T 38667—2020《信息技术　大数据　数据分类指南》、GB/T 32428—2015《信息技术　SOA 服务质量模型及测评规范》等，规范了数据产品的构建和产品生命周期管理等。在数据服务方面，相关标准主要包括 GB/T 32419.1—2015《信息技术　SOA 技术实现规范　第 1 部分：服务描述》、GB/T 32419.2—2016《信息技术　SOA 技术实现规范　第 2 部分：服务注册与发现》、GB/T 32419.3—2016《信息技术　SOA 技术实现规范　第 3 部分：服务管理》、GB/T 32419.4—2016《信息技术　SOA 技术实现规范　第 4 部分：基于发布 / 订阅的数据服务接口》、GB/T 32430—2015《信息技术　SOA 应用的服务分析与设计》、GB/T 29263—2012《信息技术　面向服务的体系结构（SOA）应用的总体技术要求》、GB/T 37973—2019《信息安全技术　大数据安全管理指南》、GB/T 37932—2019《信息安全技术　数据交易服务安全要求》等，规范了数据服务设计、注册、管理、发布等。在数据孪生应用方面，北京航空航天大学（简称北航）、中国电子技术标准化研究院（简称电子四院）等联合发表《数字孪生标准体系探究》对相关体系进行了有效的说明。通过构建智能电网及信息系统的数字孪生标准体系，可以推动实现电力系统的数字空间建模，促进高性能数字仿真技术研究，有效实现知识融合、行为预测，以及智慧决策的智能电网数字孪生建设目标。

表 10-7　　　　　　　　　　　　数字化测量体系相关国内标准

序号	标准号	标准名称
1	GB/T 40020—2021	信息物理系统　参考架构
2	GB/T 40021—2021	信息物理系统术语
3	GB/T 40287—2021	电力物联网信息通信总体架构
4	GB/T 40778.1—2021	物联网　面向 Web 开放服务的系统实现　第 1 部分：参考架构
5	GB 50174—2017	数据中心设计规范
6	GB/T 24734.1—2009	技术产品文件　数字化产品定义数据通则　第 1 部分：术语和定义
7	GB/T 32400—2015	信息技术　云计算　概览与词汇
8	GB/T 35301—2017	信息技术　云计算　平台即服务（PaaS）参考架构

序号	标准号	标准名称
9	GB/T 36325—2018	信息技术　云计算　云服务级别协议基本要求
10	GB/T 36326—2018	信息技术　云计算　云服务运营通用要求
11	GB/T 36327—2018	信息技术　云计算　平台即服务（PaaS）应用程序管理要求
12	GB/T 37734—2019	信息技术　云计算　云服务采购指南
13	GB/T 37735—2019	信息技术　云计算　云服务计量指标
14	GB/T 37736—2019	信息技术　云计算　云资源监控通用要求
15	GB/T 37737—2019	信息技术　云计算　分布式块存储系统总体技术要求
16	GB/T 37738—2019	信息技术　云计算　云服务质量评价指标
17	GB/T 37739—2019	信息技术　云计算　平台即服务部署要求
18	GB/T 37740—2019	信息技术　云计算　云平台间应用和数据迁移指南
19	GB/T 37741—2019	信息技术　云计算　云服务交付要求
20	GB/T 37938—2019	信息技术　云资源监控指标体系
21	GB/T 40690—2021	信息技术　云计算　云际计算参考架构
22	GB/T 42140—2022	信息技术　云计算　云操作系统性能测试指标和度量方法
23	GB/T 30883—2014	信息技术　数据集成中间件
24	GB/T 35419—2017	物联网标识体系　Ecode 在一维条码中的存储
25	GB/T 35420—2017	物联网标识体系　Ecode 在二维码中的存储
26	GB/T 35421—2017	物联网标识体系　Ecode 在射频标签中的存储
27	GB/T 35422—2017	物联网标识体系　Ecode 的注册与管理
28	GB/T 35423—2017	物联网标识体系　Ecode 在 NFC 标签中的存储
29	GB/T 36461—2018	物联网标识体系　OID 应用指南
30	GB/T 36465—2018	网络终端操作系统总体技术要求
31	GB/T 37548—2019	变电站设备物联网通信架构及接口要求
32	GB/T 37684—2019	物联网　协同信息处理参考模型
33	GB/T 37685—2019	物联网　应用信息服务分类
34	GB/T 37686—2019	物联网　感知对象信息融合模型
35	GB/T 38624.2—2021	物联网　网关　第 2 部分：面向公用电信网接入的网关技术要求

续表

序号	标准号	标准名称
36	GB/T 38637.1—2020	物联网　感知控制设备接入　第 1 部分：总体要求
37	GB/T 38637.2—2020	物联网　感知控制设备接入　第 2 部分：数据管理要求
38	GB/Z 18219—2008	信息技术　数据管理参考模型
39	GB/T 28040—2011	产品数据字典的维护规范
40	GB/T 34079.3—2017	基于云计算的电子政务公共平台服务规范　第 3 部分：数据管理
41	GB/T 34950—2017	非结构化数据管理系统参考模型
42	GB/T 36073—2018	数据管理能力成熟度评估模型
43	GB/T 36344—2018	信息技术　数据质量评价指标
44	GB/T 37988—2019	信息安全技术　数据安全能力成熟度模型
45	GB/T 36478.3—2019	物联网　信息交换和共享　第 3 部分：元数据
46	GB/T 37282—2019	产品标签内容核心元数据
47	GB/T 32429—2015	信息技术　SOA 应用的生存周期过程
48	GB/T 31779—2015	科技服务产品数据描述规范
49	GB/T 35119—2017	产品生命周期数据管理规范
50	GB/T 38676—2020	信息技术　大数据　存储与处理系统功能测试要求
51	GB/T 38633—2020	信息技术　大数据　系统运维和管理功能要求
52	GB/T 35589—2017	信息技术　大数据　技术参考模型
53	GB/T 37721—2019	信息技术　大数据分析系统功能要求
54	GB/T 38675—2020	信息技术　大数据计算系统通用要求
55	GB/T 38667—2020	信息技术　大数据　数据分类指南
56	GB/T 32428—2015	信息技术　SOA 服务质量模型及测评规范
57	GB/T 32419.1—2015	信息技术　SOA 技术实现规范　第 1 部分：服务描述
58	GB/T 32419.2—2016	信息技术　SOA 技术实现规范　第 2 部分：服务注册与发现
59	GB/T 32419.3—2016	信息技术　SOA 技术实现规范　第 3 部分：服务管理
60	GB/T 32419.4—2016	信息技术　SOA 技术实现规范　第 4 部分：基于发布 / 订阅的数据服务接口
61	GB/T 32430—2015	信息技术　SOA 应用的服务分析与设计

序号	标准号	标准名称
62	GB/T 29263—2012	信息技术 面向服务的体系结构（SOA）应用的总体技术要求
63	GB/T 37973—2019	信息安全技术 大数据安全管理指南
64	GB/T 37932—2019	信息安全技术 数据交易服务安全要求
65	DL/T 2075—2019	电力企业信息化架构
66	DL/T 2455—2021	电力信息系统外部接口测试规范
67	DL/T 2459—2021	电力物联网体系架构与功能
68	DL/T 2440.1—2021	数字化电能计量系统 第1部分：一般技术要求
69	DA/T 31—2017	纸质档案数字化规范
70	T/CEC 694—2022	变电站二次系统数字化设计编码规范
71	SJ/T 11310.2—2015	信息设备资源共享协同服务 第2部分：应用框架
72	SJ/T 11310.3—2015	信息设备资源共享协同服务 第3部分：基础应用
73	SJ/T 11310.5—2015	信息设备资源共享协同服务 第5部分：设备类型
74	SJ/T 11310.6—2015	信息设备资源共享协同服务 第6部分：服务类型
75	YD/T 3096—2016	数据中心接入以太网交换机设备技术要求
76	T/CEC 743—2023	电工装备物联平台功能规范
77	Q/GDW 10935—2018	企业门户总体架构与技术要求
78	Q/GDW 12145—2021	智能抽水蓄能电站数字化交付规范
79	Q/GDW 12267—2022	数据标签建设运营规范
80	Q/GDW 12342—2023	电网数据质量核查评价标准
81	Q/GDW 12347—2023	能源大数据 基础 总体架构和技术要求
82	Q/GDW 12348—2023	能源大数据 应用服务 业务架构
83	Q/GDW 12349—2023	数据合规风险评估准则
84	Q/GDW 12350—2023	能源大数据 基础 总则
85	Q/GDW 12351—2023	能源大数据 基础 术语
86	Q/GDW 11018.9—2018	数字化计量系统技术条件 第9部分：多功能测控装置
87	Q/GDW 11018.10—2017	数字化计量系统技术条件 第10部分：数字化电能表
88	Q/GDW 11018.21—2018	数字化计量系统技术条件 第21部分：数字化电能表型式规范

续表

序号	标准号	标准名称
89	Q/GDW 11111—2013	数字化电能表校准规范
90	Q/GDW 11362.47—2020	数字化计量系统　第4-7部分：互感器合并单元技术条件
91	Q/GDW 11846—2018	数字化计量系统一般技术要求
92	Q/GDW 12003—2019	数字化计量系统　安装调试验收运维规范
93	Q/GDW 12005—2019	数字化计量系统　通用技术导则
94	Q/GDW 12275.1—2022	作业现场数字化安全管控系统　第1部分：总则
95	Q/GDW 12275.2—2022	作业现场数字化安全管控系统　第2部分：现场管控装置硬件技术规范
96	Q/GDW 12275.3—2022	作业现场数字化安全管控系统　第3部分：现场管控装置软件技术规范
97	Q/GDW 12275.4—2022	作业现场数字化安全管控系统　第4部分：智能服务功能规范
98	Q/GDW 12275.5—2022	作业现场数字化安全管控系统　第5部分：附属接入终端技术规范
99	Q/GDW 12169—2021	新能源云应用功能与接口规范
100	Q/GDW 11822.1—2018	一体化"国网云"　第1部分：术语
101	Q/GDW 11822.2—2018	一体化"国网云"　第2部分：云平台总体架构与技术要求
102	Q/GDW 11822.3—2018	一体化"国网云"　第3部分：硬件准入
103	Q/GDW 11822.5—2018	一体化"国网云"　第5部分：应用构建组件
104	Q/GDW 11822.6—2018	一体化"国网云"　第6部分：服务和应用设计与技术要求
105	Q/GDW 11822.8—2021	一体化"国网云"　第8部分：应用上云测试
106	Q/GDW 11939—2018	电力 RFID 标签应用接口技术规范
107	Q/GDW 11975—2019	电子标签通用技术要求与测试规范
108	Q/GDW 12100—2021	电力物联网感知层技术导则
109	Q/GDW 12101—2021	电力物联网本地通信网技术导则
110	Q/GDW 12102—2021	电力物联网平台层技术导则
111	Q/GDW 12113—2021	边缘物联代理技术要求
112	Q/GDW 12119—2021	微服务架构设计导则
113	Q/GDW 12120—2021	统一边缘计算框架技术规范

序号	标准号	标准名称
114	Q/GDW 12266—2022	电力物联网边缘侧 APP 开发技术规范
115	Q/GDW 12273—2022	电力物联网智慧物联体系一致性验证导则
116	Q/GDW 12277—2023	电工装备智慧物联体系通用导则
117	Q/GDW 12278.1—2023	电工装备智慧物联网关技术要求 第1部分：通用
118	Q/GDW 12278.2—2023	电工装备智慧物联网关技术要求 第2部分：与平台数据交换
119	Q/GDW 12278.3—2023	电工装备智慧物联网关技术要求 第3部分：与制造商数据交换
120	Q/GDW 12279.1—2023	电工装备智慧物联平台数据规范 第1部分：数据交互
121	Q/GDW 12103—2021	电力物联网业务中台技术要求和服务规范
122	Q/GDW 12104—2021	电力物联网数据中台技术和功能规范
123	Q/GDW 12105—2021	电力物联网数据中台服务接口规范
124	Q/GDW 12106.1—2021	物联管理平台技术和功能规范 第1部分：总则
125	Q/GDW 12106.2—2021	物联管理平台技术和功能规范 第2部分：功能要求
126	Q/GDW 12106.3—2021	物联管理平台技术和功能规范 第3部分：应用商店技术要求
127	Q/GDW 12106.4—2021	物联管理平台技术和功能规范 第4部分：边缘物联代理与物联管理平台交互协议规范
128	Q/GDW 12106.5—2021	物联管理平台技术和功能规范 第5部分：物联管理平台对外接口与服务规范
129	Q/GDW 12118.1—2021	人工智能平台架构及技术要求 第1部分：总体架构与技术要求
130	Q/GDW 12118.2—2021	人工智能平台架构及技术要求 第2部分：算法模型共享应用要求
131	Q/GDW 12118.3—2021	人工智能平台架构及技术要求 第3部分：样本库格式要求
132	Q/GDW 12099.1—2021	电力物联网标识规范 第1部分：总则
133	Q/GDW 12099.2—2021	电力物联网标识规范 第2部分：标识编码、存储与解析
134	Q/GDW 12099.3—2021	电力物联网标识规范 第3部分：标识注册管理与技术要求
135	Q/GDW 12107—2021	物联终端统一建模规范
136	Q/GDW 12122.1—2021	数据应用服务规范 第1部分：总则
137	Q/GDW 12122.2—2021	数据应用服务规范 第2部分：开放目录规范

10.5.1.2　国际标准化现状

数字化测量体系国际标准化组织和机构主要包括国际标准化组织（ISO）、国际电工委员会（IEC）、电气与电子工程师协会（IEEE）、国际电信联盟（ITU）等四大标准化组织，各大标准组织均在电力系统数字化领域做出了有益探索和实践。

（1）国际标准化组织（ISO）。ISO 在新型电力系统数字化领域相关的技术委员会包括 ISO/TC 251 资产管理标准与技术、ISO/IEC JTC 1 信息技术委员会、ISO/TC 184/SC 4 Industrial Data 工业数据等。

ISO/TC 251 设立 WG9（数据资产工作组）推进数据资产领域国际标准 ISO 55013：2024《资产管理　数据资产管理指南》研究；ISO/IEC JTC 1 主要涉及传感网络、大数据、物联网、云计算、IT 信息安全等方面研究，包括 ISO/IEC TR 20547《信息技术　大数据参考体系结构》等数字化领域相关技术标准编制；ISO/TC 184/SC 4 致力于支持在产品生命周期中捕获高质量数据的技术，它的标准帮助组织使用这些数据来实现资源的最佳利用，促进更有效的流程，并确保机器和服务按预期的方式工作。

（2）国际电工委员会（IEC）。IEC 与新型电力系统相关的技术委员会包括 IEC SyC 1 智慧能源委员会、IEC SyC COMM 通信技术和架构系统委员会，IEC TC 8 供电系统技术委员会、IEC/TC 8/SC 8A 可再生能源并网分委会、IEC TC 57 电力系统管理和相关信息交换技术委员会等 23 个技术委员会。

IEC TC 57 主要制定数据通信标准，以适应和引导电力系统调度自动化的发展，规范调度自动化及远动设备的技术性能，与新型电力系统数字化息息相关，其中，WG19 负责 IEC TR 62357《电力系统管理和相关信息交换》系列标准的制定，同时负责协调 TC 57 各部工作。

（3）电气与电子工程师协会（IEEE）。2009 年 3 月，IEEE 批准成立了 P2030 工作组，主要开展智能电网互操作技术导则和标准体系的研究工作，涉及发电、输电、配电、用户侧服务，具体包括可再生能源、储能、电动汽车充电桩、灵活交流输电、可适应性继电器、动态转换负载、自动故障隔离 / 电路恢复、需求侧管理、双向信息显示装置、运行数据和非运行数据安全等内容。

国际电气与电子工程师协会电力与能源协会（简称 PES）是 IEEE 第二大协会。IEEE PES 拥有超过 40000 个会员，遍及全球 150 多个国家和地区，下设 17 个技术委员会和 4 个协调委员会。

（4）国际电信联盟（ITU）。ITU 负责新型电力系统数字化领域标准制定的主要是 ITU-T，国际电信联盟电信标准化部，它是国际电信联盟管理下专门制定远程通信相关国际标准的组织。

国际电气与电子工程师协会电力与能源协会中国区标准委员会是 IEEE PES 在中国的

常设委员会之一，主要任务是承担中国区电力与能源领域的 IEEE 标准化归口工作，组织该领域的 IEEE 标准在中国的申请、制定、修订，以及验证工作；负责中国区提交的电力与能源领域内 IEEE 标准成果的审核，并提出奖励建议；积极参与国际标准化活动，促进与 ISO、IEC、ITU 等国际标准化组织的合作。该协会包括 IEEE PES 中国区电力系统测量与仪器技术委员会、智能电网与新技术委员会、数字电网技术委员会、储能技术委员会等 17 个标准化组织，聚焦电网与各领域新兴技术的融合，尤其是信息技术、控制技术、人工智能技术、新材料技术等，围绕智能电网，开展"大数据、云计算、物联网、移动互联、人工智能、区块链"等新技术、电工装备与新材料在智能电网领域的技术研究、融合创新和工业实践，促进智能电网大发展，更好地适应国家碳达峰碳中和目标下对智能电网的新要求，为新型电力系统建设贡献力量。

针对数字化测量标准化体系，国际上主要侧重于数字化平台和数字应用两方面。国际标准梳理情况如表 10-8 所示。

数字平台为新型电力系统构建的数字化、网络化、智能化平台，具有灵活化、高效化、生态化等特征，实现资源统筹管理、共性能力复用、数据融合共享、服务随需迭代、海量物联管理，支撑业务协同与敏捷创新，助力数字生态建设。在数字化平台方面，ISO/IEC/IEEE 42010:2022《软件、系统和企业　体系结构描述》标准对软件架构的概念、关键要素及关系进行了规范。AS ISO/IEC 17788:2020《信息技术　云计算　概述和词汇》、GSO ISO/IEC 17789:2017《信息技术　云计算　参考架构》等标准规范了云计算相关的概述、词汇、体系结构及相关关键指标。IEC TR 62357《电力系统管理和相关信息交换》系列标准明确了电力系统管理和相关信息交换的参考架构和测试用例等。

数据应用以数据资源作为关键生产要素，利用"云大物移智链"等技术手段，充分挖掘数据价值，推动企业数字化转型，服务新型电力系统建设。在数据应用方面，ISO 20614:2017《信息和文档　互操作性和保存用数据交换协议》、ISO 23081-1:2017《信息和文献　记录管理过程　记录用元数据　第 1 部分：原则》、ISO 24622《语言资源管理　组件元数据基础设施（CMDI）》系列标准和 ISO 24623《语言资源管理　通用语料库查询（CQLF）》系列标准等标准规定了数字化系统中信息文档资源应用的相关要求。ISO/IEC/IEEE 24765:2017《系统和软件工程词汇（第 2 版）》、ISO/IEC/IEEE 42020:2019《软件、系统和企业　体系结构程序（第 1 版）》、ISO/IEC/IEEE 42030:2019《软件、系统和企业　体系结构评估框架（第 1 版）》等标准规定了数字化系统中的系统和软件工程词汇、结构和评估框架。ISO/IEC TR 22678:2019《信息技术　云计算　政策制定指南（第 1 版）》、ISO/IEC TR 23050:2019《信息技术　数据中心　电能存储和输出对数据中心资源指标的影响（第 1 版）》、ISO/IEC 24091:2019《信息技术　数据中心存储的功效测量规范（第 1 版）》和 ISO/IEC TR 24720:2008《信息技术　自动识别和数据采集技术　直接部分标记（DPM）用指南》等标准规定了信息技术云计算相关数据应用要求。

表 10-8　　　　　　　　　　　　数字化测量体系相关国际标准

序号	标准号	标准名称
1	BS ISO/IEC 17788:2014	信息技术　云计算　概述和词汇
2	BS ISO/IEC 17789:2014	信息技术　云计算　参考体系结构
3	BS EN 50600-4-1:2016	信息技术　数据中心设施和基础设施　第 4-1 部分：关键性能指标的概述和一般要求
4	BS EN 50667:2017	信息技术　自动化基础设施管理（AIM）系统　要求、数据交换和应用
5	BS ISO/IEC 15961-2:2019	信息技术　用于物品管理的射频识别（RFID）数据协议　RFID 数据构造的注册
6	BS ISO/IEC 18000-4:2018	信息技术　用于物品管理的射频识别 2.45GHz 的空中接口通信参数
7	BS ISO/IEC 18047-6:2017	信息技术　射频识别设备一致性测试方法　860MHz 至 960MHz 空中接口通信的测试方法
8	IEC TS 61850-2:2019	电力设施自动化用通信网络和系统　第 2 部分：术语表
9	IEC TS 61850-7-7:2023	电力设施自动化通信网络和系统　第 7-7 部分：IEC 61850 相关工具数据模型的机器可处理格式
10	IEC TR 62357-1:2016	电力系统管理和相关信息交换　第 1 部分：参考体系架构
11	IEC TR 62357-2:2019	电力系统管理和相关信息交换　第 2 部分：用例和角色模型
12	IEC TR 62361-103:2018	电力系统管理和相关信息交换　长期互操作性　第 103 部分：标准分析
13	ISO/IEC TS 22237-2:2018	信息技术　数据中心设施和基础设施　第 2 部分：建筑施工（第 1 版）
14	ISO/IEC TS 22237-7:2018	信息技术　数据中心设施和基础设施　第 7 部分：管理和操作信息（第 1 版）
15	ISO/IEC 22243:2019	信息技术　用于物品管理的射频识别　RFID 标签的本地化方法（第 1 版）
16	ISO/IEC 9075-3:2016	信息技术　数据库语言 SQL　第 3 部分：调用级接口（SQL/CLI）
17	ISO/IEC 9075-9:2016	信息技术　数据库语言 SQL　第 9 部分：外部数据管理（SQL/MED）
18	ISO/IEC 9075-10:2016	信息技术　数据库语言 SQL　第 10 部分：对象语言捆绑（SQL/OLB）

序号	标准号	标准名称
19	ISO/IEC 9075–13:2016	信息技术　数据库语言 SQL　第 13 部分：使用 JavaTM 程序语言（SQL/JRT）的 SQL 程序和类型
20	ISO/IEC/IEEE 8802–1AB:2017	信息技术　系统之间的电信和信息交换　局域网和城域网　具体要求　工作站和媒体访问控制连接发现
21	ISO/IEC/IEEE 8802–1CM:2019	信息技术　系统之间的电信和信息交换　局域网和城域网的要求　时间敏感的前传网络
22	ISO/IEC/IEEE 8802–3:2021	信息技术　系统间的电信和信息交换　局域网和城市区域网　第 3 部分：带检测冲突的载波监听外路存取的（CSMA/CD）访问方法及物理层规范
23	ANSI INCITS 495:2012	信息技术　平台管理
24	BS ISO 20614:2017	资料和文件　互操作性和保存性的数据交换协议
25	BS ISO 23081–1:2017	信息和文档　记录管理过程　记录的元数据原则
26	BS ISO 24622–2:2019	语言资源管理　组件元数据基础结构（CMDI）　组件元数据规范语言
27	BS ISO 24623–1:2018	语言资源管理　语料库查询通用语（CQLF）　元模型
28	BS ISO/IEC 20248:2018	信息技术　自动识别和数据捕获技术　数据结构　数字签名元结构
29	BS ISO/IEC 20382–1:2017	信息技术　用户界面　面对面的语音翻译　用户界面
30	BS ISO/IEC 20382–2:2017	信息技术　用户界面　面对面的语音翻译　系统架构和功能组件
31	BS ISO/IEC 21778:2017	信息技术　JSON 数据交换语法
32	BS ISO/IEC 24752–8:2018	信息技术　用户界面　通用远程控制台　用户界面资源框架
33	BS ISO/IEC 25020:2019	系统和软件工程　系统和软件质量要求和评估（SQuaRE）质量衡量框架
34	BS ISO/IEC 29110–4–1:2018	系统和软件工程　小型实体（VSE）的生命周期配置文件　软件工程　配置文件规范：通用配置文件组
35	BS ISO/IEC 29155–1:2017	系统和软件工程　信息技术项目绩效基准框架　概念和定义
36	BS ISO/IEC 30122–2:2017	信息技术　用户界面　语音命令　构造和测试

续表

序号	标准号	标准名称
37	BS ISO/IEC 30122-3:2017	信息技术　用户界面　语音命令　翻译和本地化
38	BS ISO/IEC/IEEE 24748-5:2017	系统和软件工程　生命周期管理　软件开发计划
39	BS ISO/IEC/IEEE 24765:2017	系统和软件工程　词汇
40	BS ISO/IEC/IEEE 42020:2019	软件、系统和企业　架构过程
41	BS ISO/IEC/IEEE 42030:2019	软件、系统和企业　架构评估框架
42	IEC 61968-1:2020	电气设备的应用集成分布式管理用系统接口　第 1 部分：接口体系架构和一般推荐性规程
43	IEC 61968-3:2021	电气设备的应用集成分布式管理用系统接口　第 3 部分：网络操作用接口
44	ISO/IEC 15424:2008	信息技术　自动识别和数据捕获技术数据载体标识符（包括符号标识符）
45	ISO/IEC 20546:2019	信息技术　大数据　概述和词汇（第 1 版）
46	ISO/IEC 20924:2021	信息技术　物联网（IoT）　词汇
47	ISO/IEC TS 22237-6:2018	信息技术　数据中心设施和基础设施　第 6 部分：安全系统（第 1 版）
48	ISO/IEC TR 22678:2019	信息技术　云计算　政策制定指南（第 1 版）
49	ISO/IEC TR 23050:2019	信息技术　数据中心　电能存储和输出对数据中心资源指标的影响（第 1 版）
50	ISO/IEC 24091:2019	信息技术　数据中心存储的功效测量规范（第 1 版）
51	ISO/IEC TR 24720:2008	信息技术　自动识别和数据采集技术　直接部分标记（DPM）用指南
52	ISO/IEC TR 24729-1:2008	信息技术　项目管理的射频识别（RFID）执行指南　第 1 部分：RFID 激活的标签和包装支持 ISO/IEC 18000-6C
53	ISO/IEC TR 24729-2:2008	信息技术　项目管理的射频识别（RFID）执行指南　第 2 部分：再循环和 RFID 标签
54	ISO/IEC TR 24729-4:2009	信息技术　项目管理的射频识别（RFID）执行指南　第 4 部分：标签数据安全

序号	标准号	标准名称
55	ISO/IEC TS 24748–6:2016	系统和软件工程　生命周期管理　第 6 部分：系统集成工程
56	ISO/IEC 24756:2009	信息技术　用户需求和能力、系统及其环境的通用访问轮廓（CAP）的详细说明框架
57	ISO/IEC 25030:2019	系统和软件工程　系统和软件质量要求与评估（SQuaRE）质量要求框架（第 2 版）
58	ISO/IEC 29138–1:2018	信息技术　用户界面可访问性　第 1 部分：用户可访问性需求（第 1 版）
59	ISO/IEC 30141:2018	物联网（IoT）　参考架构（第 1 版）
60	ISO/IEC TR 33015:2019	信息技术　过程评估　过程风险确定指南（第 1 版）
61	ISO/IEC TR 33018:2019	信息技术　流程评估　评估员能力指南（第 1 版）
62	ISO/IEC TS 33053:2019	信息技术　过程评估　质量管理过程参考模型（PRM）（第 1 版）
63	ISO/IEC/IEEE 15289:2019	系统和软件工程　生命周期信息项内容（文件）（第 4 版）
64	ISO/IEC/IEEE 16326:2019	系统和软件工程　生命周期过程　项目管理（第 2 版）
65	ISO/IEC/IEEE 21839:2019	系统和软件工程　系统生命周期中系统中的系统（SoS）注意事项（第 1 版）
66	ISO/IEC/IEEE 21840:2019	系统和软件工程　在系统中使用 ISO/IEC/IEEE 15288 的准则（SoS）（第 1 版）
67	ISO/IEC/IEEE 21841:2019	系统和软件工程　系统分类法（第 1 版；更正版本 9/2019）
68	ISO/IEC/IEEE 24748–1:2018	系统和软件工程　生命周期管理　第 1 部分：生命周期管理指南
69	ISO/IEC/IEEE 24748–2:2018	系统和软件工程　生命周期管理　第 2 部分：ISO/IEC/IEEE 15288 应用指南（系统生命周期过程）（第 1 版）
70	ISO/IEC/IEEE 24748–8:2019	系统和软件工程　生命周期管理　第 8 部分：国防计划的技术评审和审计（第 1 版）
71	ISO/IEC/IEEE 26512:2018	系统和软件工程　用户信息获取者和供应商的要求（第 2 版）
72	ISO/IEC/IEEE 26515:2018	系统和软件工程　在敏捷环境中为用户开发信息（第 2 版）

序号	标准号	标准名称
73	ISO/IEC/IEEE 29119–5:2016	软件和系统工程　软件测试　第 5 部分：关键字驱动的测试
74	ISO/IEC/IEEE 29148:2018	系统和软件工程　生命周期过程　需求工程（第 2 版）
75	ISO/IEC/IEEE 90003:2018	软件工程 ISO 9001：2015 应用于计算机软件的指南（第 1 版）
76	ISO/TR 21965:2019	信息和文档　企业架构中的记录管理

10.5.1.3　标准差异性分析

在数字化测量体系方面，国内外标准在体系架构、数字化平台、数字应用和数字服务等方面各有侧重。

在体系架构方面，国际上 ISO/IEC/IEEE 42010:2022《软件、系统和企业　体系结构描述》标准对软件架构的概念、关键要素及关系进行了规范，Togaf9 基于 ISO/IEC/IEEE 42010:2022《软件、系统和企业　体系结构描述》架构描述的概念模型对企业架构框架及通用开发方法进行了规范；国内 GB/T 40020—2021《信息物理系统　参考架构》，分别从信息物理系统共同关注点、用户视图、功能视图等方面进行规范；电力行业标准 DL/T 2075—2019《电力企业信息化架构》基于 Togaf 规范了适用于电力企业的信息化架构框架、架构视图及元模型。随着新型电力系统提出，对电力企业数字化架构在支撑电网发展方式变革、战略性新兴产业方面提出了新的要求，有必要围绕新型电力系统建设需求，以策略、管理、设计、实施等不同视角重新规范电力企业数字化架构框架、元模型及视图，进一步规范数字化架构在基础设施、企业中台、业务应用、数据价值等方面的设计深度。

在数字化平台方面，ISO/IEC 17788:2020《信息技术　云计算　概述和词汇》、ISO/IEC 17789:2017《信息技术　云计算　参考架构》、GB/T 35301—2017《信息技术　云计算　平台即服务（PaaS）参考架构》、GB/T 37732—2019《信息技术　云计算　云存储系统服务接口功能》等标准规范了云计算相关内容；在云平台总体架构、云服务等方面制定了一系列的企业标准，如 Q/GDW 11822.1—2018《一体化"国网云"　第 1 部分：术语》、Q/GDW 11822.2—2018《一体化"国网云"　第 2 部分：云平台总体架构与技术要求》等。但是在资源容量评估标准、跨平台跨数据中心资源调度标准、微服务和微应用等方面仍需要制定相应标准，提升与完善通用基础资源云化和业务系统自动化迁移上云技术。国内在云平台基础上还建立了业务中台、数据中台、技术中台、客服中台等系列中台，制定了系列相应中台技术、接口及应用等技术规范，国际标准尚未进行细化标准制定。随着新型电力系统构建，对企业中台的共性业务服务能力、数据中台的共性数据服务水平、企业中台的支撑和服务应用支撑能力提出了新的要求。需要加强对于应用服务数据服务、技术服务的设计、开发、运行等各环节的功能规范、技术要求和开发规范、企业中台的支撑能力和服务应用支撑等方面的迭代机制和规范等方面开展标准制定工作。并根据国内外业务需求，推进国内标准走出去，形成国际标准，提升相关领域的国际竞争力和国际地位。

在数字应用和服务方面，数字孪生作为实现数字化、智能化、服务化等先进理念的重要使能技术，是新型电力系统的全寿命周期过程的智能化体现。在国际上，ISO/EC JTC 1、ISO/TC 184、ISO 23247 等标准化组织分别制定了数字孪生技术、数字孪生框架、新一代信息技术、人工智能、先进制造技术等系列标准；国内方面，北航、电子四院等联合发表《数字孪生标准体系探究》对相关体系进行了有效的说明。通过构建新型电力系统的数字孪生标准体系，可以推动实现电力系统的数字空间建模，促进高性能数字仿真技术研究，有效实现知识融合、行为预测，以及智慧决策的新型电力系统数字孪生建设目标，进而促进数字化转型，推动信息空间对物理空间的映射还原，创建高写实虚拟模型，形成新型电力系统全寿命周期数字孪生体，实现从系统级缩放到具体物理对象，真正实现从物理层面到数字层面的互联互通和动态可视。因此，需要在新型电力系统业务实景孪生建模、基于数字孪生体的监测及分析预警、电网作业现场全景感知与协作交互等方面开展标准制定工作。

10.5.2　需求分析

本章节主要从数字化测量平台和数字化应用两方面开展数字化测量体系需求分析。

1. 数字化平台

（1）数字化架构。国际上 ISO/IEC/IEEE 42010:2022《软件、系统和企业　体系结构描述》标准对软件架构的概念、关键要素及关系进行了规范，Togaf9 基于 ISO/IEC/IEEE 42010:2022《软件、系统和企业　体系结构描述》架构描述的概念模型对企业架构框架及通用开发方法进行了规范；国内 GB/T 40020—2021《信息物理系统　参考架构》，分别从信息物理系统共同关注点、用户视图、功能视图等方面进行规范；电力行业标准 DL/T 2075—2019《电力企业信息化架构》基于 Togaf 规范了适用于电力企业的信息化架构框架、架构视图及元模型。随着新型电力系统提出，对电力企业数字化架构在支撑电网发展方式变革、战略性新兴产业方面提出了新的要求，有必要围绕新型电力系统建设需求，以策略、管理、设计、实施等不同视角重新规范电力企业数字化架构框架、元模型及视图，进一步规范数字化架构在基础设施、企业中台、业务应用、数据价值等方面的设计深度。

（2）云平台。ISO/IEC 17788:2020《信息技术　云计算　概述和词汇》、ISO/IEC 17789:2017《信息技术　云计算　参考架构》、GB/T 35301—2017《信息技术　云计算　平台即服务（PaaS）参考架构》、GB/T 37732—2019《信息技术　云计算　云存储系统服务接口功能》等标准规范了云计算相关内容；在云平台总体架构、云服务等方面制定了一系列的企业标准，如 Q/GDW 11822.1—2018《一体化"国网云"　第 1 部分：术语》、Q/GDW 11822.2—2018《一体化"国网云"　第 2 部分：云平台总体架构与技术要求》等。国网云平台是承载公司信息通信系统的关键信息平台，需梳理公司云平台技术路线，修订一体化"国网云"系列标准，定义国网云系列标准架构，使之与公司各级能源大数据中心高效建设运营多维多层标准体系框架，需补充制定资源容量评估标准、跨平台跨数据中心资源调度标准、微服务和微应用构建标准，提升与完善通用基础资源云化和业务系统自动化迁移上云技术；同时需分析公司现有云数据中心系列标准，如 Q/GDW 11983—2019《高效能数据中心能耗管理技术导则》、Q/GDW 11978—2018《数据中心模块化设计规范》、Q/GDW 10343—2018《信息机房设计及建设规范》、Q/GDW 10345—2018 信息机房评价规范，制修订云数据中心模块化机房建设、能耗管理、数据开放共享类相关标准，提高云数据中心对云计算的支撑效率，降低云数据中心的电力消耗。

（3）企业中台。在开展智慧物联体系等数字化转型建设工作中，初步建设了企业级数据中台和业务中台，但相关的标准体系还未建设。随着新型电力系统构建，对企业中台的共性业务服务能力、数据中台的共性数据服务水平、企业中台的支撑和服务应用支撑能力提出了新的要求。因此，要加强对于应用服务数据服务、技术服务的设计、开发、运行等各环节的功能规范、技术要求和开发规范、企业中台的支撑能力和服务应用支撑等方面的迭代机制和规范等方面开展标准制定工作。

（4）物联平台。先后发布了 GB/T 36478.1—2018《物联网　信息交换和共享　第 1 部分：总体架构》等 3 项国家标准，规定了物联网系统之间进行信息交换和共享的通用技术要求，有力指导和促进我国物联网技术、产业、应用的发展。国家电网方面，也制定了电力物联网参考体系架构等 10 余项电力物联网相关企业标准。但是尚无面向新型电力系统，特别是针对移动互联应用场景下，如何对内支撑电网业务，对外提供综合化服务，缺乏相关的标准规范。

2. 数字应用

（1）数据基础管理。国内方面，数据相关标准主要包括 GB/Z 18219—2008《信息技术　数据管理参考模型》、GB/T 28040—2011《产品数据字典的维护规范》、GB/T 34079.3—2017《基于云计算的电子政务公共平台服务规范　第 3 部分：数据管理》、GB/T

34950—2017《非结构化数据管理系统参考模型》、GB/T 36073—2018《数据管理能力成熟度评估模型》、GB/T 36344—2018《信息技术　数据质量评价指标》、GB/T 37988—2019《信息安全技术　数据安全能力成熟度模型》、GB/T 36478.3—2019《物联网　信息交换和共享　第 3 部分：元数据》、GB/T 37282—2019《产品标签内容核心元数据》等，规范了元数据、数据模型、数据质量和数据管理等。

（2）数据产品构建。国内方面，数据产品相关标准主要包括 GB/T 32429—2015《信息技术　SOA 应用的生存周期过程》、GB/T 31779—2015《科技服务产品数据描述规范》、GB/T 35119—2017《产品生命周期数据管理规范》、GB/T 38676—2020《信息技术　大数据　存储与处理系统功能测试要求》、GB/T 38633—2020《信息技术　大数据　系统运维和管理功能要求》、GB/T 35589—2017《信息技术　大数据　技术参考模型》、GB/T 37721—2019《信息技术　大数据分析系统功能要求》、GB/T 38675—2020《信息技术　大数据计算系统通用要求》、GB/T 38667—2020《信息技术　大数据　数据分类指南》、GB/T 32428—2015《信息技术　SOA 服务质量模型及测评规范》等，规范了数据产品的构建和产品生命周期管理等。

（3）数据服务。国内方面，数据服务相关标准主要包括 GB/T 32419.1—2015《信息技术　SOA 技术实现规范　第 1 部分：服务描述》、GB/T 32419.2—2016《信息技术　SOA 技术实现规范　第 2 部分：服务注册与发现》、GB/T 32419.3—2016《信息技术　SOA 技术实现规范　第 3 部分：服务管理》、GB/T 32419.4—2016《信息技术　SOA 技术实现规范　第 4 部分：基于发布 / 订阅的数据服务接口》、GB/T 32430—2015《信息技术　SOA 应用的服务分析与设计》、GB/T 29263—2012《信息技术　面向服务的体系结构（SOA）应用的总体技术要求》、GB/T 37973—2019《信息安全技术　大数据安全管理指南》、GB/T 37932—2019《信息安全技术　数据交易服务安全要求》等，规范了数据服务设计、注册、管理、发布等。

（4）数字孪生应用。数字孪生作为实现数字化、智能化、服务化等先进理念的重要使能技术，是智能电网的全寿命周期过程的智能化体现。在国际上，ISO/ EC JTC 1、ISO/ TC 184、ISO 23247 等标准规定了数字孪生基本原则、趋势、需求方向；国内方面，北航、电子四院等联合发表《数字孪生标准体系探究》对相关体系进行了有效的说明。通过构建智能电网及信息系统的数字孪生标准体系，可以推动实现电力系统的数字空间建模，促进高性能数字仿真技术研究，有效实现知识融合、行为预测，以及智慧决策的智能电网数字孪生建设目标，进而促进电网数字化转型，推动信息空间对物理空间的映射还原，创建高写实虚拟模型，形成电网全寿命周期数字孪生体，实现从系统级缩放到具体物理对象，真正实现从物理层面到数字层面的互联互通和动态可视。因此，需要在电网业务实景孪生建模、基于数字孪生体的监测及分析预警、电网作业现场全景感知与协作交互等方面开展标准制定工作。

10.5.3　标准规划

数字化测量体系相关标准重点布局数字化测量体系功能架构、数字化平台、数字应用等方面的标准。其中，在数字化架构方面，积极推动制定数字化架构设计导则、数字化模型设计等标准；在数字化平台方面，积极推动制定业务系统迁移上云规范类、资源容量评估标准类、跨平台跨数据中心资源调度标准、微服务和微应用构建标准等标准；在企业中台类方面，制定中台的总体架构、功能框架及技术要求，以及服务开发规范系列、技术中台支撑功能敏捷迭代的机制及功能规范、业务中台能力成熟度评估方面等企业标准；在数据应用方面，加快推动电力元数据标准、数据模型、数据质量评估、数据管理能力成熟度评估等标准；制定数据共享、数据对外开放、数据增值服务等标准；立项电磁测量业务数字孪生基础设施模型及可视化场景设计标准、基于数字孪生体的业务监测及分析预警标准、电磁测量设备数字孪生模型等标准。标准规划路线如图 10-5 所示。

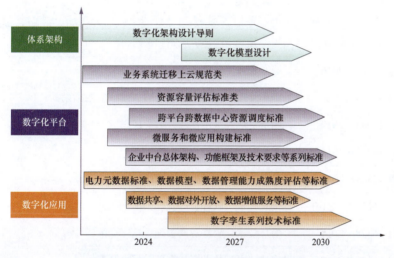

图 10-5　数字化测量体系相关标准规划路线

10.6　先进电磁测量供应链

10.6.1　标准化现状

10.6.1.1　国内标准化现状

国内在先进电磁测量供应链的相关标准主要集中在电磁测量设备全寿命周期管理和电磁测量设备供应链管理两方面，标准梳理情况如表 10-9 所示。在电磁测量设备全寿命周期管理方面，国内 GB/T 33172—2016《资产管理　综述、原则和术语》、GB/T 33173—2016《资产管理　管理体系　要求》、GB/T 33174—2022《资产管理　管理体系　GB/T 33173 应用指南》主要是针对国际标准进行的适用性转化，行业及企业标准层面上有 DL/T 1868—2018《电力资产全寿命周期管理体系规范》、Q/GDW 10683—2019《资产全寿命周期管理体系规范》。目前的标准主要提供关于通用资产管理流程的通用导则，对于规模大、分布广、网络属性强、安全等级高、寿命周期长等电力资产特有属性针对性不强，需要开展电力资产全寿命周期管理方面的通用方法、指标研究及实施指南方面标准研制工作，提升电网资产运营效率效益。在设备供应链方面，GB/T 38299—2019《公共安全　业务连续性管理体系　供应链连续性指南》、GB/T 36637—2018《信息安全技术　ICT 供应链安全风险管理指南》、GB/Z 26337.1—2010《供应链管理　第 1 部分：综述与基本原理》分别从业务连续性、供应链安全性和供应链管理技术要求等方面制定了相关标准，有效提升了电力资产设备供应的可靠性和安全性。

表 10-9　　　　　　　　　　　　新进电磁测量供应链相关国内标准

序号	标准号	标准名称
1	GB/T 33172—2016	资产管理　综述、原则和术语
2	GB/T 33173—2016	资产管理　管理体系　要求
3	GB/T 33174—2022	资产管理　管理体系　GB/T 33173 应用指南
4	GB/T 14885—2022	固定资产等资产基础分类与代码
5	GB/T 35416—2017	无形资产分类与代码
6	GB/T 26224—2010	信息技术　软件生存周期过程　重用过程
7	GB/T 26236.1—2010	信息技术　软件资产管理　第 1 部分：过程
8	GB/T 36328—2018	信息技术　软件资产管理　标识规范
9	GB/T 36329—2018	信息技术　软件资产管理　授权管理
10	GB/T 30674—2014	企业应急物流能力评估规范
11	GB/Z 36442.3—2018	信息技术　用于物品管理的射频识别　实现指南　第 3 部分：超高频 RFID 读写器系统在物流应用中的实现和操作
12	GB/T 23384—2009	产品及零部件可回收利用标识
13	GB/T 4026—2019	人机界面标志标识的基本和安全规则　设备端子、导体终端和导体的标识
14	GB/T 50549—2020	电厂标识系统编码标准
15	GB/T 51061—2014	电网工程标识系统编码规范

续表

序号	标准号	标准名称
16	GB/T 35707—2017	水电厂标识系统编码导则
17	GB/T 36604—2018	物联网标识体系　Ecode 平台接入规范
18	GB/T 36605—2018	物联网标识体系　Ecode 解析规范
19	GB/T 37032—2018	物联网标识体系　总则
20	GB/T 35419—2017	物联网标识体系　Ecode 在一维条码中的存储
21	GB/T 35420—2017	物联网标识体系　Ecode 在二维码中的存储
22	GB/T 35421—2017	物联网标识体系　Ecode 在射频标签中的存储
23	GB/T 35422—2017	物联网标识体系　Ecode 的注册与管理
24	GB/T 35423—2017	物联网标识体系　Ecode 在 NFC 标签中的存储
25	GB/T 36461—2018	物联网标识体系　OID 应用指南
26	GB/T 36435—2018	信息技术　射频识别　2.45GHz 读写器通用规范
27	GB/Z 36442.1—2018	信息技术　用于物品管理的射频识别　实现指南　第 1 部分：无源超高频 RFID 标签
28	GB/T 28925—2012	信息技术　射频识别　2.45GHz 空中接口协议
29	GB/T 28926—2012	信息技术　射频识别　2.45GHz 空中接口符合性测试方法
30	GB/T 29261.3—2012	信息技术　自动识别和数据采集技术　词汇　第 3 部分：射频识别
31	GB/T 38668—2020	智能制造　射频识别系统　通用技术要求
32	GB/T 20918—2007	信息技术　软件生存周期过程　风险管理
33	DL/T 700—2017	电力物资分类与编码导则
34	DL/T 1868—2018	电力资产全寿命周期管理体系规范
35	DL/T 1080.4—2010	电力企业应用集成　配电管理的系统接口　第 4 部分：台账与资产管理接口
36	DL/T 2667—2023	电力资产全寿命周期管理体系实施指南
37	T/CEC 362—2020	电力资产管理超高频 RFID 标签技术规范
38	T/CEC 624—2022	电力物联网标识编码、存储与解析要求
39	T/CEC 743—2023	电工装备物联平台功能规范
40	T/CEC 744—2023	电工装备物联网关技术要求
41	YD/T 3211—2016	网络虚拟资产数据存储与交换技术要求

续表

序号	标准号	标准名称
42	YD/T 3803—2020	电信网和互联网资产安全管理平台技术要求
43	YD/T 3150—2016	网络电子身份标识 eID 验证服务接口技术要求
44	YD/T 3151—2016	网络电子身份标识 eID 桌面应用接口技术要求
45	YD/T 3152—2016	网络电子身份标识 eID 移动应用接口技术要求
46	YD/T 3701—2020	1.8GHz 无线接入系统终端设备射频技术要求和测试方法
47	SJ/T 11310.2—2015	信息设备资源共享协同服务　第 2 部分：应用框架
48	SJ/T 11310.3—2015	信息设备资源共享协同服务　第 3 部分：基础应用
49	SJ/T 11310.5—2015	信息设备资源共享协同服务　第 5 部分：设备类型
50	SJ/T 11310.6—2015	信息设备资源共享协同服务　第 6 部分：服务类型
51	Q/GDW 10683—2019	资产全寿命周期管理体系规范
52	Q/GDW 12219—2022	资产全寿命周期管理体系实施指南
53	Q/GDW 12281.1—2022	后勤资产实物 ID 建设　第 1 部分：导则
54	Q/GDW 12281.2—2022	后勤资产实物 ID 建设　第 2 部分：电子标签技术规范
55	Q/GDW 12281.3—2022	后勤资产实物 ID 建设　第 3 部分：电子标签安装规范
56	Q/GDW 12281.4—2022	后勤资产实物 ID 建设　第 4 部分：移动作业终端技术规范
57	Q/GDW 12281.5—2022	后勤资产实物 ID 建设　第 5 部分：安全信息交互接口规范
58	Q/GDW 11712—2017	电网资产统一身份编码技术规范
59	Q/GDW 12276.1—2023	电力物流服务平台应用规程　第 1 部分：运输监控
60	Q/GDW 12280.1—2023	电力物资供应商信息分类导则　第 1 部分：总则
61	Q/GDW 12280.2—2023	电力物资供应商信息分类导则　第 2 部分：供应商通用信息
62	Q/GDW 11382.5—2015	国家电网公司小型基建项目建设标准　第 5 部分：物资仓库
63	Q/GDW 1890—2013	计量用智能化仓储系统技术规范
64	Q/GDW 1891—2013	省级计量中心生产调度平台软件设计导则
65	Q/GDW 12063—2020	电力电缆电子标识器技术规范
66	Q/GDW 12064—2020	电力电缆电子标识器探测设备技术规范
67	Q/GDW 12099.1—2021	电力物联网标识规范　第 1 部分：总则
68	Q/GDW 12099.2—2021	电力物联网标识规范　第 2 部分：标识编码、存储与解析

序号	标准号	标准名称
69	Q/GDW 12099.3—2021	电力物联网标识规范　第 3 部分：标识注册管理与技术要求
70	Q/GDW 12107—2021	物联终端统一建模规范
71	Q/GDW 11532—2022	定制化服务器设计与检测规范
72	Q/GDW 11939—2018	电力 RFID 标签应用接口技术规范
73	Q/GDW 11975—2019	电子标签通用技术要求与测试规范
74	Q/GDW 12100—2021	电力物联网感知层技术导则
75	Q/GDW 12277—2023	电工装备智慧物联体系通用导则
76	Q/GDW 12278.1—2023	电工装备智慧物联网关技术要求　第 1 部分：通用
77	Q/GDW 12278.2—2023	电工装备智慧物联网关技术要求　第 2 部分：与平台数据交换
78	Q/GDW 12278.3—2023	电工装备智慧物联网关技术要求　第 3 部分：与制造商数据交换
79	Q/GDW 12279.1—2023	电工装备智慧物联平台数据规范　第 1 部分：数据交互
80	Q/GDW 12106.1—2021	物联管理平台技术和功能规范　第 1 部分：总则
81	Q/GDW 12106.2—2021	物联管理平台技术和功能规范　第 2 部分：功能要求
82	Q/GDW 12106.3—2021	物联管理平台技术和功能规范　第 3 部分：应用商店技术要求
83	Q/GDW 12106.4—2021	物联管理平台技术和功能规范　第 4 部分：边缘物联代理与物联管理平台交互协议规范
84	Q/GDW 12106.5—2021	物联管理平台技术和功能规范　第 5 部分：物联管理平台对外接口与服务规范

10.6.1.2　国际标准化现状

国际上，目前发布的先进电磁测量供应链相关标准体系包括 ISO 55000—2014《资产管理　概述、原则和术语》、ISO 55001:2021–03《资产管理　管理体系　要求》、ISO 55002:2018《资产管理　管理系统　ISO 55001 标准应用指南》等，从资产管理综述、原则和术语、管理体系要求及应用指南等维度对资产全寿命周期管理进行了规范。IEC 19770 系列标准从信息化的角度制定了资产管理相关技术要求。IEEE P3224 从区块链、数据账本方面规定了资产管理相关技术要求。ISO/IEC TR 24729《信息技术　项目管理的射频识别（RFID）执行指南》系列标准从射频识别、设备资产标识的角度明确了资产管理相关技术要求。ISO/IEC/IEEE 15289:2019《系统和软件工程　生命周期信息项内容（文件）（第 4 版）》、ISO/IEC/IEEE 21839:2019《系统和软件工程　系统生命周期中系统中的系统（SoS）注意事项（第 1 版）》等系列标准从全寿命周期管理的角度规定了资产质量要求、关键信息驱动等技术要求。具体国际标准梳理情况如表 10-10 所示。

表 10-10　　　　　　　　　　新进电磁测量供应链相关国内标准

序号	标准号	标准名称
1	ISO 55000:2014	资产管理综述、原则和术语
2	ISO 55001:2021	资产管理　管理体系　要求
3	ISO55002:2014	资产管理　管理体系　ISO55001 应用指南
4	BS ISO/IEC 19770-1:2017	信息技术　IT 资产管理　IT 资产管理系统　要求
5	BS ISO/IEC 19770-4:2017	信息技术　IT 资产管理　资源利用率测量
6	ISO/TR 23576:2020	区块链和分布式账本技术　数字资产保管人的安全管理
7	IEEE P3224:2023	基于区块链的绿色电力标识应用
8	ISO/IEC TR 24729-1:2008	信息技术　项目管理的射频识别（RFID）执行指南　第 1 部分：RFID 激活的标签和包装支持　ISO/IEC 18000-6C
9	ISO/IEC TR 24729-2:2008	信息技术　项目管理的射频识别（RFID）执行指南　第 2 部分：再循环和 RFID 标签
10	ISO/IEC TR 24729-4:2009	信息技术　项目管理的射频识别（RFID）执行指南　第 4 部分：标签数据安全
11	ISO/IEC TS 24748-6:2016	系统和软件工程　生命周期管理　第 6 部分：系统集成工程
12	ISO/IEC 24756:2009	信息技术　用户需求和能力、系统及其环境的通用访问轮廓（CAP）的详细说明框架
13	ISO/IEC 25030:2019	系统和软件工程　系统和软件质量要求与评估（SQuaRE）质量要求框架（第 2 版）
14	ISO/IEC/IEEE 15289:2019	系统和软件工程　生命周期信息项内容（文件）（第 4 版）
15	ISO/IEC/IEEE 16326:2019	系统和软件工程　生命周期过程　项目管理（第 2 版）
16	ISO/IEC/IEEE 21839:2019	系统和软件工程　系统生命周期中系统中的系统（SoS）注意事项（第 1 版）
17	ISO/IEC/IEEE 21840:2019	系统和软件工程　在系统中使用 ISO/IEC/IEEE 15288 的准则（SoS）（第 1 版）

续表

序号	标准号	标准名称
18	ISO/IEC/IEEE 21841:2019	系统和软件工程　系统分类法（第 1 版；更正版本 9/2019）
19	ISO/IEC/IEEE 24748–1:2018	系统和软件工程　生命周期管理　第 1 部分：生命周期管理指南
20	ISO/IEC/IEEE 24748–2:2018	系统和软件工程　生命周期管理　第 2 部分：ISO/IEC/IEEE 15288 应用指南（系统生命周期过程）（第 1 版）
21	ISO/IEC/IEEE 26512:2018	系统和软件工程　用户信息获取者和供应商的要求（第 2 版）
22	ISO/IEC/IEEE 26515:2018	系统和软件工程　在敏捷环境中为用户开发信息（第 2 版）
23	ISO/IEC/IEEE 29119–5:2016	软件和系统工程　软件测试　第 5 部分：关键字驱动的测试

10.6.1.3　标准差异性分析

国内标准主要集中在电磁测量设备全寿命周期管理和供应链管理两方面。标准如 GB/T 33172—2016《资产管理　综述、原则和术语》、GB/T 33173—2016《资产管理　管理体系　要求》、GB/T 33174—2022《资产管理　管理体系　GB/T 33173 应用指南》等，主要针对国际标准进行适用性转化。行业及企业标准如 DL/T 1868—2018《电力资产全寿命周期管理体系规范》、Q/GDW 10683—2019《资产全寿命周期管理体系规范》等，提供通用资产管理流程的导则。存在针对性不强的问题，特别是对于电力资产的特有属性，需要进一步研究和制定标准。

国际标准如 ISO 55000:2014《资产管理　概述、原则和术语》系列、IEC 19770 系列等，提供了资产管理的全面规范，包括资产管理综述、原则和术语、管理体系要求及应用指南等。从信息化和区块链技术角度，如 IEEE P3224，规定了资产管理的技术要求；如 ISO/IEC TR 24729《信息技术　项目管理的射频识别（RFID）执行指南》系列标准、ISO/IEC/IEEE 15289:2019《系统和软件工程　生命周期信息项内容（文件）（第 4 版）》等，从射频识别和全寿命周期管理角度明确技术要求。

国内标准在资产管理和供应链管理方面正在逐步发展和完善，但仍需在技术要求、实施应用、更新迭代，以及行业特定性等方面与国际标准进行对比和学习，以提高标准的先进性和适用性。

10.6.2　需求分析

近年来，我国充分应用"大云物移智链"新技术，不断加强电磁测量领域的先进数字技术、供应链技术与智慧场景融合应用攻关，形成了较为完备的电磁测量产品及设备供应链核心技术体系，驱动传统供应链向涵盖智能采购、数字物流、全景质控、智慧运营的现代智慧供应链转型。目前在电磁测量供应链及智慧决策等方面均未制定相关执行标准，面对国家供应链发展战略和国际领先的战略目标，需要进一步深化现代智慧供应链体系建设，围绕采购需求精准预测，采购策略智能制定，招投标电子化，采购流程自动化，物流资源配置精益化，仓库运营数字化，物流储运自动化，检测资源集约化、透明化，检测作业移动化、便捷化，供应链运营敏捷感知、模拟仿真、价值创造等方面研究制定相关技术标准，驱动供应链全方位、全链条质量提升和效率提升。

10.6.3　标准规划

结合先进电磁测量供应链的标准现状及智能化、集约化、精益化、便捷化发展需求，应同步开展企业标准制定工作。从智能采购、数字物流、全景质控及运营等方面开展标准研究工作，具体标准布局如下：推动制定智能采购方向相关企业标准 2 项，制定数字物流方向相关企业标准 2 项，制定全景质控方向相关企业标准 2 项，制定供应链运营方向相关企业标准 1 项。

新进电磁测量供应链系列的标准路线如图 10-6 所示。

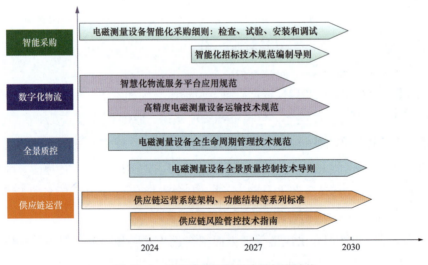

图 10-6　先进电磁测量供应链标准路线

第 11 章 标准国际化战略

11.1 标准国际化目的和意义

标准是经济和社会发展的技术基础，为经济建设和社会治理提供最佳规则秩序和重要科学依据。国际标准作为全球治理、经贸规则的重要组成部分，在助力高质量发展、推动国家治理体系和能力现代化等方面，将发挥重要作用。国际标准作为国际贸易的"通用语言"，在提升国际贸易效率、降低合作成本、应对全球性紧急事件等方面，都发挥着重要作用。中国作为生产制造大国，必须高度重视国际标准的作用，推进更深层次的技术、标准和规则互通互认，大力推动中国技术标准与国际接轨，不断提升国际话语权。

以国际标准为高质量发展提供技术保障。标准决定质量，高标准才有高质量。国际标准代表着世界先进技术水平，要瞄准国际标准提高整体水平。要完善建立以标准促进技术创新和以技术带动标准进步的工作机制，积极探索总结重大工程创新、高新科技领域的核心技术、自主知识产权标准化、国际化的方法和途径。

以国际标准为高质量发展提升国际竞争力。积极主导参与国际标准制定，广泛应用中国主导的国际标准，推动中国技术优势向国际竞争优势的转化，带动我国产品、技术、工程融入"一带一路"建设和全球产业链，可极大促进我国企业形成以技术、品牌、质量、服务为核心的国际贸易竞争新优势。

以国际标准推动国家治理体系与能力现代化。与政策、规则相比，标准更具有科学依据，作用的对象更加广泛，因此要进一步发挥标准在协调行业发展、规范市场等方面的指导作用。例如，美国食品药品监督管理局（FDA）通过采用国际标准替代技术监管，一直在加强技术标准的使用，其通过广泛认可国际标准，在协调各行业领域、促进国际贸易的同时，大大降低了社会及政府的负担。

当前，世界经济复苏艰难，中国经济正处在转型升级的关键期。面对困难和挑战，要保持经济平稳运行，既要保持总需求力度，也要加快推进供给侧结构性改革，着力改善供给质量。这就需要把标准化放在更加突出的位置，以标准全面提升推动产业升级，形成新的竞争优势，促进经济中高速增长、迈向中高端水平。围绕推动国际产能合作，加强各国技术标准协调与互认，促进产业链上下游标准对接。深刻揭示了标准化在中国经济转型方面的引领作用，以及标准国际化在促进国际产能合作中的重要意义。从经济转型升级的角度来看，标准化是创新技术产业化、市场化的关键环节，是调整产业结构和化解产能过剩的必然要求，是推动我国高质量发展的基础保障，是我国实现由"制造大国"向"制造强国"转变的重要条件。我国作为装备制造业大国，在钢铁、有色金属、建材、铁路、电力、智能制造等重点行业和领域具有制造能力强、技术水平高、国际竞争优势明显等特点。但随着国际竞争的日趋激烈，技术性贸易壁垒对我国出口影响日趋严重，企业迫切希望通过有针对性地开展我国标准的国外应用，让国外了解、认可和接受中国标准，通过标准减少贸易壁垒，培育新兴市场，提升企业海外投资和工程建设的效益。

随着经济全球化、社会信息化深入发展，我国在经济、社会和公共服务等方面与国际社会逐步融合。目前我国运用标准化作为治理工具的实践还比较少，应加强国际标准在社会服务领域的应用，推动我国在治理体系与能力现代化方面与国际接轨。

随着我国电力装备技术水平的不断提升、国际贸易的深入开展，我国电力行业标准与国际通用技术标准之间的差异化，正成为制约中国电力装备出口、影响我国电力企业参与国外电力项目建设的重要因素。推进技术标准的国际化，增强我国电力行业技术标准与国际通用标准的一致性，已成为推进中国电力装备行业国际化进程的当务之急。在推进实施"一带一路"的国家战略过程中，我国正积极推动技术标准的国际化，在电力产业标准层面与国际接轨，深化与国际社会的务实合作，利用技术优势提升我国在电力标准国际化领域的话语权，推进与其他国家及地区间的标准互认，提升我国技术标准的国际化水平，为我国企业在电力装备、技术、工程等领域的出口业务，提供标准化依据。

11.2　标准国际化现状

11.2.1　总体现状

中国高度重视标准化工作，积极推广应用国际标准，随着我国综合国力的显著提升，我国在国际标准化领域取得了前所未有的骄人成绩，先后成为三大国际标准化组织（ISO、IEC、ITU）的常任成员，中国专家首次当选三大国际标准化组织的主要领导，我国承担的国际标准化组织的技术机构和担任技术机构的关键职务越来越多，主导制定的国际标准的数量迅猛增长。中国一直是国际标准的重要参与者和贡献者，多年来，中国积极履行 IEC 常任理事国职责，国际标准化水平得到显著提升。在 IEC 领域，我国目前已承担 12 个 IEC 技术委员会或分技术委员会秘书处工作，参与 IEC 所有战略白皮书编制，并主导编写其中的 7 部，连续 5 年成为 IEC 年度新国际标准提案最多的国家，提出并发布的 IEC 国际标准 400 余项。

由于历史原因，中国标准在国际上的影响力还很弱，认可度和应用程度还很低，中国人主导制定的 ISO 和 IEC 国际标准仅占 ISO 和 IEC 国际标准总量的 2%。国务院出台的《国务院关于推进国际产能和装备制造合作的指导意见》等系列政策措施均明确了加快推进中国标准国际化、提高中国标准国际化水平的战略目标，将推动中国标准"走出去"作为国家标准化战略的重要内容。

中国标准国外推广应用是落实我国标准化战略的具体行动，促进我国在国际竞争中赢得主动权，掌握制定国际规则的话语权，逐步树立并不断强化中国世界经济强国的地位。在碳达峰碳中和目标引领下，中国正持续深化与 IEC 等国际标准组织的合作，积极推动建立碳达峰碳中和标准体系，搭建与国际接轨的合格评定服务平台，以标准化促进绿色低碳发展，为构建人类命运共同体、建设清洁美丽世界注入强大动力。在 2022 年 8 月 20 日召开的 2022 国际标准化大会上，国际电工委员会提出，由中国牵头制定全球首个新型电力系统关键技术国际标准框架体系，加快建设新型电力系统，推动能源清洁低碳转型。新型电力系统，有别于目前我国以煤电为主要电源的电力系统，是以风、光、核、生物质能等新能源为主体，多种能源相互补充，支撑全社会高度电气化的电力系统，是推动能源清洁低碳转型、支撑"双碳"目标落地的重要枢纽平台。

国际电工委员会表示，中国新能源装机规模和发电量持续多年世界第一，风电、光伏、锂电池等产业规模、市场规模均稳居世界第一，具有引领新型电力系统发展的产业和技术优势。由中国主导，统筹开展新型电力系统国际标准框架体系和标准国际化战略研究，有助于全球能源转型。国际电工委员会正在将中国提出的碳达峰碳中和、能源转型、零碳电力系统等主题列入战略规划，未来五年，将在能源低碳领域发起成立 1~2 个新技术委员会，培育 10~20 项国际标准。

由我国牵头制定首个新型电力系统国际标准体系，也说明我国的国际标准化工作进入了新的发展时期，我国提出的"双碳"目标得到国际社会的高度赞扬。我国国际标准化的发展重点：要围绕"双碳"目标和重大需求，在技术标准、计量和认证上形成完整的标准体系，建立公平合理的国际碳治理规则。

新型电力系统电磁测量相关技术日新月异，国际标准体系尚未形成，处于战略机遇窗口期。通过这次由我国牵头制定首个新型电力系统国际标准体系的机遇，各方必须统筹力量，超前布局，更好地贡献中国智慧，参与国际标准化组织战略规划，进而抓住标准制修订机遇，在制定首个新型电力系统国际标准体系的同时，同步推进新型电力系统电磁测量技术标准国际化。

11.2.2　典型标准化组织的工作基础及发展计划

本节列举了部分新型电力系统电磁测量相关国际标准化组织的工作基础和标准化工作计划。

11.2.2.1　IEC/TC 8 国际电工委员会电力供应的系统方面技术委员会

IEC/TC 8 主要包括 SC 8A、SC 8B 和 SC 8C 三个分技术委员会，组织结构主要包括委员会主席，IEC 技术官员，秘书处，WG11 工作组，MT1、MT8 两个标准维护组，JWG1、JWG9、JWG10、JWG12、JWG64 五个联合工作组，AG1 和 AG13 两个咨询小组，负责确保电压、电流、电压、频率等基本 IEC 出版物（水平标准）的一致性，组织架构如图 11-1 所示。

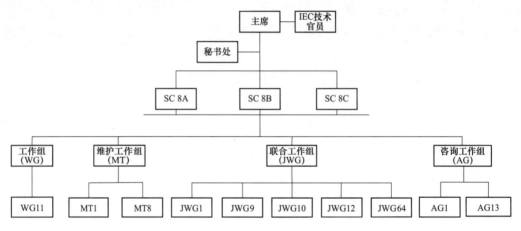

图 11-1　IEC/TC 8 组织架构

其中，IEC/TC 8/SC 8A 主要侧重于可再生能源发电并网方面的技术研究和标准化工作；它涵盖了新能源并网标准，以及电网和可再生能源发电厂之间的交互协议，电网互联合规性相关测试要求，以及从电网层面的角度规划、建模、预测评估、控制和保护、调度和调度可再生能源的标准或最佳实践文件。

IEC/TC 8/SC 8B 主要侧重于分布式电能系统方面的技术研究和标准化工作，包括但不限于交流、直流、交流 / 直流混合分散电能系统，如分布式发电、分布式储能、虚拟电厂和与多种类型的分布式能源相互作用的电能系统。

IEC/TC 8/SC 8C 主要侧重于互联电力系统中的网络管理技术研究和标准化工作，包括不同时间范围的功能（如设计、规划、运营、控制和市场整合）。SC 8C 制定可交付成果 / 指引 / 技术报告主要内容：网络管理领域的术语和定义；网络设计、规划、运营、控制和市场相关技术指南；应急标准、分类、对策和控制器响应，作为基础可靠性、充分性、安全性、稳定性和弹性分析的技术要求；网络运营管理系统的功能和技术要求，稳定性控制系统等；能源、辅助服务和容量市场的功能和技术要求；为有效的市场整合提供储备产品的技术分析；广域运营的技术要求，如平衡储备共享、应急等。

IEC/TC 8 未来工作方向：开发和更新 IEC/TC 8 和国际电工词汇相关的术语和定义；维护 IEC 60038:2021《IEC 标准电压》、IEC 60059:1999《IEC 标准电流额定值》、IEC 60196:2009《IEC 标准频率》和 IEC TS 62749:2020《电能质量评估——公共网络供电特性》等主要标准和技术规范相关条款；制订电力供应网络管理指南；继续推进供用电系统关键技术研究和标准制定工作。

11.2.2.2 IEC/TC 13 电能测量和控制技术委员会

IEC/TC 13 组织结构主要包括委员会主席，IEC 技术官员，秘书处，以及 WG11、WG14、WG15 和 JWG16 四个工作组及其项目团队，如图 11-2 所示。此外，还根据项目需要建立了临时项目组 PT62057。主要负责交流和直流电能测量和控制领域的标准化工作，用于构成智能电网一部分的智能计量设备和系统，用于发电站、网络及能源用户和生产者，以及制定电能表测试设备和方法的国际标准。

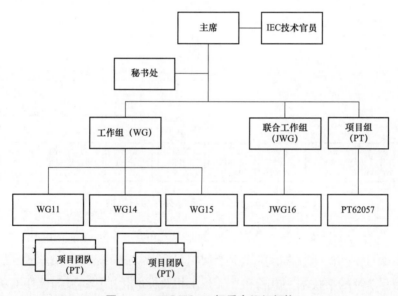

图 11-2　IEC/TC 13 标委会组织架构

IEC/TC 13 标委会未来发展规划主要内容：修订 IEC 62052《电能计量设备（交流）》、IEC 62053《电量测量设备（交流电）》、IEC 62054《电能计量（交流）》、IEC 62055《电力计量　支付系统》系列标准，以及考虑安全标准 IEC 62052-31《电力测量设备（AC）　一般要求　测试和测试条件　第 31 部分：产品安全要求和测试》；修订 IEC 62052《电能计量设备（交流）》、IEC 62053《电量测量设备（交流电）》系列标准；完成数据交换工作标准（IEC 62056《电能计量数据交换》系列标准）和 IEC 62057《电能表　试验设备、技术和程序》系列标准；根据新的市场需求制定 IEC 62055-41（REDLINE + STANDARD）：2018《电力计量　支付系统　第 41 部分：标准传输规范

（STS）单向令牌载体系统的应用层协议》标准（IN，ZA，UK）；明确修订 IEC 62055《电力计量 支付系统》系列标准（支付表框架标准）的市场预期。加强信息交换协议和互操作性技术研究与合作。

11.2.2.3 IEC/TC 38 国际电工委员会互感器技术委员会

IEC/TC 38 标委会组织机构主要由主席、副主席、秘书处和各工作组组成。工作组涵盖了与电压器仪表新技术相关的项目，并针对不同技术进行了详细划分，分别为 WG37、WG45、WG47、WG49、WG54、WG55 六个工作组、MT39、MT48 两个维护工作组和 JWG52 和 JWG56 两个联合工作组，组织机构如图 11-3 所示。IEC/TC 38 标委会的主要业务范围：交流 / 直流电流和 / 或电压互感器领域的标准化工作，包括其子部件，包括但不限于传感设备、信号处理、数据转换和模拟或数字接口。该标委会与 IEC/TC 13、IEC/TC 57、IEC/TC 85 和 IEC/TC 95 具有紧密联系，为具有集成功能的设备开辟了新的应用场景。

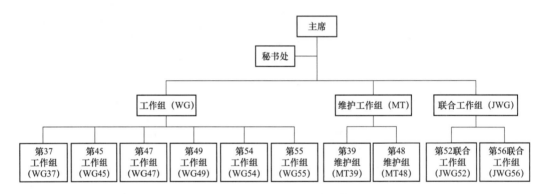

图 11-3 IEC/TC 38 标委会组织机构

IEC/TC 38 标委会发展战略主要内容：编制 IEC 60044《互感器》和 IEC 61869《仪表变压器》等系列标准；开展互感器数学模型相关标准的制定；开展电感式互感器和电容式电压互感器涉及的新技术、电子和光学技术相关标准化工作；发布低压互感器相关标准；开展变压器、小功率仪表变压器及数字通信相关技术标准化工作；推进 EMC 和安全规范相关标准化工作。

11.2.2.4 IEC/TC 42 高电压大电流测试技术委员会

IEC/TC 42 于 1955 年 7 月在伦敦成立。IEC/TC 42 标委会主要由标委会主席、秘书处、秘书助理、IEC 技术官员、2 个工作组、1 个联合工作组、11 个标准维护工作组和 1 个咨询小组组成，如图 11-4 所示。IEC/TC 42 主要负责高电压和大电流测试技术研究，并为不同类型的产品制定国际标准，如高压交流、直流和冲击试验及大电流试验。目前正在编制特高压测试要求相关标准，开展了检测电气故障可能性的新方法和快速数字记录仪及相关软件的研究。

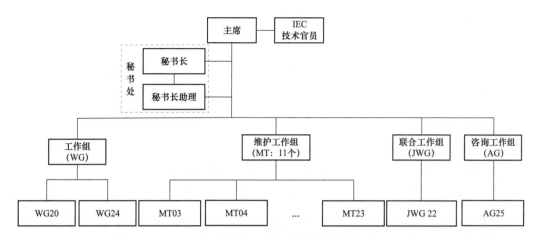

图 11-4　IEC/TC 42 高电压大电流测试技术委员会组织架构

IEC/TC 42 标委会未来发展战略：持续推进 IEC/TC 42 标准修订工作；开展可再生能源领域的特高压传输设备关键技术研究；明确数字仪器及其软件的要求；核查局部放电标准，以适应数字仪表和声学和更高电磁检测频率；制定大气校正因子，与其他技术委员会进行交流与合作。

11.2.2.5　IEC/TC 56 国际电工委员会可信性技术委员会

IEC/TC 56 主要由标准化委员会主席，秘书处，WG1、WG2、WG3 和 WG4 四个专业技术工作组，PT2.25、PT2.26、PT3.27 和 PT 60300-3-18 四个标准化项目组，MT12、MT13 等 19 个标准维护组，JWG16 和 TC 1/JWG 2 两个联合工作组，以及 AG6、AG7 和 AG27 三个咨询小组组成，组织架构如图 11-5 所示。

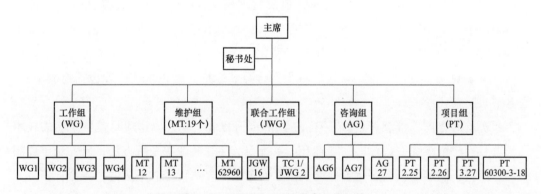

图 11-5　IEC/TC 56 标委会组织架构

IEC/TC 56 以制定可信产品和系统的安全需求验证、开发安全功能和程序修订、制定通信设备的标准和技术规范为主要目标，加强标准制定、提高应用水平，推进可信技术与人工智能、边缘计算等领域的融合，具体涵盖了从组件到复杂系统、网络和开放系统，以及从管理到制造等各领域的可靠性测试分析和修复（TAAF）、可靠性产品开发、设计集成、维护、风险评估和现有可靠性标准的维护业务。

IEC/TC 56 可信性技术委员会的未来规划：加强可靠性元器件数据收集与应用相关标准的制定；加强软硬件的标准化工作，创建安全验证和检测的机制，制定更为全面、深入的技术标准；提高可信技术的应用水平，重点关注风险评估和防御的问题，及时研究和解决可信技术的薄弱环节；推动智能可信领域发展，联合产业、研究机构和标准化组织开展战略合作，加快可信技术与人工智能、边缘计算等领域的融合发展。

11.2.2.6　IEC/TC 57 电力系统管理及其信息交换技术委员会

IEC/TC 57 主要由标准化委员会主席，秘书处，W3、W11 等 11 个工作组，JWG 24、TC 3/JWG 17 等 6 个联合工作组，2 个咨询工作组和 1 个联合咨询组构成，如图 11–6 所示。

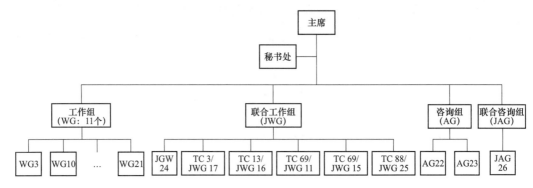

图 11–6　IEC/TC 57 组织架构

业务范围主要为制定电力系统管理及信息交换相关的 IEC 核心标准，包括以下内容：电网和分布式能源模型信息交换，能源管理系统（EMS），配电管理系统（DMS），电力市场管理系统（EMMS），分布式能源资源管理系统（DERMS），监控和数据采集（SCADA），传输、分配和微电网管理和自动化，保护 / 远程保护，以及实时和非实时信息的相关信息交换，用于电力系统的规划、运行和维护。电力系统管理包括控制中心、变电站的控制。

未来发展方向：继续调整 IEC/TC 57 的内部流程和组织，以适应日益数字化的技术经济发展；协调跟踪 IEC 标准；实施 IEC 系统委员会智能能源系统方法；研究制定通用用例和接口；制定通信数字化类标准；研究安全交互方法促进和实施网络安全；修订和改进 IEC/TC 57 相关标准体系；规划本地多能源智能系统、智慧城市和物联网相关标准；评估新兴的解决方案和技术，以及其对 IEC/TC 57 标准的影响（例如电信、网络安全、数据分析、物联网等）。

11.2.2.7　IEC/TC 66 测量、控制和试验室设备的安全技术委员会

IEC/TC 66 主要包含 WG1 和 WG2 两个工作组，MT10、MT13、MT14、MT15、MT17 和 MT18 六个标准维护工作组和 TC 65/JWG 13 一个联合工作组，是制定有关测量、控制

和试验室设备的安全的国际标准化组织，其组织架构如图 11-7 所示。

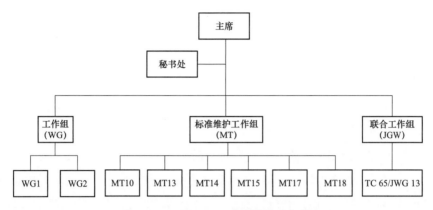

图 11-7　IEC/TC 66 标委会组织架构

主要工作范围：电压、电流和功率的测量和控制；电能计量和收费方法；电气安全和电子产品的 EMC；家居电器和消费电子设备；机电、传感器和控制器等标准化工作。未来发展方向：维护、更新和修订现有标准，制定测量、控制和试验室设备相关新标准；开展测量、控制类技术研究和技术交流；开展网络安全、功能安全、互联网产品安全等先进技术研究与标准制定；支持国际和国内其他标准制定机构的工作。

11.2.2.8　IEC/TC 85 电工和电磁量测量设备技术委员会

IEC/TC 85 主要包括主席，副主席，秘书处，WG8、WG20、WG22、WG23 和 WG24 五个工作组，JWG26 和 TC 8/JWG 12 两个联合工作组，AG CAG 咨询工作组和 PT 85-1 项目组，其组织架构如图 11-8 所示。

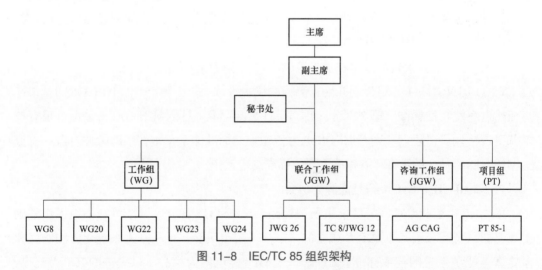

图 11-8　IEC/TC 85 组织架构

主要工作范围：用于测试配电系统和连接设备安全性的设备，用于监控配电系统的设备，电气测量传感器、信号发生器、记录仪及其附件等设备、系统和方法，在稳态和动态（包括暂态和瞬变）工况下的电工及电磁量的测试、监测、评估、校验、发生及分析相关国际标准的制修订。

IEC/TC 85 未来将继续维护 IEC 61557《1000V 交流和小于 1500V 直流低压配电系统中的电气安全性　防护措施的试验、测量和监控设备》系列标准；针对大量分布式能源网络的控制（例如微电网）提供测量标准。针对新能源网络的频率测量问题，IEC/TC 85 将提出稳定性解决方案，并提供指导方针和措施。还针对最新出现的非侵入式负载监测（NILM），建立数据模型，提供数据分析方案。IEC/TC 85 将扩展电子技术的使用范围，如数字信号处理、混合信号电路和固件；针对越来越多的非线性负载、电力线和无线电通信应用场景，提供网络条件和 EMC 环境变化下的标准要求。还将增加测量设备的互操作通信和 IT 技术的使用，包括系统的交互和集成。研究测量不确定度参数的歧义问题，在时间尺度上制定新的标准。

11.2.2.9　IEC/TC 115 高压直流输电工程标准化技术委员会

IEC/TC 115 工作范围是 100kV 及以上高压直流输电技术标准，主要制定高压直流输电的系统方面的标准，包括直流输电设计、技术要求、施工调试、可靠性和可用率、运行和维护。有关高压直流设备的与系统相关的标准将与相关 TC/SC 紧密合作制定。

近些年，随着高压 / 特高压直流输电技术的快速发展和大规模工程应用，中国等国家在高压直流接地极和高压直流输电线路电磁环境预测与控制等方面实现了诸多进展，亟须对直流接地极标准和电磁环境标准进行完善。IEC TS 62344:2022《高压直流（HVDC）链路接地电极站的设计　一般指南》和 IEC TR 62681:2022《高压直流架空输电线路的电磁性能》为世界各国高压直流接地极设计和直流架空输电线路电磁环境预测和控制提供了重要参考。两项标准的发布填补了高海拔直流电磁环境研究领域的空白，显著提高了标准的实用性和先进性，进一步提升了我国在高压直流输电领域的影响力，对中国高压 / 特高压直流输电技术在世界范围内的推广应用具有重要意义。

TC 115/JWG 11 工作组计划开展直流输电技术研讨工作，制定 IEC TR 63363.2《柔性直流输电系统特性标准　第 2 部分：暂态条件》等标准。计划对 HVDC 传输项目现有技术状况进行调研，建立和完善 HVDC 电力传输中的标准体系。密切跟踪柔性直流和直流电网的发展情况，后续将开展相关方面的标准制定工作。

11.2.2.10　IEC SyC 1 智慧能源委员会

IEC SyC 1 是在 IEC SG3 智能电网战略组、IEC SEG2 智能电网系统评估组工作基础上成立的系统委员会，也是 IEC 成立的第一个系统委员会，旨在采用系统化方法研究和制定智慧能源系统的技术标准。IEC SyC1 是以智能电网为核心，以先进的 ICT 为支撑，实现电网与供热（冷）气系统互通、交互，具有高度灵活性、可适应大规模新能源接入的系统。SyC1 所研究的智慧能源与我国政府提出的"互联网 +"智慧能源内容基本一致。

SyC1 的工作范围：制定智慧能源领域的系统级标准，协调智能电网、智慧能源，包括与热和气交互方面的标准化工作；对 IEC 内外部相关技术委员会和其他标准研究机构提供支持和指导；与智慧城市系统评估组和其他系统评估组建立联系和合作。

SyC1 未来主要侧重于智慧能源系统规划和顶层设计，在基本概念、术语定义、概念模型、体系架构、评价指标等方面对智慧能源标准化进行统一规范。

11.3 新型电力系统电磁测量技术标准国际化战略

从国际标准制修订、国际标准组织重要职务承担、国际标准化活动合作、国际标准推广应用、人才培养等维度开展新型电力系统电磁测量技术标准国际化。

11.3.1 大力推进国际标准制修订工作

实施标准国际化战略，助力提升我国标准的整体质量。要建立国际与国内标准项目同步发展的工作机制，提升国际国内标准一致性水平，积极推动我国各方参与国际标准化活动。在新型电力系统电磁测量领域，推进国际标准制修订工作主要包括以下三个方面：

（1）如果在新型电力系统电磁测量领域已有成熟的国际标准，应积极采标，等同或修改国际标准为国家标准或者行业标准。借鉴国际成熟的经验，提高国内产品的整体水平。

（2）在新型电力系统电磁测量领域，对我国原创或技术实力领先国际的方面，要积极推广中国标准的应用范围，把中国标准上升为国际标准，纳入国际标准制修订计划，淡化标准的中国概念，中国标准就是国际标准。主要实施路径：一是利用优势技术，基于现有国内标准的积累，积极主导制定国际标准；二是对于未能主导制定的国际标准，要积极推广国家标准和行业标准的外文版。

（3）全速推进国际标准的制修订工作。我国在新型电力系统电磁测量技术领域，已有优势技术立项为国际标准。在"新基建"的关键领域，要在前期工作的基础上，依托已承担的高层职务和秘书处，通过科研、产业、标准制定三位一体、协调发展的推进策略，有效推动新型电力系统电磁测量技术领域自主创新技术转化为国际标准，促进其在世界范围内的认知和推广。

11.3.2 积极申请国际标准化组织技术机构及其关键职务

掌握话语权，在国际标准制修订工作中至关重要。积极引领国际标准规则制定，为我国参与国际标准化提供制度支撑。在新型电力系统电磁测量领域，积极申请国际标准化组织技术机构及其关键职务。主要包括以下几方面：

（1）担任国际或区域标准化组织中央管理机构的官员和成员。

（2）承担 ISO、IEC 等国际标准化组织技术委员会（TC）、分技术委员会（SC）的秘书处工作。

（3）担任工作组（WG）召集人。

（4）积极申请国际标准化组织的 TC 或者 SC 的专家身份。

加强国际标准研究工作，针对国际标准的空白领域，提出组建新技术领域国际标准组织和编制国际标准新提案的工作建议，发起成立更多的技术委员会，申请注册更多的国际标准工作组召集人和专家，深度参与国际标准工作组，在相关国际标准研制过程中主动作为，在其中增加中国元素，进而提升中国标准的国际话语权。

超前谋划，充分利用战略平台开展工作。市场战略局、标准管理局和合格评定局是 IEC 的三大核心管理机构。中国已通过主导多部白皮书的编制，实现了多个领域标准战略的落地。结合我国可再生能源迅速发展的契机，中国主导编制了新能源并网白皮书，这不仅为 IEC 开展相关领域标准化工作指明了方向，也为我国后续发起成立新能源并网技术委员会奠定了基础。通过这次由中国牵头制定全球首个新型电力系统国际标准体系框架，加快建设新型电力系统，推动能源清洁低碳转型的历史机遇，各方应共同合作，争取形成更多的新型电力系统电磁测量技术领域标准国际化成果。

通过梳理新型电力系统电磁测量技术领域相关标准，重点突破，找到国内外差异和空白，申请在新技术领域发起成立技术委员会。依托国家重大工程创新、重大科技攻关成果，积极推进相关领域标准化工作，适时在国际组织中发起成立新的技术委员会。以特高压输电为例，IEC/TC 115 高压直流技术委员会的筹建，开创了标准与技术相互引领的全新工作思路，在我国国际标准化发展道路中具有里程碑式的意义。依托秘书处平台，我国已主导编制了近 20 项高压直流领域的国际标准，成功地将我国的技术优势转化为标准优势。

11.3.3　积极参加各种国际标准化活动

在新型电力系统电磁测量领域，积极参加国际标准化交流与合作，可提高我国标准技术水平，促进对外贸易，维护国家利益。主要包括以下几方面：

（1）参加或承办 ISO、IEC，以及其他国际和区域标准化组织的技术会议。

（2）对 ISO、IEC，以及其他国际和区域标准化组织的工作文件进行研究和表态。

（3）参与和组织新型电力系统电磁测量领域国际标准化研讨、论坛活动，了解国际最新产品、技术，以及标准制修订情况。

（4）针对新型电力系统电磁测量领域的某些热点，开展与各区域、各国的国际标准化合作交流。

11.3.4　国际标准推广应用

近年来，我国主导制定的国际标准数量不断增加，但运用好这些国际标准成果还需要更进一步的工作。国际标准及相关认证体系对于产品的国际市场准入至关重要，而当前中国相关认证体系建设与世界制造贸易大国的地位还很不相称。要善于运用主导制定的国际标准，建立相应的国际合格评定体系，助力中国标准、技术、产品"走出去"。在新型电力系统电磁测量领域，推广应用国际标准主要包括以下两方面：

（1）在新型电力系统电磁测量领域，结合国际标准完善相关认证体系建设，加强与国际标准认证体系的互认，推动中国标准和认证"走出去"，带动产品、技术、装备和服务"走出去"。

（2）要加快制定重要的新型电力系统电磁测量领域国家标准和行业标准外文版，推动中国特色标准"走出去"，扩大中国标准的国际影响力，促进国内外市场接轨。

11.3.5　培育国际标准化人才

国际标准化人才培养和储备是推进国际标准化水平不断提升的先决条件和决胜因素。技术标准的国际化工作需要专业的技术标准人才，人才是科技进步和社会发展最重要的资源，技术标准战略也必须依靠人才去实施。国际标准化舞台是高素质人才的竞技场，需要一支懂专业、通语言、善协调、熟规则的复合型人才队伍。我国在标准化人才培育方面尚未形成体系，基础相对薄弱，未来仍需进一步关注国际标准化人才队伍建设。

（1）提升全民国际标准化意识，注重国际标准化知识普及，宣传推广国际标准在促进经济发展和保障人民生活质量安全中的重要作用，扩大国际标准的社会影响力。

（2）加快国际标准化学科建设，系统性地开发国际标准化教材和课程体系，鼓励更多高校、研究机构开设标准化课程和学历教育，分阶段、分层次进行梯队化人才培育。

（3）深化企业、科研机构、高校在国际标准化领域的交流合作，结合行业需求和技术发展趋势，设计针对性强的国际标准化人才培训项目，实现个人、企业、国家多层面国际标准化能力的综合提升。

（4）拓展国际标准化人才选培渠道，充分利用国际标准化组织现有人才培育机制，如 IEC 的青年专家计划，同时开发符合国情、行业特色的专属标准化人才选培机制，激发我国专家运用国际规则的自觉意识和思维方式。

（5）建立健全国际标准化人才激励机制，加大人才扶持力度，设立国际标准化人才培养专项资金，畅通国际标准化专家职业生涯发展通道，全方位优化标准化人才发展环境，建设国际标准化人才培养的良好生态。

第12章 总结与建议

12.1 总结

本专著围绕新型电力系统建设与国际化战略研究总体目标，针对新型电力系统电磁测量的标准化工作缺少顶层设计和标准体系指导、标准国际化策略不明确等问题，按照标准需求分析、标准体系构建、标准规划布局、标准国际化的研究思路，开展了新型电力系统电磁测量设备及系统标准化需求分析研究，新型电力系统电磁测量设备及系统标准体系构建与规划布局研究，以及新型电力系统电磁测量设备及系统标准国际化战略研究。

首先，研究了电力系统电磁测量技术及标准化现状，以及面临的挑战，分析梳理新型电力系统电磁测量国内外标准现状及各标准化组织的组织架构、专业内容和未来研究方向。其次，研究了新型电力系统基本概念、结构特征及其电磁测量技术及应用需求，明确了新型电力系统电磁测量标准化需求。之后，分析现有标准与新型电力系统电磁测量需求所需标准的差异性，秉持系统性、协调性、开放性、扩展性的构建原则，构建了新型电力系统电磁测量技术标准体系框架。通过国内外标准梳理、差异性分析、标准布局及路线图规划等环节，展现了新型电力系统电磁测量技术标准体系主要规划内容。最后，基于标准体系建设，调研了标准国际化现状，从推进国际标准制修订、积极申请国际标准组织、参加国际标准化活动、推进国际标准应用和培养国际化人才等方面开展了标准国际化战略研究。相关研究成果为公司新型电力系统电磁测量技术标准化和国际战略研究工作指明了方向。

通过标准路线图梳理与国际化实施路径及应对策略规划研究，加强新型电力系统电磁测量工作的顶层设计，构建全局标准框架，提高标准编制质量，从而更好地指导、规范产业链上下游产品研发及规模化应用，推动新型电力系统电磁测量技术发展的同时，更好地支撑公司"建设具有中国特色国际领先的能源互联网企业"战略目标实现。

12.2 建议

本专著是贯彻公司发展战略、实施创新驱动、指导新型电力系统标准化工作的重要成果。为保证新型电力系统电磁测量技术标准体系的专业性、广泛性、参与性，需要不断完善、持续更新的技术标准体系，提出如下工作建议：

（1）强化专业协同创新，充分发挥标准的支撑保障能力。在专业部门的指导下，充分利用各级各类挂靠标委会、专委会及公司技术标准专业工作组等优势平台，切实提升技术标准工作先进性、标准执行能力及标准国际化水平。

（2）加快国内"生态圈"的构建，产业上下游联动，支撑新型电力系统电磁测量产业高质量发展，发挥标准的连接力作用。依托国家技术标准创新基地，构建内外部资源共享、上下游协同发展的标准化生态圈，以标准化促进技术创新和产业升级。

（3）深化国际交流合作，在特高压、新能源等优势领域，向国际标准组织贡献更多"中国智慧"。发挥标准在国际市场"通行证"的作用。不断提升我国在国际标准组织的影响力与话语权，为抢占国际新型电力系统技术制高点提供标准支撑。

（4）全球能源转型对我国新型电力系统建设和发展带来了新的变化和挑战。在创建国家标准创新基地的基础上，通过开展一系列标准化工作，争取更多的政策支持，创建有利于新型电力系统电磁测量标准化发展的良好政策环境。

参考文献

［1］SAJADI A, KOLACINSKI R M, CLARK K, et al. Transient stability analysis for offshore wind power plant integration planning studies—part I: short-term faults ［J］. IEEE Transactions on Industry Applications, 2019, 55 (1): 182-192.

［2］HATZIARGYRIOU N D, MILANOVIĆ J V, AHMANN C, et al. Stability definitions and characterization of dynamic behavior in systems with high penetration of power electronic interfaced technologies ［R］. PES-TR77, Piscataway: IEEE, 2020.

［3］RAKHSHANI E, LUNA A, ROUZBEHI K, et al. Effect of VSC-HVDC on load frequency control in multi-area power system ［C］//2012 IEEE Energy Conversion Congress and Exposition (ECCE). Raleigh, NC, USA: IEEE, 2012.

［4］祝毛宁, 张蓬鹤, 赵伟, 等. 碳中和及其对电磁测量技术的新需求 ［J］. 电测与仪表, 2021, 58 (11): 1-7.

［5］谢小荣, 贺静波, 毛航银, 等. "双高" 电力系统稳定性的新问题及分类探讨 ［J］. 中国电机工程学报, 2021, 41 (02): 461-475.

［6］赵修民. 互感器校验仪的原理和应用 ［M］. 太原: 山西人民出版社, 1982.

［7］岳长喜, 周峰, MOHNS E, 等. 宽频高精度电压比例测量装置 ［J］. 电测与仪表, 2013, 50 (10): 79-83.

［8］MOHNS E, BADURA H, DE ROSE S. Accurate error-voltage deter-mination for calibrating 1000V inductive voltage dividers ［C］//Proceedings of 2020 Conference on Precision Electromagnetic Meas-urements. Denver, USA: IEEE, 2020: 1-2.47 (6): 1905-1920.

［9］周峰, 郑汉军, 雷民, 等. 1000kV 串联式标准电压互感器的研制 ［J］. 高电压技术, 2009, 35 (3): 464-469.

［10］LIU H, LEI M, ZHOU F, et al. High precision 500/3 k V two-stage voltage transformer with high-voltage excitation ［C］//Proceedings of 2020 Conference on Precision Electromagnetic Measurements. Denver, USA: IEEE, 2020: 1-2.

［11］SHAO H M, LIN F P, LIANG B, et al. The development of 110/3 k V two-stage voltage transformer with accuracy class 0.001［J］. IEEE Transactions on Instrumentation and Measurement，2015，64（6）：1383–1389.

［12］国家电网公司发布碳达峰碳中和行动方案［N］.国家电网报，2021–03–01.

［13］康重庆，杜尔顺，郭鸿业，等.新型电力系统的六要素分析［J］.电网技术，2023，47（05）：1741–1750.

［14］赵鹏飞.考虑不确定性的互联电网电力流向及规模研究［D］.北京：华北电力大学，2020.

［15］石文辉，屈姬贤，罗魁，等.高比例新能源并网与运行发展研究［J］.中国工程科学，2022，24（06）：52–63.

［16］张子瑞.实现"双碳"目标，电网责无旁贷［N］.中国能源报，2021–03–08.

［17］黄思维.含新能源电力系统惯性的表征方式与估计方法研究［D］.华南理工大学，2022.

［18］陈深，毛晓明，房敏.风力和光伏发电短期功率预测研究进展与展望［J］.广东电力，2014，27（01）：18–23.

［19］Aktas A，Erhan K，Cetina Q，et al. Challenges for smart electricity meters due to dynamic power quality conditions of the grid：A review［C］//2017 IEEE International Workshop on Applied Measurements for Power Systems（AMPS）. Denver，USA：IEEE，2017.

［20］Ozdemir，et al. Dynamic energy management for photovoltaic power system including hybrid energy storage in smart grid application［J］. Applied Energy，2018，162：72–82.

［21］Chen Y，Wang X，Lv X. Study on probability distribution of electrified railway traction loads based on kernel density estimator via diffusion［J］. International Journal of Electrical Power & Energy Systems，2019，106：383–391.

［22］郭红霞，陆进威，杨苹，等.非侵入式负荷监测关键技术问题研究综述［J］.电力自动化设备，2021，41（01）：135–146.

［23］Morello R，De Capua C，Fulco G，et al. A smart power meter to monitor energy flow in smart grids：The role of advanced sensing and IoT in the electric grid of the future［J］. IEEE Sensors Journal，2017，17（23）：7828–7837.

［24］"IEEE Standard Definitions for the Measurement of Electric Power Quantities under Sinusoidal，Nonsinusoidal，Balanced，or Unbalanced Conditions，" IEEE Std 1459–2010（Revision of IEEE Std 1459–2000），2010.

［25］国家市场监督管理总局、国家标准化管理委员会.电测量设备（交流）通用要求、试验和试验条件　第11部分：测量设备：GB/T 17215.211—2021［S］.北京：中国

标准出版社，2021.

［26］Electricity metering equipment（AC）–General requirements, tests and test conditions– Part 11: Metering equipment: IEC 62052–11–2020［S］.

［27］Electricity metering equipment – Particular requirements – Part 21: Static meters for AC active energy（classes 0, 5, 1 and 2）: IEC 62053–21–2020［S］.

［28］Electricity metering equipment–Particular requirements – Part 24: Static meters for fundamental component reactive energy（classes 0, 5S, 1S, 1, 2 and 3）: IEC 62052– 24: 2020［S］.

［29］B. Jakovljevi, Ž. Hederi, D. Bareši, et al. FEM analysis of single–phase electromechanical meter at non–sinusoidal power supply［C］. 19th International Symposium on Electrical Apparatus and Technologies（SIELA）. pp. 1–6, 2016.

［30］王学伟，陈景霞，朱孟 . 智能电能表的全系统模型及其动态误差分析［J］. 中国电机工程学报，2018，38（21）：6214–6222+6483.

［31］古天祥 . 电子测量原理［M］. 北京：机械工业出版社，2004：8.

［32］吴悦，马志程，周强，等 ."双碳"背景下，西北地区构建新型电力系统的挑战与建议［J］. 中国能源，2021，43（08）：84–88.

［33］陈炜，艾欣，吴涛，等 . 光伏并网发电系统对电网的影响研究综述［J］. 电力自动化设备，2013（002）：033.

［34］BSI standards report, "Study Report on Electromagnetic Interference between Electrical Equipment/Systems in the Frequency Range Below 150 kHz, PDCLC/TR 50627: 2015", 2015.

［35］S. Danesh, W. Holland, J. Spalding, M. Guidry and J. E. D. Hurwitz. An Energy Measurement Front–End with Integrated In–Situ Background Full System Accuracy Monitoring Including the Current and Voltage Sensors, 2019 IEEE International Solid– State Circuits Conference –（ISSCC）, San Francisco, CA, USA, 2019, pp. 180–182.

［36］Ravindran V, Busatto T, Rönnberg S K, et al. Time–Varying Interharmonic in Different Types ofGrid–Tied PV Inverter Systems［J］. IEEE Transactions onPower Delivery, 2019, 35（2）: 483–496.

［37］Saim M , Pervez T S . Analyzing Integrated Renewable Energy and Smart–Grid Systems to Improve Voltage Quality and Harmonic Distortion Losses at Electric–Vehicle Charging Stations［J］. IEEE Access, 2018, 6: 89–96.

［38］Arseneau R, Filipski P. A calibration system for evaluating the performance of harmonic power analyzers［J］. IEEE transactions on power delivery, 1995, 10（3）: 1177–

1182.

［39］金维刚，刘会金，李智敏．间谐波引起电力系统次同步振荡——工程实例、机理、作用形式及应对措施［J］．电力系统保护与控制，2010，38（9）：31-36.

［40］程浩忠，等．电能质量［M］．北京：清华大学出版社，2006.

［41］Altintasi C，Aydin O，Taplamacioglu M C，et al. systemharmonic and interharmonic estimation using VortexSearch Algorithm［J］．Electric Power Systems Research，2020，182：106187.

［42］贾正森，王磊，徐熙彤，等．基于约瑟夫森量子电压的交流功率测量系统及方法研究［J］．测量学报，2020，41（04）：469-474.

［43］Ten Have B，Hartman T，Moonen N，et al. Inclination of fast changing currents effect thereadings of static energy meters［C］．Barcelona：2019 International SymposiumonElectromagnetic Compatibility-EMC EUROPE. Denver，USA：IEEE，2019：208-213.

［44］Ten Have B，Hartman T，Moonen N，et al. Why frequency domain tests like IEC61000-4-19 are not valid；a call for time domain testing［C］．Barcelona：2019International Symposium on Electromagnetic Compatibility-EMC EUROPE. Denver，USA：IEEE，2019：124-128.

［45］王相勤，丁毓山．电力营销管理手册［M］．北京：中国电力出版社，2002.

［46］余佶成．能源电力量测技术将迎来新升级［N］．中国能源报，2023-09-18.

［47］陈臣，黄绍斌．现代信息技术［M］．成都：电子科技大学出版社，2007.

［48］邵方静，宋晓林，刘坚，等．动态电能测量算法研究综述［J］．电测与仪表，2023，60（04）：1-10.

［49］杨欣，施天成，王绪利，等．适应新型电力系统构建的配电网规划设计标准优化研究［J］．电工技术，2022（19）：98-101.

［50］舒印彪．新型电力系统导论［M］．北京：中国科学技术出版社，2022.

［51］李鹏，习伟，蔡田田，等．数字电网的理念、架构与关键技术［J］．中国电机工程学报，2021，1-17.

［52］张宁，马国明，关永刚，等．全景信息感知及智慧电网［J］．中国电机工程学报，2021，41（04）：1274-1283.

［53］孔力，裴玮，饶建业，等．建设新型电力系统促进实现碳中和［J］．中国科学院院刊，2022，37（04）：522-528.

［54］张智刚，康重庆．碳中和目标下构建新型电力系统的挑战与展望［J］．中国电机工程学报，2022，42（08）：2806-2819.

［55］张有东.电磁测量［M］.北京：煤炭工业出版社，2014：143.

［56］李宝树.电磁测量技术［M］.北京：中国电力出版社，2006：215.

［57］刘云锋.电能质量测量技术阐述［J］.农村电气化，2017，（12），32-33.

［58］彭芳威.电力系统动态同步相量测量算法研究［D］.长沙：湖南大学，2020.

［59］李道格.面向电力物联网的核心传感应用研究［D］.北京：华北电力大学，2021.

［60］祝毛宁，张蓬鹤，赵伟，等.碳中和及其对电磁测量技术的新需求［J］.电测与仪表，2021，58（11）：1-7.

［61］郭经红，梁云，陈川，等.电力智能传感技术挑战及应用展望［J］.电力信息与通信技术，2020，18（04）：15-24.

［62］雷煜卿，仝杰，张树华，等.能源互联网感知层技术标准体系研究［J］.供用电，2021，38（07）：14-20+33.

［63］王继业，蒲天骄，仝杰，等.能源互联网智能感知技术框架与应用布局［J］.电力信息与通信技术，2020，18（04）：1-14.

［64］市场监管总局 科技部 工业和信息化部 国资委 知识产权局 关于加强国家现代先进测量体系建设的指导意见［J］.中国计量，2022（02）：5-9.

［65］韩霄汉，胡小寒，姚力，等.竞争性电力市场背景下电能计量发展趋势的思考［J］.浙江电力，2017，36（03）：30-33.